U0339334

光 明 城
LUMINOCITY

看见我们的未来

01 中国建筑与城市评论读本
Reader on Chinese Architectural and Urban Criticism Vol.1

新集体与日常

New Collectivity and Everyday Life

金秋野　王 博　主编
Edited by Jin Qiuye, Wang Bo

同济大学出版社 Tongji University Press
中国·上海

目录

编者的话：影即光

　　法国南部小镇 Rousillé 的宣传语是 L'ombre est lumière，"影即光"，这个说法颇富诗意。地中海的阳光抹在色彩丰富的墙面上，阴影都是彩色的，街道和广场沐浴在柔和的光的海洋里。在建筑的世界中，评论文字就像影子，它因建筑而生并照亮建筑，为建筑师和评论作者的观念共同塑造的思想环境带来色彩。美好的物质环境必沐浴在柔和的人文之光中，建筑离不开文字化的思想水波的浸润。因此我们需要建筑评论。

　　这一系列书的目的是将中国建筑领域优秀的评论文章集中在一起，每年进行总结和汇编，以全景的方式加以呈现。这些文章原本散见于各种建筑媒体、期刊、文集、网络媒体和自媒体中，有些甚至是谈话记录或学术讲座，并无统一的目标或安排，结集是整理和留存，让思想之流自然呈现方向。宏观地看，这确实也是一种建筑时代话语的梳理过程，新的观念也许正在这个培养皿中成型，旋律逐渐变得清晰。在中国建筑评论伴随着建筑作品井喷的时刻，反复的梳理和讨论并不是简单重复，而是必不可少的思想融合、重组和凝练的过程，值得为之投入。

　　在这个过程中，评论对建筑人文环境的贡献主要有三个，就是传播、鉴别和寻找意义。我不同意一些人的说法：建筑只管建筑就好了，关文字什么事。其实有追求的建筑师们很清楚文字的价值，文字就是思想，没有思想，一切都行而不远。建筑最美妙的部分的确是"不可言说"的部分，但形式语言也是语言，建筑师无法脱离广义的语言来思考建筑，何况评论者也在打磨他们的文字，与建筑师一道让感受力变得更加微妙、更游刃有余。美好的环境受益于美好的建造，美好的建造则必须是细腻的感受力、浩瀚的诗意和冷静的计划的综合效果。而这一切都要依靠语言来完成。

现在我们有了一些好的作品，我们对此说得还是太少了。不仅要说得更多，还要以各种方式说、以各种语言说、在各个场合说、以各种音量说、用各种腔调说，对决策者说、对开发商说、对大师说、对大众说、对专家说、对外行说、对各种各样不同的人说。建筑师要善于阐释自己的作品，要乐于让别人阐释自己的作品，没什么不好意思的。如果好的不能自我言说就凭空消失或被坏的淹没，才真的是一件坏事。评论是以简单而深刻的语言，让所有人听明白那些好的建筑为什么好。听的过程比说的过程重要，每次被人听懂一点，坏的土壤就消退一分，所以"好好说话"是评论者的首要任务。评论者也许并不需要直接面对粗糙、丑陋和麻木，他的任务是投身于对美好事物的甄别和阐释，培养假恶丑的天敌。最后，人的行动的意义总是要靠语言来落实的。好的建筑是有意义的，意义是一种发心，它存在于建筑师起念的瞬间，蕴含在每一个有机的细节里，表达在他的形式语言中，让他的所有作品呈现统一的价值，并与历史现实发生关联。建筑师可以无意识地使用形式语言，却不能对形式的意义保持无知，否则他的建筑事业就不会呈现意义。对这一点，有心的建筑师和评论者都清楚得很。

中国物质环境的人文价值在过去的几百年里衰落得厉害，中国人的平均艺术品位和环境鉴赏力损坏得很严重，今天我们引以为傲的东西，很多将被证明是经不起时间考验的。连一些学者和权威人士的判断都常常让人啼笑皆非，在重新认识什么是"真实"和"美"的路上，的确有很长的路要走。然而我想起历史上很多重要的时期，建筑师和评论者之间结成紧密的盟友，似乎都是以时代的一切流行为假想敌的。或许古今中外各个时代都是一样的，人们的审美能力和文化情操并没有经历显著的提升或衰退，文字和建筑的共生关系也并未发生变化，就像光与影彼此依存，都让真实的世界成为真实，黑暗的角落保持黑暗。只要以批评为罗盘，向光亮处投去目光就可以了。

感谢各位评论文章的原作者和相关建筑师，为本书慷慨惠稿的同时，提出大量宝贵的意见和建议。很多文章的原始发表过程得到《建筑学报》《时代建筑》《世界建筑》等期刊编辑部的精心编辑，文章的选择过程亦得到各大建筑媒体的授权和支持。王博在成书过程中付出了巨大的努力，本书的编辑工作同样凝结着同济大学出版社·光明城，尤其是秦蕾和李争的汗水。北京建筑大学的黄庭晚老师和我的学生们协助完成了很多基础工作，在此一并表示感谢。2015 年，北京建筑大学建筑评论研究所在学校的大力支持下成立，进行评论实践的同时，也致力于中国建筑评论活动的历史、理论和文献的梳理与研究工作，其中的失误和不足在所难免，敬请各位读者与同仁不吝指出，为形成良好的建筑思想环境贡献微薄的力量。

金秋野

2018年3月27日

城 市 空 间

01

新集体
论刘家琨的成都西村大院

朱涛

今天，建筑需要涌现出来，需要被赋予空间表现。新的信仰伴随着新的机构，需要以新的空间和新的关系表现出来。那些对机构的特定形式异常敏感的建筑展现将开辟新的先例、新的开端。我不相信美能被刻意地创造出来。美是从存在意志中演变而来，而这种意志可能早在远古就有了初次表现。[1]

——路易斯·康

美在今天没有其他度量，只在于一件作品能够解决矛盾的深度。一件作品必须切开矛盾，克服它们。不是把它们掩盖起来，而是追逐它们。仅仅形式的美，不管是什么，是空洞和无意义的；在观察者得到的"艺术之前"的感官愉悦中，内容之美丧失了。美要么是多重力量向量的结果，要么什么都不是。[2]

——狄奥多·阿多诺

建筑师刘家琨，在 2008 年修建了 19 ㎡的胡慧姗纪念馆——恐怕是中国最小的纪念馆，近年来又打造出一个巨构，一个长 228m、宽 170m、进深 25.8m、高 24m 的环状街廊——成都西村大院（图 1—图 3）。

图1 西村大院鸟瞰（摄影：存在建筑）

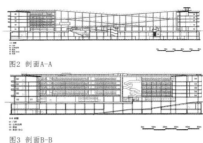

图2 剖面A-A

图3 剖面B-B

1. 形态：一部隐形空间史

"西村"的名字由来比较单纯：基地位于成都西边，开发商希望它能发展成一个前卫的文化创意区，让人联想到纽约东村。"大院"的概念则叠加了多层次含义和愿景。

首先，"大院"源于很具体的建筑体量研究。237m×178m的基地被规划定性为"社区体育服务用地"。它四边临街，由住宅环绕，有了成为社区活动中心的基本条件。再加上建筑容积率（2.0）、覆盖率（40%）、限高（24m）等限制条件，建筑师在比较了不同的体量分布方案后，认定将建筑沿基地周边围合布置最合理，这样可实现建筑沿街界面的最大化与院落内部公共活动场地的最大化。

就这一基本出发点——建筑体量布置、总体空间形态而言，在笔者看来，西村大院与其说是直接采用了中国传统院落原型，倒不如说更接近欧洲传统的"周边街廓"（perimeter block）做法。实际上，西村大院在空间形态的操作上与一段欧洲城市—建筑思想历程产生了某些勾连。但建筑师在设计过程中更聚焦在大院与中国—成都多重语境的交接，并没有关注它与欧洲空间传统的"隐性"联系,众多读者对大院的读解也没涉及这一点。笔者认为这一点很重要,它证明一件重要作品问世,往往与多重空间传统建立起复杂关系,其中一些关系甚至会超出作者的原初创作意图,有必要先梳理一下。

泛泛地说,欧洲和中国城市都有院落住宅传统。欧洲的周边街廓往往将大部分住宅体量均质地围在基地周边,成为有厚度、实体感很强的边界,在地面层对外部城市形成连续的街面店铺,对内则大部分留空,形成院落(图4、图5)。相形之下,中国的传统院落尺度大到占满一个城市街廓时,往往更内向。它们较少在基地四边用建筑均质围护,较少在地面层对外部城市形成连续街面店铺,对内也较少完整留空,而是常将规格较高的"正房"横亘在中轴线上,与处在边界上的围墙或"厢房"交织,形成重重叠叠的次一级、再次一级的院落。从紫禁城到大型四合院,大都遵循这一原则。[1]

20世纪上半叶,中国一些殖民城市如上海、天津等引进了欧洲的周边街廓。比如著名的上海隆昌公寓(1920年代—1930年代)就是这个时期的产物(图6)。在1950年代的北京,建筑师们曾就新中国住宅的走向展开热烈讨论。他们的争论焦点之一就是究竟该听从苏联专家的建议,全面推广欧洲传统式的"沿街建房"——周边街廓,还是该摆脱这个传统,采纳当时在西欧时兴的现代主义行列式板式住宅(Zeilenbau)。[2]从1950年代到1960年代早期,这两种住宅形态对北京和中国很多城市的住宅建设都有影响(图7—图9)。到了1960年代中后期和1970年代,随着苏联对中国影响的式微,中国住宅建设日益强调经济实用性,现代主义的行列式板式住宅占据了主导。这期间,即使各单位在自己的地界上高筑围墙,封闭领地,也很少再用周边街廓的做法。各单位往往是单纯用围墙将内部所有建筑物(多为行列式布置)一并圈起来,形成"大院"。

图4 巴黎卢浮宫与皇家宫殿　图5 巴塞罗那典型的周边街廊
　　　片区的周边街廊

图6　20世纪20—30年代的上海隆昌公寓

　　自1980年代以来，商品化的"居住小区"日渐取代计划经济时代的"单位大院"。周边街廊产品虽偶见于房地产开发，但主流住宅产品是现代主义的高层板楼或塔楼，由围墙圈起来形成封闭社区。简言之，不管是在计划经济的中国，当"单位大院"作为一个强大的行政空间单位时，还是在市场经济的中国，当封闭小区成为主导居住模式时，都较少呈现出西村大院这样的高度整合的建筑—院墙一体化的空间形态。严格说来，西村大院的空间形态更接近欧洲城市的周边街廊传统。

　　在很多欧洲城市，周边街廊形态在中世纪便已成型。19世纪的大规模城市更新，比如豪斯曼（Georges-Eugène Haussmann）的巴黎规划

图7 1949年苏联市政专家提出在天安门广场、东单、府右街区域设中央行政办公区的规划图，可以看出他们推行的办公楼形态就是大尺度的周边街廓形态

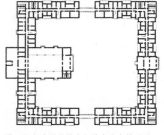

图8 天津鸿顺里城市人民公社大楼平面图，1960—1962年，少见的彻底采用周边街廓的案例之一

图9 北京和平里第七小区总图，1959—1961年，从该方案中可以看到周边街廓与行列式的混合

和塞尔达（Ildefons Cerdà）的巴塞罗那规划，将周边街廓改造得尺度更大，形状更规整，更符合现代城市标准（见图4、图5）。周边街廓不光主导了欧洲城市的居住形态，也从根本上塑造了公共空间。通常尺度的周边街廓在外部形成连续的、线性的公共空间——街道。街道相互交织成为街道网，在重要交汇处布置集中式公共空间——广场和公共建筑等。周边街廓的内院大多是供楼上住户使用的私密花园。但一些大尺度的周边街廓的内院向城市开放，又可形成围护感很好的城市广场或公园。比如，巴黎的卢浮宫与其临近的皇家宫殿（Le Palais Royal）就是这样的成功案例：原本为皇家私用的内院向城市开放，成为宜人的公园—广场（图10、图11）。成都西村大院利用建筑在基地边界形成连续的街面，内部空出 182m×137m 的院落，供大院业主和公众进行休闲、运动、会务、

交流等各种公共活动，与巴黎皇家宫殿的做法类似。

到了 20 世纪 20—30 年代，周边街廓传统受到了以柯布西耶为首的现代主义规划师的强烈攻击。柯布的新策略——今天笼统称为"光辉城市"或"公园里的塔楼"模式，实际上是把周边街廓形成的、紧密的建筑（实）—公共空间（虚）的图底关系彻底抛弃。他首先将城市地面看作一片空地，在其上布置大尺度交通路网（不再是街道网）和开敞绿地，在绿地中心摆放各自独立、彼此有巨大间距的塔楼（图 12）。[3] 柯布的"光辉城市"模式，经由 1940 年代的《雅典宪章》进一步系统化，树立了现代主义城市规划的机械理性主义教条。它在战后世界范围的旧城改造中造成对传统城市肌理的巨大破坏，在新城建设上更催生出一批批刻板、没有人情味的现代城市。环顾今天的中国新城建设，从上海浦东到成都南部新区，"光辉城市"的负面影响比比皆是（图 13）。

在 20 世纪下半叶，伴随着西方社会和专业界对现代主义城市规划原则的批判，向传统城市社区回归的意识越来越强，周边街廓传统再次获得新生。从 1950 年代晚期到 1980 年代，欧洲规划师、建筑师们设计了很多向周边街廓传统忠实回归的"后现代主义"作品。比如，里昂·克

图10 1739年出版的《"Turgot"巴黎地图》中描绘的皇家宫殿及内部庭院（左）
图11 今天的巴黎皇家宫殿鸟瞰（右）

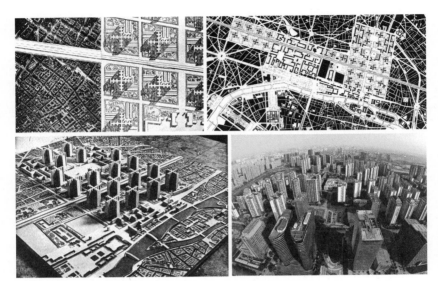

图12 柯布西耶1925年的伏瓦生规划鸟瞰图的拼贴（上左）、总图（上右）和模型（下左），显示
　　出他的"公园里的塔楼"模式与欧洲传统周边街廓模式的巨大差别

图13 成都南部新区，又一个柯布西耶"光辉城市"的翻版（下右）

　　里尔（Leon Krier）在 1976 年提出的巴塞罗那城市设计提案中，甚至认
为塞尔达在 1859 年规划的巴塞罗那周边街廓尺度（113m×113m）都过
于庞大。克里尔提议将它们进一步切分为更小（24m×24m）的周边街
廓组群，以接近巴塞罗那中世纪旧城区的细密肌理，并疏通城市街道与
街廓内院之间的联系（图 14）。另外，克里尔 1979 年提出的巴黎 Les
Halles 片区改造方案，则试图用小尺度、密集的周边街廓组群，修复现
代主义粗暴规划对传统城市肌理的破坏（图 15）。

　　在这种重新检视城市空间传统的大思潮中，也出现一些与克里尔的
"小街廓"倾向相反、将周边街廓放大到巨构尺度的提案。这里举两个

与西村大院相似的案例。一是詹姆斯·斯特林1958年的剑桥大学丘吉尔学院竞赛提案。在一个空旷的乡村环境中，斯特林力图使新校园回归欧洲学院的空间传统——"学院"就该是个大院（图16）。斯特林将大量学生宿舍（一层）沿基地周边布置形成围墙，围墙顶部像古城墙一样设有散步道和观景平台。大院内部又增设两栋高年级学生宿舍（它们各自又围起次一级院落），再加上两栋社区公共设施，包括图书馆、餐厅、诊所等，其余空间便是庭院（图17）。

另一个更激进的作品是阿尔多·罗西1962年都灵新政府中心Centro Direzionale竞赛提案（与G.U.Polesello和L.Meda合作）。为疏散历史城区的拥挤，罗西提议在旧城外边缘修建一个巨构，以容纳整个新区的行政办公机构和一些民用设施，并引导新城的未来拓展。该巨构的主体办公楼是一个边长320m、高140m、进深20m的正方形周边街廓建筑。它的每个边由四根间隔100m的巨柱支撑。巨柱内部容纳竖向交通和机械设备管井，并将办公楼（本身高105m）抬到离地面35m的空中，使其围合出一个边长280m的方形内院。大院中，一边是多层下沉的商业街，另一边集中了公共设施，如议会厅（有球形穹顶）、剧场、电影院等（图18）。

斯特林、罗西和刘家琨的方案有很多共同点：三个项目的基地都位于传统核心城市的外围，三位建筑师都试图构筑起新建筑与传统内城之间的某种积极关系；三位建筑师都不再信仰现代主义的规划原则。他们都意识到那种将基地作为空白地面，在其上通过自由构图布置独立建筑的做法只会进一步加剧新城建设的碎片化倾向，难以形成有生机和凝聚力的社区；三位建筑师都采纳了周边街廓空间形态，但他们都没有像后现代主义建筑师如克里尔那样利用小尺度周边街廓组群，谨慎地规划出有密集街道网、细腻肌理的传统社区，而是将单个周边街廓放大，形成一个巨构——在这一点上三位建筑师又多少体现出某种现代主义英雄主

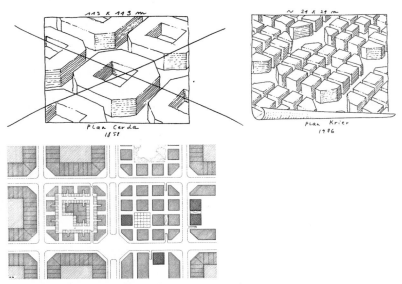

图14 克里尔，巴塞罗那周边街廓改造案"The New Manzana"，1976年

义的气质；三位建筑师都在周边街廓巨构内部仔细分配了实体围合—内院开敞、私有单元—公共空间之间的等级和秩序；在空间形态和功能组织基础上，三位建筑师并不满足于功能主义的抽象语言表达，还特别重视建筑语言的象征性。比如斯特林的城堡般的学院及内部村落般的公共设施，罗西的市政中心中的穹顶议会厅等，都有着强烈的对社区、公共空间的象征性表达。刘家琨的大院也蕴含着丰富的象征主义——这一点将在后面仔细讨论。总之，三位建筑师各自利用一个周边街廓巨构，以期构筑出一个在空间形态和建筑表现上都有强烈凝聚力、整合性的社区，营造出一种新的城市空间的集体性。

三个方案也有不同之处。这里没必要深入细节——西村大院已经建

图15 克里尔，Les Halles片区改造方案，1979年 | 图16 剑桥三一学院鸟瞰

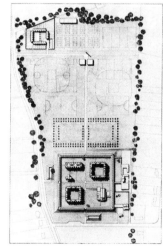

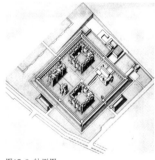

图17-2 轴测图

图17-1 总平面图

图17-3 模型

图17 斯特林，剑桥大学丘吉尔学院竞赛提案，1958年

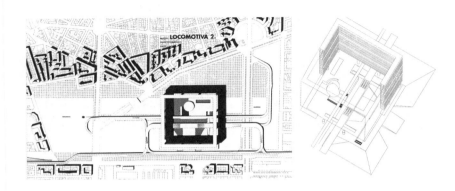

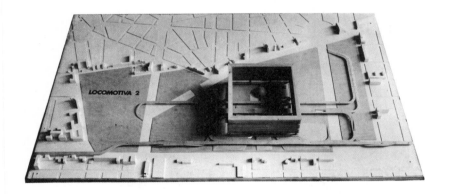

图18 罗西、波莱塞洛和梅达，都灵新政府中心"Centro Direzionale"竞赛提案，总平面图轴测图（上左）、主体办公楼轴测图（上右）和模型（下图），1962年

成，另两个欧洲作品仅停留在竞赛提案阶段，设计深度与西村大院不可同日而语。笔者只想指出，欧洲和中国城市文化语境的差别，导致了两个欧洲方案与西村大院的三大不同：

第一，关于巨构内部功能配置的复杂程度。两个欧洲巨构内部的功能要单纯很多，一个是学生宿舍和公共设施，一个是办公楼和民用设施；而西村大院内部则是一个"业态混搭"的微型城市：商铺、餐饮、酒店、办公、运动、休闲、文化，林林总总。西村大院的多种功能在空间组织上也比两个欧洲方案更复杂，更具内在张力。比如，在西村大院庄重的整体布局内，一个巨型跑道，从地面起跑，到二层架空层在内院环绕一周，又到巨构的屋顶环绕一大圈，为大院引进一种动态能量。在刘家琨的众多作品中，以"游走路径"来穿越、挑战高度整体化、秩序化的建筑空间格局似乎已成常用手法。[4][3][4] 但相比其他作品中的"游走路径"，西村大院的跑道有着前所未有的城市尺度和力度。它几乎一跃成为大院的前景，使周边街廓体量成为支持它的背景。打个比方，就像柯布的萨伏伊别墅中的坡道（architectural promenade），放大为都灵菲亚特汽车厂屋顶车道（1923 年）或伯纳德·屈米的法国国家图书馆竞赛提案中的屋顶跑道（1989 年），刹那间成为主导元素，几乎让建筑体量甚至周边城市退为陪衬背景（图19、图20）。

第二，关于巨构与周边城市环境的关系。两个欧洲巨构的用地如此空旷：斯特林将学院的体育用地全部甩在周边街廓外面，基地仍绰绰有余；罗西在巨构周围空地上不光布置了公园、停车场，还规划了高架公路和汽车坡道，穿过他的巨构，连接起新旧城区。这让人在慨叹欧洲丰富的土地资源的同时，也几乎要质疑巨构本身高度紧凑性的必要性。相形之下，刘家琨的大院周边围绕着高密度居住小区，建筑大部分为高层塔楼和板楼。大院外部的水平低矮建筑形象及内部阔大院落与周边高层

图19 都灵菲亚特汽车厂1928年场景,其屋顶车道曾启发过包括柯布西耶在内的很多现代建筑师
图20 屈米,法国国家图书馆竞赛提案模型,1989年

建筑群形成强烈对比,这赋予西村大院一种特有的力度、紧张感。前面提到的巴黎皇家宫殿的周边也是高密度社区,但皇家宫殿与其周边社区仍是同构关系,因为它们共同采用了周边街廊形态,只是尺度不同而已。刘家琨的大院,在为城市片区慷慨地提供了连续街道和开敞院落的同时,在空间形态、建筑体量、形式语言等多方面都与周边社区形成了强烈对比。

这连带着第三个更隐蔽、也更深刻的差别:建筑师的空间操作与他们所处的空间传统之间的关系是如此不同。总体而言,斯特林和罗西企图更新欧洲的周边街廊传统,而刘家琨则力图以周边街廊为基本空间形态,在其上汇聚各种生活状态和建筑语言,构筑出一个新型当代社区。对斯特林和罗西而言,周边街廊在欧洲历史中源远流长,又在当今欧洲城市中随处可见,它是一种仍具有广泛集体认可度的建筑原型。正因为他们所继承的传统如此稳定、清晰,不管他们对传统的变形多剧烈——尺度多夸张,基地多空旷,形式多抽象——他们作品的语言与周边街廊传统之间的关系仍显得脉络清晰、顺理成章。

而刘家琨的工作状态不同。如前所述,他所操作的周边街廊原型并不是中国建筑先在的强大传统,他也没有意识到他的操作与欧洲空间传统的隐性关系。他是以最直接的设计手段——体量研究，而不是对历史原型的有意识援引，获得了一个在空间逻辑上直截了当，文化语境上又有些突兀的周边街廓形态。刘家琨敏感地意识到，该形态在总体空间布局上有利于形成一个有凝聚力的社区。但仅此还不够，他不光需要进一步为周边街廓填充好功能，还要为它寻找到适当的形式表达，赋予大院建筑语言的公共性和文化的感召力，这样才能真正营造一个具有强烈集体性、向心性的社区（图21—图23）。

2. 语言：多重集体的汇合

大量当代建筑师热衷于在建筑的功能外表裹一层风格化的"墙纸"，或追随时尚，或沉醉于建筑师、业主的自我表达。刘家琨对这些"主观性"表现丝毫不感兴趣，他甚至对创作出一栋单纯视觉上养眼、看起来很"美"的建筑也不感兴趣。在建筑语言上刘家琨一直有意识地抵制过度表现主义倾向。他坚持探索一种超越建筑师自我沉醉、着某种集体记忆的语言。比如，即使在胡慧姗纪念馆这样一栋弘扬个体生命价值的极小建筑中，他仍运用了一种承载集体记忆的房屋原型——救灾帐篷。该建筑的个人化表达仅仅局限在室外极少的几个细节（如圆形天窗、入口标牌）以及粉红色的室内空间上。

但在寻找集体性语言上，刘家琨又不同于那些欧洲晚期现代主义建筑师的处境。比如罗西所面对的欧洲语言传统要稳定得多，因而相对来说，也较容易提炼出有广泛代表性的空间原型语言，获得文化的集体性。而刘家琨面临的状态是中国在急速的现代化、城市化热潮中，中国人的传统的集体性空间形态（村落、街坊、单位、公共纪念碑等）和空间语言都在迅速溃解。在刘家琨看来，中国封建、民国、计划经济和市场经

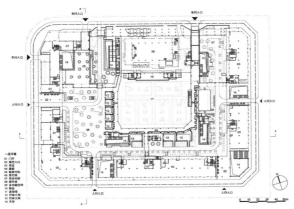

图21 西村大院一层平面图

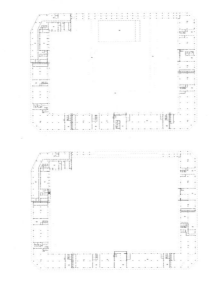

图22 西村大院三层平面图
图23 西村大院五层平面图

济时期的宫殿、府衙、私邸、村舍等多种语言传统都多少仍在现实中并存，而且各自仍有一定的文化感召力。[5[5]] 但其中没有哪一种传统语言能占据主导地位，被当代国人普遍认可为一种集体性语言。在这种建筑文化呈矛盾和碎片化的状况下，刘家琨不愿意向任何一个单一的文化传统回归，不管是唯美的古典主义，还是怀旧的地域主义。他在西村的独特勇气和创造力在于：把周边街廓的空间形态当作一个开放的空间框架，如同支开一口大火锅，向里面汇集各类异质传统的代表性语素，将它们杂糅起来，期待它们在各自保持自身特点的同时，也能共同融成一种新的语言集体性。这过程如何启动，又怎样对各种异质语言施加一种整体控制，以协调它们之间不可避免的矛盾？刘家琨在很大程度上依靠诗意隐喻的力量。

3. 意象：诗意隐喻

"意在笔先"——刘家琨的一大创作特点是，在具体运用建筑语言之前，总能为自己的作品建立起一个鲜明的"意象"。

正如"意象"一词本身就在意图、意境、形象等多重语义间游移，刘家琨的作品对"意象"的运用也有多种不同方式。它有时等同于建筑原型，直接关系到建筑空间的组织原则，比如前面提到的胡慧姗纪念馆对救灾帐篷原型的引用；有时是对局部形式符号的提取，比如四川美院新校区设计系建筑组群对重庆近现代工业建筑屋顶形象的采集；有时是对某种整体形象、意境的联想，比如鹿野苑石刻博物馆对一块冷峻巨石的想象，等等。总之，凭借"意象"，刘家琨可以在空间格局、形式、意境等多方面对设计进行总体概括和控制。这体现出他所接受的中国文学、绘画传统的深厚影响，以及他同时作为一个作家的形象思维习惯。有时，他也喜欢以这种方式来解读一些世界建筑杰作，比如他解读悉尼歌剧院的"原风景意象"为海中的帆船，康的达卡议会寨为泛滥洪水中的孤岛。[6]他为自己的西村大院所立的"原风景意象"则是土地上的一个盆。这个"盆"意象非常奏效，它既可直接指代建筑的形式结果——大院就是一个微缩的四川盆地，一片在崇山峻岭（周边街廊）包围下的完整、自足的平坦风景，也可指代建筑形式的生成机制——大院成为一个文化熔炉般的大火锅，可以开放地吸收众多异质的语言、传统、联想和比附。

随着设计的深入，再加上各种策划、参谋、读者的参与，其他一些意象也陆续向大院叠加。比如"社会主义大院"用以描述大院强烈的围合感、纪律感和规训感，上海隆昌公寓和香港九龙城寨用来类比大院推崇的"日常神话"美学。[4]此外还有皇宫大院、民居合院、学院、监狱，等等。对刘家琨来说，西村大院的周边街廊的历史原型真正源于何处并不重要，重要的是一旦被采纳，它能继续吸纳哪些元素，能与何处地方文化语境建立起何种关系。无论是总体的"原风景"，还是各种针对大院局部特征的比喻或联想，它们大都靠诗意隐喻的力量，帮助西村大院——一个原本在中国—成都语境中比较突兀的空间形态，迅速"在地化"了。多重诗意隐喻也激发建筑师的活跃想象力，向不同的语言体系开放，吸取多种元素，让它们在大院中汇聚。当多种语言元素之间产生巨大的矛盾，靠逻辑本身无法协调时，诗意隐喻往往能起巨大的斡旋作用，使得各种矛盾在仍保持自我特性的同时，彼此间能积极互动。

在西村大院中，从意象到语言的贯彻深度并不总是一致的。有些意象停留在诗意隐喻层面上，成为文学化说法。比如"社会主义大院"，是众人对西村大院较喜欢提的一个意象。它在国人关于社会主义空间政治的集体记忆中仍有巨大分量，当它被投射到西村大院这个当下空间中时，自然会在众人心里激起巨大的诠释和审美期待。实际上，该意象也的确能引导人们以集体记忆中的"社会主义"角度来读解西村大院所营

图24 西村大院内的露天电影（摄影：家琨建筑）

造出的某些集体性——大院的围合感、院内日渐丰富的公共生活（图24），等等。但该意象在西村的建筑表达上却是很抽象、模糊的，它在间接的诗意隐喻层面上起作用。相形之下，刘家琨的另一些空间语言异常准确有力、富于深度。他不光汇聚了现代和传统多重语言，还在每一种语言内部有意识地铺陈出精英和草根两种不同倾向的表现，使它们共同交织出丰富表现和强大张力。笔者尝试以"功能主义"和"象征主义"两大分类，对它们略作梳理。

4. 功能主义：精英与世俗

在西村的现代建筑语言中，前面提到的巨型跑道自然可归到现代主义追求步移景异、时空交错的动感语言传统中（柯布所谓的architectural promenade）。但笔者在这里更想强调的是西村广泛运用的另一套现代建筑语言：功能主义对"客观性"（objectivity）美学的追求。

重视功能本身并不独特——当代开发楼盘大都重视这一点。刘家琨的真正独特之处在于，他在合理配置功能的基础上，倾力打造两种"客观性"美学：第一是将大院打造成一个中性、开放的空间框架，让空间框架本身自然生发出有力的形式表现；第二是当空间框架中有众多个体单元入住后，鼓励它们各自在框架内部自我表达，形成一种生动的城市生活质感。前者是建筑师自上而下控制的，精英、抽象、形而上的功能主义美学，后者是各业主自下而上堆积出来的，市井、具象、形而下的功能主义美学。

刘家琨的第一种功能主义"客观性"美学在平立剖面上都有表现。

在平面上，刘家琨尽量让西村大部分楼层重复标准平面配置，以获得空间划分的最大灵活性。此外，他几乎是偏执地追求周边街廓的边界体量干净，均质光滑，没有任何突出物。为此，他在标准层平面上采用了 19.8m 的大进深，再向内外两边各悬挑 3m 作阳台和走廊，[7] 形成标准平面模数。

与平面上力求均质配置不同，刘家琨在剖面上是反均质的。原因很简单：在现实中，不同楼层的商业价值不同。如果统一制定 4m 层高，24m 的总限高可容许西村在地面上建造 6 层。但刘家琨和甲方选择了大部分做 5 层，以 5.05m、5.7m、3.7m、3.7m、5.6m 来布置一层到五层的层高。这保证了商业价值较高的一层、二层、五层有较好的空间品质，也为二层、五层中各商铺自行增设夹层预埋了条件。此外，刘家琨还在结构上采用了柱支撑空腹密肋楼盖体系，争取净空，确保空间划分的灵活性。这些精细的经济技术理性考量，似乎与美学没有直接关系，其实生发出独特的形式表现：各层楼板下表面平整光滑，在建筑立面上强化了水平线条，也共同形成一种微妙的垂直韵律感，接近古典三段式构图（基座、屋身、屋顶）（图 25）。

针对大院的巨型外立面，刘家琨采取了一个决绝策略：他让外立面几乎"消失"。在设计过程中，刘家琨的团队也曾设计过几个不同的立

图25 日间西村大院外立面（摄影：朱涛）　　图26 夜间西村大院外立面（摄影：存在建筑）

面方案，以"百纳被"拼贴画的构图来"表现"内部项目配置的多样性。但这种手法被判定为形式上花哨，概念上软弱——建筑师实际上在做作地自上而下地"表现"城市活力，而不是让城市活力自下而上地生发出来，自我表现。刘家琨一一放弃了这些"主观性"表现，最终的方案简单直接：外挑廊栏板与水平楼板合成通长的水平带，横裹建筑大部分外表面；个体出租单元的铝框玻璃门面退后到3m深处，用户可在其上添加装饰，进行一些自由表达（图26）。[8]

　　完工的西村大院外立面获得了精英和世俗两种"客观性"美学并存的效果。如果目光聚焦到大院最外缘的横向走廊栏板，人们很容易联想到那些1920年代—1930年代现代建筑师所倡导的功能主义立面，如密斯1923年的混凝土办公楼提案（图27）；如果目光退到水平栏板后面3m处的店铺门面，人们又会联想到由芜杂的世俗生活拼贴出的极端实用主义的现代建筑立面，如上海隆昌公寓立面。或可以说，刘家琨的西村大院就是将柯布的多米诺住宅体系图解（图28），复制、放大，转化为一个体系化的城市巨构。[9]在对该体系填充时，刘家琨采用了双重策略：在外廊外缘，他维持一个清教徒般的"客观性"美学，让大院成为一个

图27 密斯，混凝土办公楼提案，1923年

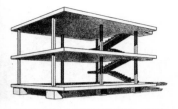

图28 柯布西耶，多米诺住宅体系图解，1914年

将功能主义神圣化的宫殿；在外廊深处，他鼓励入住居民自发堆积出来一种世俗的"客观性"美学，使大院成为一个实用主义滥觞的立体街市。

在街对面远观，西村大院几乎没有了时间感——说不清它是哪个年代的建筑。也很难定位它的空间气质——它既有一种宫殿的尊贵之气，又有一种宫殿完工前沦为"烂尾楼"、或之后败落为废墟，被草民们肆意进驻的粗粝、苍凉和率真之气——精英和世俗的功能主义交织出的诗意。

5. 象征主义：古典与民间

刘家琨在空间语言上不仅仅依赖功能主义"客观性"美学，他还在大院的一些关键部位引入象征主义的文化符号，以抑制大院成为过于抽象化的功能机器或过于无序化的自发城市的趋势，并期待大院能生成某种文化感召力。比如，刘家琨从中国古典城市—建筑中，提炼出中轴对称手段，帮助控制大院的整体空间秩序。这些手段在古代就是控制从城市到建筑单体共同实现一体化秩序的强有力元素，它们也起强烈的文化表现作用。远观西村大院的东西南三个外立面，人们容易得到一种大院均质围合、无主导方向的印象。但站在北边，人们便会发现大院实际上有一条主导性的南北中轴线。这种设置似乎源于一个偶然因素：甲方决

图29 西村大院南北中轴线的终端对位是屋角微微起翘的南边屋顶廊道（摄影：家琨建筑）

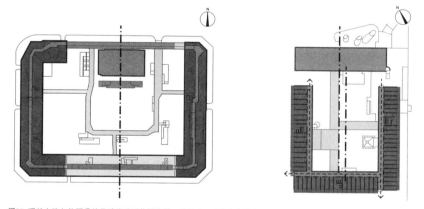

图30 西村大院与拉图雷特修道院平面构图比较：前者以一道南北中轴线和一系列双边对称的构筑物（自北向南依次为坡道、多功能厅、舞台，南边是屋顶廊道），为本来没有方向感的周边街廊增加了一种中国古典宫殿的秩序；后者本来有明确的南北中轴线和双边对称，但通过错位、旋转等手法加以抵制（朱涛、罗然绘）

　　定将基地北侧的原有游泳馆保留，改造成多功能厅。刘家琨便顺势让周边街廊在基地北侧断裂，形成东西南三边U形围合，空出改造后的游泳馆，在其南部又延伸出一个舞台，让它们共同成为一块巨大的入口"照壁"。刘家琨还以"照壁"为中心，两边对称布置双跑坡道直上屋面。支撑坡道的柱廊形成高耸的门廊。人们穿过门廊，绕过"照壁"，便会看到大院 400m 长的内立面形成一个类似紫禁城午门般的 U 形围合空间。东西南三边屋面内侧向内起坡更强化了这个大院的向心感。南北中轴线的终端对位是南边的屋顶廊道，其混凝土框架两端微微起翘，示意中国古典宫殿大屋顶屋角起翘的形象（图 29）。

不妨比较一下西村大院与柯布的拉图雷特修道院的构图。后者将均质、重复性的教士宿舍围成一个 U 形院落，在第四条边上以长条形、实体感很强的教堂完成对 U 形院落的闭合，几乎对内形成一道南北中轴线、向外树立起一个"正立面"。但同时，柯布通过在剖面上利用戏剧性的山地地形，在平面上将教堂一边切短，将 U 形院落的各边走廊和宿舍以风车状旋转布置，又及时遏制了拉图雷特拥有一个古典意义的中轴线和正立面的趋势（图 30）。[6] 相形之下，刘家琨在西村大院北边入口所设的巨型坡道在剖面上极富动态性，但他的整体平面配置——以一根南北中轴线将 U 形院落围合、北边双边对称的坡道、柱廊和"照壁"，以及南边屋顶廊道全部控制住，却是牢牢守住了中国古典建筑布局的正统性。就这一点而言，在总体体量布置上接近欧洲周边街廓传统的西村大院又同时获得了中国古典宫殿院落的一些特质。

在为西村空间施加了高度"体制化"的整体控制——精英功能主义和精英古典主义的双重控制后，刘家琨也动用多种手段，以抵制和"软化"整体控制。除了前面提到的巨型跑道带来的动感剖面和住户自发形成的一些自由表现外，刘家琨还在大量建筑局部上追求自由、惬意。大院的纷繁细部汇拢了刘家琨多年来受民间建造启发，探索出的一系列"低技建造"成果。它们包括：再生砖——一些不同质感的再生砖填充不同部位的墙面，形成大院内部丰富的立面纹理（图 31、图 32）；另一些大孔再生砖则呈行列式平摆在斜屋面上，作为种植容器，同时暗示古典大屋顶的瓦楞图案（图 33）；清水混凝土——以竹模板、竹胶模板和钢模板

图31、图32 不同质感的再生转填充不同部位的墙面，形成大院内部丰富的立面肌理（图31，摄影：存在建筑；图32，摄影：家琨建筑）

图33 大孔再生砖呈行列式平摆在斜屋面上，作为种植容器，同时暗示古典大屋顶的瓦楞图案（摄影：家琨建筑）

图34 以竹模板、竹胶模板和钢模板浇筑出来的不同表面的清水混凝土，指代不同部位和文化地位的建筑构件（摄影：家琨建筑）

浇筑出来的不同表面的清水混凝土，指代不同部位和文化地位的建筑构件（图34）；螺纹钢筋直接从浇筑的混凝土栏板上缘冒出，以杂乱的线条顶住上部重竹扶手，为大面积的均质栏板点缀些小尺度的质感对比（图35）；碎瓷片拼贴出排水明沟表面，民间的流行装饰被大规模运用到大院的基础设施和景观工程中，等等。可以说，在细部构造上，刘家琨发动了一场"民间工艺美术运动"，以抵抗他为大院施加的功能主义和古典主义的整体秩序。

6. 巨构：民居与纪念碑

罗西曾将城市空间分为两类：民居和纪念碑。前者由大量均质重复、私人使用的集合住宅构成；后者为少数容纳公共活动、展现集体记忆和文化价值的大尺度建筑，表现为宗教建筑、宫殿、集市等。从图底关系来说，前者构成城市连续统一的肌理，是城市的底；后者从肌理中脱离出来，有突出的形式表现，是城市的图。[11][7] 如果按此分类，我们不妨追问西村大院：它究竟是一片民居、一个城市背景，还是一个纪念碑、一个城市前景？可以说，它在两者间摆动，刘家琨的空间语言在背景铺设与前景表现之间摆动、斡旋。

在功能主义客观性美学、世俗自发表现、民间工艺铺陈、公共生活打造等方面，西村大院有成为一个功能装置、一个城市自发集合体、一个草根社区的强烈倾向；但同时，它的超尺度、与周边社区的对比、极端的整体控制，以及对各种集体性文化的高度整合趋向，又使它倾向于成为一个前景、一个独立的纪念碑。

从产品的生产机制来说，大院注定不会成为无名的民居。不管刘家琨的体系化设置多中性、开放，他很清楚一点：大院不是一个由无名群体自发、长期演化出来的社区。大院是在单一资本驱动下，由单一作者（刘家琨及其团队）在相对短的时间内，"只手"创作出来的一件"建筑作品"。建筑师一定得在很多方面做清晰的美学判断，以整体控制建筑的形式品质。不单如此，前面说到，刘家琨在西村的形式追求远不在表现自我，也无心打造一栋纯"美"的建筑。他试图探索出一套语言，与大院在空间形态和业态配置方面的复杂性、力量感、城市性相匹配，能实现一种文化表现上的集体性。与胡慧姗纪念馆——一个献给个体生命的纪念碑相对应,刘家琨的西村大院的终极目标是打造一个献给当代中国—

成都城市集体生活的纪念碑。

　　但刘家琨又面临另一个时代性的根本难题，一个 20 世纪现代建筑运动从来没能深入探讨的问题：在现代社会，如何以建筑师的一己之力，打造一个从定义来说本应源于集体，才能自然蕴含集体性的城市纪念碑？实际上，能完全适用罗西的"民居—纪念碑"二分法的城市，大多是在前工业时代就已定型、此后很少再发生巨变的城市。而在前工业时代，纪念碑式的公共建筑的语言都是不需要"发明"的，它们自然遵守由社会习俗或权力阶层确立的话语规范。那些规范同时包含技术规范和文化表现规范，[12][8] 比如欧洲中世纪教堂的建造手册和中国宋代官式木作的《营造法式》。可以说，这种公共建筑语言规范化的状况在计划经济的中国仍有一定延续：即使中央不再颁布严格的建筑语言规范，他们偏好的做法往往自动成为"官话"，被全国各大城市中的公共建筑广为套用。

图35 螺纹钢筋直接从浇筑的混凝土
　　　栏板上缘冒出（上左）

图36 内院及屋顶跑道的休闲场景
　　　（摄影：存在建筑）（左）

比如 1968 年在成都市中心修建的四川展览馆，实际上就是对 1959 年北京国庆工程的效仿，再附加上一些"文革"期间流行的象征主义手法。自 1980 年代，中国拥抱市场化和工业化，中国城市产生了根本巨变。一方面是众多历史街区、建筑遗产被拆除，城市肌理被抹除，人们与各种古典、近代的空间传统之间的紧密关系被迅速肢解。另一方面，中国目前的社会状况，使中国城市中的集体性空间走向形态和语言的双重溃解：昔日计划经济体制以平等、福利为基础的集体空间（社会主义大院、劳动人民文化宫、人民广场）在市场化冲击下纷纷败落，行政管控手段主导建筑语言的做法也相应失去威信力；同时，一个完善的社会机制所能保障的以公民自由、权利为基础的公共空间（邻里社区、广场、街道）也得不到法规和执政者的系统保护。如今中国城市发展的一个主导特征是：日渐强大的资本开发力量在大肆破坏中国传统的细密城市肌理后，催发出层出不穷的、尺度越来越大的商品楼盘，最典型的产品就是巨型办公楼、住宅或各种"综合体"。这些巨构纷纷追求纪念碑的尺度，却很少能成为真正的城市纪念碑。它们中的大多数要么就是纯功能建筑，没有任何文化表现性，要么陷入完全主观、任意性的形式表现，没有能力生成新的文化集体性。在这样一个文化信念、语言规范、产品生产等所有方面都趋向于任意化、片段化的时代，是否还有必要构筑一种新的集体性？如何构筑？（图 36）

刘家琨的小说《明月构想》讲述了一个建筑师的故事，他在中国的计划经济时代，致力于建设一座理想的"明月新城"，以重塑人民的灵魂和生活。最终，这个乌托邦项目功亏一篑，被湖水湮没，"一切奋斗收敛为零"。[9]170 这部寓言小说中的所有主客体，在真实历史中都可以有多重指涉：那被淹没的"明月构想"既包括"人民公社"，也包括机械理性照耀下的光辉城市。当代中国建筑师其实是踩在"人民公社"和现代主义的双重乌托邦废墟上工作的。该如何处理过往的历史，打理乌托邦崩溃后残留的片断？最常见的态度当然是忘却，一无所知，置之不理，全身心投入新时代的个人化、任意化、片断化的洪流中。小说的最后一段跳到了大兴开发热的市场经济年代，新一代建筑师"我"期待到"明月构想"的旧地考察。"我"懵懵懂懂，根本不知道"明月构想"的历史，更不知道脚下青草萋萋的土堆中埋着一个"曾经意气风发，满怀理想，设计过芸芸众生的生存"的前辈建筑师。"我"最盼望的是能在"明月构想"原址上，设计一个"独具风格的度假村"。[9] 这可谓大多数当代中国建筑师的写照。

正是在这样的背景下，刘家琨作品的独特意义凸显出来。刘是当代中国极少数有历史意识的建筑师。[13] 他努力在自己的创作与此时此地的现实和空间传统之间构筑起互动关系。面对"人民公社"和现代主义乌托邦的双重破灭，各种古典、民间传统断裂的状态，其力度首先表现在双重抵制：他拒绝向任意化、片断化的趋势投降，因为这样会堕入无度的商业主义和个人主观表现主义；他也抵制向任何一个单一传统做无批判性的皈依，因为这会堕入浪漫感伤的传统主义、唯美主义，将传统抽象化、神话化，甚至将之沦为文化媚俗，无力填补文化断裂所产生的空隙。

刘家琨的视野同时向中国的多重空间文化传统开放，古代的、近现代的、当代的、官式的、民间的，等等。针对每个特定项目，他批判性地拣选相关的建筑文化片断，努力铸造语言的诗意和连贯性，弘扬价值，以抵抗垄断性权力和资本对文化、个人和公众的胁迫。他的鹿野苑石刻博物馆（2002 年），利用复合型墙体构造，打造出一块冷峻的巨石，在文化上抵抗一个"流行给建筑涂脂抹粉的年代"；他的胡慧姗纪念馆（2008年），通过对帐篷—家的原型引用，呼吁社会对个体生命价值的尊重——"对普通生命的珍视是民族复兴的基础"；西村大院是刘家琨迄今为止最具综合性的杰作。他通过多重手段，呼唤对一种新型社会、文化集体性的重建。在空间形态上，他采用了单个周边街廊，保证了建筑沿街界面的最大化和大院内公共活动场地的最大化。在空间语言上，他以功能主义打造整体空间框架，再鼓励富于个性的世俗生活入住，以形成丰富的城市质感。在院落内部，他以古典主义手法控制整体空间，又以动感十足的巨型跑道激活全场，再以纷繁的民间化构造丰富各种建筑细节。西村大院既是一个欢呼市井生活的新型民居综合体，又是一个"与其所处时代生活所蕴含的历史能量相对称"[14] 的城市纪念碑。

（本文原载于《时代建筑》2016 年第 2 期）

注释

1. 当然，中国各地建筑传统如此多样，总有不符合笔者这极宽泛概括的例子。比如客家土楼将主导建筑体量沿周边均匀布置，就比较接近欧洲的周边街廊。但土楼的形状多为圆形，多建于乡村，这两点又不同于欧洲周边街廊。

2. 关于北京建筑师针对"沿街建房"讨论的概述，参见：乔永学."沿街建房"讨论的启示. 北京规划建设，2003（03）；北京的建筑师热烈讨论"沿街建房"问题. 建筑学报，1957（01）；关于"沿街建房"问题来稿的几种不同意见. 北京日报，[1956-12-7]。

3. 柯布在 1925 年推出的 Plan Voisin 规划案中，要把巴黎心脏地带的历史街区大片切除，植入他自己的"公园里的塔楼"时，还算刀下留情：他保留了卢浮宫和皇家宫殿片区，作为一块"历史遗产"。

4. 对刘家琨作品中"游走路径"的系统论述，请见参考文献 [3][4]。

5. 刘家琨在 2011 年第三届中国建筑思想论坛发言《记忆与传承》，后刊登在《建筑师》2012（4）：38-40.

6. 刘家琨于 2015 年 10 月 18 日在成都接受笔者采访时谈到。

7. 面向内院的阳台实际进深为 1.8m，让出了 1.2m 进

8. 值得一提的是，在 2.6 万㎡的内院景观设计上，刘也表现出强烈的体系化控制和"客观性"美学倾向。在设计过程中，刘过滤掉了一系列看似诱人、"容易出效果"的方案，比如在院内种植随四季更替而产生景观变化的蔬菜和果树等。他最终用了一个极单纯的"满院竹"做法：以成都望江公园为原型，将竹林作为主导性景观元素，将成都的竹林茶馆公共生活引入大院内的院落中。如果说前述平立剖的整体化控制多源于功能理性和均质美学，"满院竹"景观体系则试图与地方城市公共生活传统建立直接联系。刘家琨于 2015 年 10 月 18 日在成都接受笔者采访时谈到。

9. 如再考虑到西村大院以柱支撑空腹密肋楼盖的结构体系，西村大院就更接近柯布的多米诺住宅体系的构思了。

10. 对拉图雷特的详细分析，参见参考文献 [6].

11. 人们也许会争辩，在中国传统城市中，合院建筑原型几乎贯穿从民居到纪念碑（城门、大庙、牌楼、宫殿等）所有建筑，并不存在二者间建筑类型的强烈对峙。即便如此，笔者认为罗西的二分法仍部分适用于中国传统城市：在中国城市观念中，仍有民居一纪念碑的分野。但两者非等同一建筑原型，它们在尺度、社会等级、公共性上仍有巨大差别。参见参考文献 [7].

12. 关于大型公共建筑在历史中的演变，以及当代巨构建筑如何丧失公共文化表现力，难以成为集体纪念碑的论述，参见参考文献 [8].

13. 就"历史意识"而言，刘家琨与斯特林、罗西等一代欧洲晚期现代主义建筑师有类似之处。如前所述，他们都试图恢复被现代主义割裂的空间传统和压抑的文化象征主义。但在另一方面，刘家琨所处的中国历史进程与两位欧洲建筑师的很不同。欧洲现代主义自 1910 年代发端到 1950 年代末期进入晚期（或称后现代）阶段，有近半个世纪的充分发展。而当代中国建筑经历的是极度的"时空压缩"；自 1980 年代起，中国现代主义几乎在重新启动的同时，便与西方兴盛的后现代思潮合流，之后很快又与当代各种全球化思潮汇合。如果说传统、现代、晚期现代、后现代、当代等对斯特林和罗西等欧洲建筑师来说，可以呈现出一个清晰的、历时性演变过程，那么对刘家琨等中国建筑师来说，则几乎是同时并存的现象，彼此间极难梳理出纵深的历史演变。正是在历史被"时空压缩"后所形成的扁平化、共时化、片断化的文化状况中，仍坚持某种历史意识，赋予了刘家琨当下实践的独特品质和意义。

14. 这是刘家琨于 2015 年 10 月 18 日在成都接受笔者采访时引用的诗人西川的话。西川在 2015 年第十届"诗歌与人"国际诗歌奖获奖辞"我被一切所塑造"中讲道："李白说：'自从建安来，绮丽不足珍。'韩愈说：'齐梁及陈隋，众作等蝉噪。'我百分百理解他们面对前代诗人的工作时的不满，甚至不屑。我百分百理解他们要写出与其所处时代生活所蕴含的历史能量相对称的作品的愿望。"来源：http://www.pku.org.cn/?p=23222

参考文献

[1] Louis I. Kahn. The Notebooks and Drawings of Louis I. Kahn[M]. Cambridge, Mass: The MIT Press, 1973: 22.

[2] Theodor W. Adorno. Functionalism Today[J]. Oppositions, 1979(17): 41.

[3] 彭怒. 本质上不仅仅是建筑 [M] // 刘家琨. 此时此地. 北京：中国建筑工业出版社，2002:181-184.

[4] 华益. 刘家琨的中国式实践智慧：西村设计过程的复杂性 [D]. 上海：同济大学，2014: 29,92-100.

[5] 刘家琨. 记忆与传承 [J]. 建筑师，2012（4）：38-40.

[6] Collin Rowe. La Tourette[M] //Colin Rowe. The Mathematics of the Ideal Villa and other Essays. Cambridge, MA: The MIT Press, 1982: 185-203.

[7] Aldo Rossi. The Architecture of the City[M], trans. Diane Ghirado and Joan Ockman. Cambridge, MA: The MIT Press, 1984.

[8] Alan Colquhoun. The Superblock[M]//Alan Colquhoun. Essays in Architectural Criticism: Modern Architecture and Historical Change. Cambridge, MA: The MIT Press, 1985: 83-103.

[9] 刘家琨. 明月构想 [M]. 长春：时代文艺出版社，2014：170-171.

02

西村大院儿

张早

在哪里都是自己在，在哪里都在自己里。[1]

——刘家琨

1. 来大院儿

作为作者，刘家琨老师多次谈过文学与建筑的差异，大概说建筑干的事如果可以换做用文字干，那就不值得用建筑干，文字也一样。这种对文字和建筑特性的区隔出现在 2007 年的一段访谈里。[1][2] 西村大院儿的创作从 2008 年开始，6 年后建成的大院子通透敞亮。照片上看，各个方向都有入口，朝向院内的公共廊道上院落形象一览无余。大院子里各种小院子、球场、步道、外挂楼梯、外廊、竹林、水池……这让西村大院儿看起来有别于何多苓工作室和鹿野苑这样讲究"游走路径"[3] 的早期作品，离"文人意蕴"[4] 有些远了。

但要证实这些作者思考与作品呈现之间的关联，还是要真正地去到那里，见识它的样子。把大院儿放进个人经验，像我这样从远处来的游客，会从北侧成温高架下的苏坡东路过来。从贝森北路向南远远看去，最醒目的是横向的混凝土板，灰扑扑的像是没盖完。沿着路向南走，便看到大院儿北侧高架的桥廊，骨架一点点露出来，斜线条是上屋顶的大坡道。这成了西村大院儿的标志。

2. 跑道

我们姑且把大院子先放在一边，就着这上屋顶的坡道讲。它并不占据地块的好朝向，东、南、西侧的临街面要留给商铺。虽然是交错的剪刀坡道，但宽度不大，利用了地块北侧旧游泳馆改建的多功能厅旁边细长的剩余用地，这让复杂的新旧关系问题也变得相对容易处理。而且，无论人们是在大院儿里，还是站在坡道上，透过高架的桥廊向北看，便可以望见街对面地块茂密的树林。它的位置更接近城市干道的接入口，那里有像它一样架起的快速路。

刘家琨老师 1980 年发表的一篇小说《游魂》，描写了一个与他同岁的青年傍晚外出遛弯的日常。[5] 如果把这个青年放到今天，恐怕大院儿会成为他喜欢来逛的地方。第一眼看到大院儿盘起的跑道时，我想到自家小区车行环路上，天气好的时节，晚上人们一圈一圈地跑步、转悠、聊天的情景。现今，很多年轻人有夜跑的习惯，中老年人多注意锻炼，大家也需要有地方闲逛。大院儿里的跑道是可以满足人们需求的地方。

大院儿所处的这块基地的用地性质是社区体育用地，这刺激了立体跑道概念的产生。与之前的方案相比，今天大院儿里的"跑道"，更接近游廊的状态。方案初期、中期，跑道还是跑道的样子，弯道频繁出现在各式转角，曲线的语言主导了大院儿整体的形态。但考虑到转弯半径带来的速度感可能会使人们感到紧张，方案里的曲线后来被改为折线，转弯半径也被藏在放大的折线型转角里。黑色的道路表面和屋顶种竹子的水泥管、植草的大孔砖、金属网栏杆一起营造着郊野氛围。这样有了老人、小孩在上面闲逛时的自在，有全民运动也有建筑漫游。同时，大院儿的整体形态也随之改变。但大院儿和跑道间并不交错、穿插，维持着一种平行的关系，众多的入口让流线的组织不再确定（图1—图3）。

3. 大院儿

除了北侧被大坡道所占据的位置，大院儿的其他围合界面由进深26m的建筑实体完成，围合出东西长182m、南北长137m的大院儿。这样夸张的尺度，让我联想到库哈斯口头的宏大，便冒昧问及刘家琨老师是否考虑过类似的问题，他说有，但同时提示"大的是内部"。[2] 从外部看，大院儿的立面没有过多的语言。由于它24m的限高和占满临街面的环形布置，除去基地东侧的高层，它确实和周边的楼区保持着大致相同的高度，有深凹进去的环廊，还有挑出的蜂巢芯楼板和扶手栏板一起形成的灰色水平线条（图4）。

从大院儿的内部看，内廊式的阳台配合了院落的开放状态，东、西、南三侧的外挂楼梯占据了三个方向的重心。院中架起的步道将大院儿分割为不同的区域。中间最大的一块是足球场，四角竖起高高的球场照明灯。球场外侧，是大大小小围绕环形步道布置的竹院儿。再外圈，靠着底层商业形成了一条带水景的巷道。巨大的尺度和复杂的院落空间让这座大院儿成为新的都市奇观。到了傍晚，人们便从四下的入口渐渐涌进来，有遛弯的、场子里踢足球的、架空坡道上奔跑的、楼顶推着婴儿车闲逛的、院落里看电影的、约会的、演唱的、拍照的、迷路的、上厕所的、坐在竹林下喝啤酒的。天色暗了，各式霓虹灯亮起来，球场照明灯也开启，

图1 初期模型

图2 中期模型

图3 后期模型

图4 临街立面的水平线条

火锅香飘了满院，大院儿这时是充盈的。它的立面是消退的，剖面是平淡的。它的外部塑造街道，空掉的巨大内部院落让人们进来，让都市景观回到每个人身体里。和之前对地块的使用方式相比，这时的贝森已经发生了巨大的转变。

4. 贝森

　　杜坚是西村大院儿的甲方，贝森集团的董事长。这次成都之行，和杜总见面后，我才知道西村大院儿的"贝森"和"贝森文库"的"贝森"是一个"贝森"。2002 年，贝森集团为 5 位建筑师——张永和、汤桦、崔恺、王澍和刘家琨出了一套"贝森文库—建筑界丛书",其中刘家琨老师的这一本叫《此时此地》。之后,中央电视台《人物》栏目循着这5本书的内容为几位建筑师做了纪录片。也正是因为这本书的出版,让杜总认识到刘家琨老师的"深度"。之前,他们更多是在四川文艺圈饭桌上的相识。1994年,西村大院儿所处的这块体育用地就被贝森持有,并以体育公园的模式被开发,里面建的是恒温游泳馆、高尔夫练习场、壁球馆,这些东西都是第一次在成都出现,并不面对工薪阶层的日常生活。

1998年贝森来到北京,进驻798,濒临拆迁的老工业区自此逐渐重获新生。后公司在2004年撤回成都,此后的3年里,杜总去到英国,在这个最早提出"创意产业"概念的国家了解创意产业的状况。2007年,西村大院儿的项目开始策划,经过与刘家琨老师的长期交流,走访了他大量的作品后,杜总在2008年确认将项目委托给了家琨建筑。

从最早1990年代在朋友圈子里的相识,到2002年《此时此地》的出版,再到2008年的确认委托,杜总把"最大的一盘儿菜"留给了刘家琨老师,将一个英雄主义的梦想留给了认为需要介入策划的反乌托邦小说作者,将一个成都的房子留给了此时此地的建筑师。杜总说他凭的是直觉。

5. 未完成感

在项目的推进过程中,具体业态尚不完全确定,杜总对项目给出了"有所规定的不确定性"的要求。同时,"未完成"的概念在方案推进过程中逐渐形成,后在美学上被确认为"未完成感"。这与刘家琨老师常年踏访工地而对建设中的工地状态产生的特殊情感不无关联,这些情感也借此投射到项目具体的建筑语言和做法中。施工过程中的一些状态在项目中被翻译成完成态的做法,如暴露结构、使用断砖砌筑立面、将大孔砖的孔洞朝外作为机房的立面语言、在外墙暴露钢筋……并且，在贝森总部的一角，有专门为了这个项目建造的实验楼，它截取自大院儿的一个局部。各种"未完成感"语言的具体使用方式，都是在这里不断实验后得出的（图5）。

我乐于将院内立面上呈现的丰富状态与这两个词联系起来。大院儿不作为的立面让每家租户有了发挥余地，餐饮区最为夸张，西餐、川菜、海鲜、火锅、茶餐厅、自助餐，靠内院的阳台一侧，院子里一眼望得见上下楼层都有什么。火锅店甚至利用面宽打出了一条横幅标语（图6）。这些都是"未完成"和"有所规定的不确定性"。一般来说，建筑师很难对自发性具有如此的容忍度。但这些状况，也许都在刘家琨老师的预判中。立面呈现的多样化，其内部机制是保证平面可灵活划分的蜂巢芯无梁楼板，以及二层、顶层5.7m的层高设置。

刘家琨老师曾给出过隆昌公寓的参照，虽然他调侃说是方案成形后添上去的，但可以表明他的理解和态度。在他的小说《明月构想》中，这种对生活或者生存自发能量的想象充分暴露出来。精心设计的样板小区被暴雨后预先抢住的居民按照自己的使用需求修改，这种改造的热情在人们入住一段时间后达到极致，随着"轰隆隆一声巨响"，"食堂大楼屋顶出现了一个近似方形的大洞，居住其中的人们从此得到了穿堂风"。[1]这种写作背后，是对精英话语的疑问，或者至少是对老百姓生活习惯的理解。正因此，在建川博物馆群，为了达成某种街道氛围的协调，他会有复制周边作品立面的想法，会以更具生活气息的铺面包裹博物馆。或者，也可以在给美院设计的项目里留下涂鸦区。

图5 贝森总部西村项目的实验楼（摄影：张早）

图6 西村大院餐饮区内院立面状态（摄影：张早）

图7 蓝顶美术馆（摄影：张早）

6. 蓝顶美术馆

在第三届中国建筑思想论坛上，刘家琨老师向大家推荐了一本书——《与古为徒与娟娟发屋》。讲学书法的人有临碑和临帖之分，石碑上的字大多是古时不懂书写的工匠按字迹刻出，他们在今天，可能就是书写"娟娟发屋"这类招牌的人。因而如果可以向古碑学写字，不如也向书写"娟娟发屋"招牌这样的当代人学习。[3]

成都南郊，蓝顶艺术区的美术馆新馆与西村大院儿是同一时期完成的作品。与之相似，在这个 5000 ㎡ 的项目里，也有体育元素，美术馆车库抬起来的坝子里，放着一个篮球架。按刘家琨老师的说法，现在人和人之间交往少了，有了这个篮球架，没事时也可以来这儿打个篮球。[6] 抛开篮球架，"川西坝子"和"坝坝筵"是设计的首要，坝子的设置是想为村里的各种仪式和露天筵席提供场地，让村里的活动办到当代艺术的地盘。

美术馆由几个灰色的方盒子组成，从体量上与周边已经建好的艺术家工作室相协调。"平顶抹灰的当下农村"在这里被有意识地强调，因此几个盒子的外立面也是抹灰，通过墙面搓沙颜色的微差来塑造彼此的不同性格。水泥盒子相互独立，连接盒子的小型体量立面以碎瓷砖贴起，点缀于院落间，是对乡间的瓷砖立面做出的回应（图 7）。一段楼梯板侧缘突出墙外，有些梁也突出来一些，这些语言都是对民间建造中偶发性的学习。也"将错就错"，大喇叭挂到了突出的楼梯板下，巴拉干式的吐水口被嫁接到断在一半的落水管上，前面提到的篮板是固定在突出的梁头上。

在大院儿，跑道路缘和卫生间的局部墙面也是由碎瓷砖贴起，栏杆上封的是成品金属护栏网，排水管是呈对称布置的黑色铸铁水管。跑道的路面本打算用沥青铺设，希望将基础设施中大量使用的工法引入，但由于细部和转折过多，铺设很难在短时间内完成，这一想法也不得不被放弃，而换作黑色的再生塑胶。蓝顶美术馆和西村大院儿中的种种处理，都让建筑本身向自己所处的当下环境积极汲取营养，成为当下历史的凝结。

7. 四川性

杜总在聊天时谈到，项目的关键词除了"未完成感""有所规定的不确定性"，"四川性"也是其中重要的一个，这是他的"乡愁"。在大院儿的工作之前，四川性已经是刘家琨老师经常关注的话题，可能这是杜总"凭着直觉"找刘家琨老师来做这个项目的主要原因之一。

在今天的大院儿里，一丛丛竹子，是模拟川西林盘的景观。初始的景观概念一直在讨论借用川西农田，但总让人感觉尺度不对，而竹林下的活动其实才是成都典型的休闲方式。在家琨建筑的设计师两次赴望江公园的竹林考察后，刘家琨老师邀请贝森团队一起到公园喝茶，并和杜总当场确认了这个做法。[4] 竹院落里的办公成了招商宣传时的主要标签。杜总的小学同学吴平来看了大院儿，勾起的也是乡愁："苏坡桥外婆屋后的林盘，是我幼年与小伙伴抓丁丁猫儿、捉迷藏、讲故事的地方，如今那里的西村园遍种翠竹……"除了切实的竹子，房子的楼板侧面和混凝土楼梯的外表面凝固成了竹编纹理。这是手工竹胶板模板的印记。这些肌理多出现在近人的清水混凝土表面，既有触感细节，又能中和施工中带来的表面瑕疵。[5]

撑起整座房子蜂巢芯楼板的混凝土柱子上也满是这样的纹理，柱子的截面是八角形的。杜总说他曾与刘家琨老师探讨过柱子的具体做法，提出改用普通方柱，但被刘家琨老师驳回了，川西很多祠堂里重要的位置都用了八角形截面的柱子。这样，八角柱成了大院儿的标识性语言之一，配合密肋混凝土梁的藻井和散铺的大块红砂石地砖，强调着底层的公共空间。八角形的截面是重要的，它让柱子适合被展示出来，为空间带来了纪念性。水井坊博物馆的门廊里出现了同样的柱子。这样削去四角的柱子出现在流线上，也有对行走便捷的考虑。另外，钝角使粗砺的竹胶板肌理便于交接。但在一次调整中，为了房子能在院落内侧甩出阳台的进深，来使院落空间获得更丰富的层次、增添声色，同时保证规划要求的面积不变，临街面的幕墙不得不外扩，吃进了八角柱身一半。

　　大院儿整体上是灰色的，刘家琨老师早期喜欢巴拉干的房子，可那

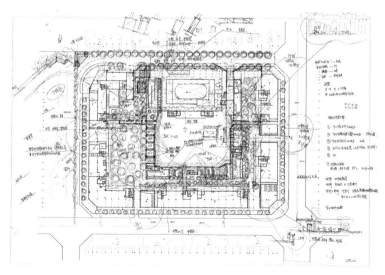

图8 西村平面草图

种鲜明的色彩在成都的阴天里无从表现。这种有意为之的灰突突的样子,与精英话语无关。若"反对崇高"算是一种四川性,将"半只鸡"隐喻为"英雄"的"第三代人"则饱含着、同时也建构着这种四川性 。[6][7][8]

8. 由比喻引发的联想

在刘家琨老师的小说《高地》刊出后,《青年作家》杂志有过 4 次关于此文的讨论。其中一次北大中文系学生对《高地》的研讨中,有人指出了文中比喻的特别之处,点出"大衣躺在地上像个死人","大牙残根般的岩石"两处,讲的是比喻里的意象与暗示。[9] 小说里的建筑师主人公说最后完成的房子,也是做得"过于像岩石了些"。[10] "岩石"既形容了房子的外形,也指涉着全文的主线,既是比喻,也象征着坚固,与周边环境的相仿。

现实里,罗中立工作室被造成"灰窑",何多苓的工作室是"金石印章",鹿野苑石刻艺术博物馆是"人造石",以及之后的"'文革'之钟""内心丛林",或是"七个小矮人"的调侃……虽然在每个项目中这些隐喻的具体使用方式不尽相同,但细腻准确,都与方案建成后的特质发生关联。类似的隐喻并不必然发生在设计过程中,这种方式在刘家琨老师这里则频繁地出现,也许是因为他的习惯。并且,与大多数由隐喻指导建筑概念的设计相比,刘家琨老师的房子与喻体之间确实有着比较高的契合度。在"'文革'之钟"博物馆中,"钟"即取"警钟"的暗示,同时,馆内一处圆形院落利用声聚焦原理,让在其中参观的游客可以体验到自己便是一座钟,自己的发声与聚焦的回声创造了一种对于"文革"记忆的警示。这种本体、喻体和项目特质的高度契合并不容易完成。

西村大院儿的设计说明里也出现了一个比喻——"盆地",它出现在这里也许并非偶然。刘家琨老师谈到过四川地理上的隔绝，谈过盆地与都江堰，将这些看作是"独立王国""获得自由的精神基础"。在成都的青羊区，大院儿不也像是"褶皱里中间有个坑"嘛。[7] 如果这样去套，基地西北侧位于地块内外的水景，大致的位置也和都江堰属同一方向。院落的开放性最强的一侧，也是剑门的方向（图8）。而整个"盆地"则可以"容纳多元文化公共生活"，继续联想下去。他曾区分四川与中原，把四川说成是口"锅"，并顺着记者关于四川特性与火锅关联的提问，讲"鲍鱼、豆芽都在同一口锅"，来说火锅里等级意识的单薄。这么看，我突然觉得西村大院儿也像一口锅，创意产业、跑道、球场、火锅、茶馆、酒店、露天电影，细数下去，好像什么东西都扔得进来。另外没有摆盘儿，锅本身就是样子，是个"设施"。火锅还有一个特点，就是锅上来了烹饪才开始，锅里有什么靠大家决定，吃的时候，烹饪还未完成，一直可以调整，但吃法是规定的。要是把刘家琨老师的房子打包放在一块，弄不好可以搞一个"火锅建筑学"，那估计可以算作"漂洋过海"时的"新鲜土壤"吧。[11]

9. 具体的力量

玉林嘉苑小区外是生活气息浓郁的市井街巷。有一条水流，从西北侧流入小区，想必是从南河分来。十月秋水充盈，顺着水流游向西北，就到了都江堰。刘家琨老师提到过，有外国友人来时，他的导游线路是都江堰—郫县—成都，估计是这条事务所脚下的水流一直提示着他两千年来四川人的生活基础。拜访他的事务所时，我匆忙紧张，但记得里面是有市场上肉摊收来的铁钩，挂了竹篮，会议桌旁见到一只用来指点江山的鱼竿，印象深刻的，还有那只盛烟灰的铝饭盒。这是1980年代后就逐渐失去位置的铝饭盒，它的年纪恐怕大过我。我可以感觉到它承载着一个年代特殊的集体记忆。蓝顶美术馆和"'文革'之钟"博物馆里的大喇叭，也有类似的效果，它和铝饭盒在同样的时期消失，也具体地指向并不遥远的过去。2002 年，刘家琨老师曾在一个"专·业·余"展览中做过叫"随风"的装置。8 只灯笼样的氢气球挂上 8 个废轮胎，将一块黑色的农用遮阳网悬在空中，同时悬在遮阳网下的，还有 30 枚蒲扇。每一种材料都带着自身的符号力量，带来喜庆、拙诚、临时和悠闲的感觉。它们每一种都不是现代建筑的常用语言，每一种也都不是当下老百姓陌生的物件。它们就一起晃悠着，描出风的样子。开幕式上，遮阳帘下，是白桌布，高脚杯和红酒，凝固在时间里的朋友聚会，没有现代美学法则和形式焦虑（图 9）。

这些具体的事物也常在刘家琨老师的作品里出现。何多苓工作室的天井，是玉兰树的庭院；"新长征路上的摇滚"CD 封套的红，就是红色年代娱乐中心的红；川美新校区设计艺术系馆的顶层 LOFT 是现成的厂房原型；"'文革'之钟"里是各式宣传画、镜子、老钟表、大喇叭和主席像，与红砖塑造了特别的时代氛围；金华建筑艺术公园 5 号茶室里，电线杆成了结构柱，带水龙头的上水管成了栏杆扶手；胡慧珊纪念馆直接取形于震后的临时帐篷；他在北京城南计划给出的方案沙盘四周，放了 18 把从当地老百姓手中换来的旧椅子，是座椅也是展品，每一把上都挂着写有自己故事的卡片。

灯笼气球、水龙头、大喇叭、铝饭盒、碎瓷片、旧椅子，它们很多改变了自己的常规位置和呈现方式，这种具体而微的日常错位，以及这些物件中蕴含的时代特质，让每个读者有机会切入当下，形成新的记忆。在西村，宏观上大院儿本身的形象就很具体，它直接指向某种集体主义和乌托邦幻想，它有跑道、林盘、桥廊，有金属网栏杆、球场照明、未

图9 "随风"装置

能实现的沥青铺面，这些当下在基础设施建设中被大量使用的工法，是快速发展中粗糙的智慧，提示着今天"设施"的建造方式和存在状态。

当然，铝饭盒引起我的关注，除了它的功能错位与时代气息，也许还因为有阴雨天里昏暗室内这浅色物件的银白光泽。

10. 存在的关联

刘家琨老师在《灰色猫和有槐树的庭院》里，以第一人称的作者"我"的写作经历和"我"笔下的几个故事为基础，以时间为线索，交织创造出立体的元小说。这种卡尔维诺式的写作，指向一种对故事关系的处理，需要几段叙事规模相差不多的故事来支撑。[12] 这种写法在《明月构想》里也有呈现，但由于一个寓言主体——欧阳江山与明月新城的故事的存在，其他层次的叙述被压得简短，成了陪衬，写作形式本身的立体感也因此被削弱。而《"我在西部做建筑"吗？》也是在原有的文章上增加新的时间向度来形成叙述层次。这是刘家琨老师自最早重视人物语言、行为刻画的身边故事、生活记录，到《英雄》《高地》的寓言式书写之后选择的写作形式。

在他的房子里，经营空间序列的早期作品之后，也多见这种平行，如川美新校区艺术系馆的几种屋顶，围合"城南计划"沙盘的18把椅子和它们背后的故事，大院儿的各种"设施"……但这些都是以对具体事物、技术或是类型的并置来达成空间的平衡，或者作品与环境的平衡。

在我眼里，刘家琨老师更有意思的是他的"玉米理论""萝卜和土壤"，[7] 是他在气球和轮胎间拉起的黑色遮阳网下晃动的蒲扇，是他的工作地点——玉林嘉苑的1栋，是盛烟灰的铝饭盒，是对当下材料的具体使用，是对个体和器物存在本身的关注。这种对当下具体的把握是其他人少有的。家琨建筑官网上，西村大院儿项目下加载了一个视频，配乐是 Gala 的 Young for You，传递的是工地上工人的自在。看着这样的画面，我只能把"低技"和"容错率"这样的词认成是一种理解和关照的下游结果。而关于"处理现实"，也许会有更深入的解答。在西村大院儿，一个理想化的甲方找到了一个反乌托邦的建筑师，它的名字本身就是它形象的具体表达，它的标志就是它的跑道它的桥，它的使用者参与书写它的立面；它不显得自己高级，也不显得周边的房子差劲；但它向上，可以说成是"现实的乌托邦"，英雄梦想的固化，即便这样它也还能向下，是老百姓遛弯儿、喝茶、吃串串儿的地方。将来，成都人谈到它的名字时，儿化音里可能会挂着故事。

（本文原载于《建筑学报》2015 年第 11 期）

注释

1. 此种观点刘家琨在《文艺生活周刊》和《南方都
   市报》的访谈中也有出现。
2. 笔者与刘家琨老师的通信。
3. 刘家琨在第三届中国建筑思想论坛上的发言。
4. 同上。
5. 笔者与家琨建筑杨磊建筑师的通信。
6. "反对崇高"来自刘家琨对欧阳江河的引用,见
   参考文献 [7];"半只鸡"的故事见参考文献 [8];

刘家琨出现在何多苓和艾轩合作的油画《第三代
人》中。

7. "玉米理论"指玉米在中部结了一个比较大的果实,
   刘家琨借此来比喻自己的工作位置,详见参考文
   献 [1]。"萝卜与土壤"是指以"洗干净的萝卜"
   来表示西方话语下的中国建筑实践,"土壤"指
   自己的文化,详见参考文献 [11]。

参考文献

[1] 刘家琨. "我在西部做建筑"吗? [M]// 刘家
    琨. 明月构想. 长春:时代文艺出版社, 2014.
[2] 唐薇, 牛瑜. "低技策略"与"面对现实"——建
    筑师刘家琨访谈 [J]. 建筑师, 2007(5):17-29.
[3] 彭怒. 本质上不仅仅是建筑 [M]// 刘家琨. 此
    时此地. 北京:中国建筑工业出版社, 2002:
    163-195.
[4] 刘家琨. 叙事话语与低技策略 [J]. 建筑师,
    1997 (78):46-50.
[5] 刘家琨. 游魂——写给精神上的拉兹 [J]. 四川
    文学, 1980 (10):22-28.
[6] 刘家琨, 邓敬, 付保俊. 关于成都蓝顶美术馆的
    一次访谈 [J]. 时代建筑, 2005 (1):86-93.

[7] 志余. 从里面看四川——专访四川建筑师刘家琨
    [J]. 三联生活周刊, 2009 (16):106-109.
[8] 刘家琨. 英雄 [J]. 青年作家, 1983 (06):
    64-66.
[9] 北京大学中文系文学专业八二级. 探索"高地"
    之谜 [J]. 青年作家, 1984 (7):78-80.
[10] 刘家琨. 高地 [J]. 青年作家, 1984 (05):
     54-58.
[11] 刘家琨. 给朱剑飞的回信 [J]. 时代建筑,
     2006 (5):68.
[12] 刘家琨. 灰色猫和有槐树的庭院 [M]. 成都:
     四川文艺出版社, 1993.

03

向互联网学习的城市
"成都远洋太古里"设计底层逻辑探析

周榕

1. 城市的危险

城市的危险似乎是一种无稽之谈。2011 年，哈佛经济学教授爱德华·格莱泽（Edward Glaesor）的一部畅销书《城市的胜利》（*Thiumph of the City*），把城市乐观主义情绪推向了高潮。格莱泽教授以翔实的数据、周密的分析和雄辩的笔调，令人信服地描绘出一幅城市在全球取得伟大胜利的历史图景。然而令人扼腕的是，这幅纪念画作尚未完工，便已出现不少细微的裂痕，而过去 5 年来，这些裂隙正在以惊人的速度蔓延、扩张，令城市胜利的未来图景变得黯然而可疑。

过去的 5 年，正是移动互联网以势不可挡的规模和速率，全面颠覆并重新定义互联网世界秩序的 5 年；是中国业界及时抓住这一历史机遇，掀起互联网"新经济"浪潮的 5 年；过去的 5 年也同时是以"微信"为代表的移动互联技术，极大地改变了中国城市生活方式及社会组织逻辑的 5 年。

相比于网络世界日新月异的迭代、活力四射的扩张以及向社会生活主动渗透的进攻态势，过去 5 年来中国城市发展可谓步履维艰——伴随着经济增长放缓带来的失速效应，城市仿佛突然从高效的经济发动机变成问题丛生的麻烦聚集地——诸多经济衰退型城市"底特律式"的陷落、几乎遍布各个城市的房地产"去库存"的巨大压力、城市实体商业空间的大面积萧条、城市政府债务的惊天重负……这些信号都预示着城市正处于巨大的危险之中。

如果不能发现以移动互联为依托的中国网络社会的崛起与同步发生的中国实体城市大规模衰败之间的内在联系，那么后者就不过是经济下行所引发的癣疥之患；但如果看清两者之间的因果关联的话，那么网络社会就构成了对城市社会的致命威胁——隐伏于虚拟世界的潜在危险才是实体城市真正的心腹大患。

2."城—网战争"的逻辑

城市，可以被认为是人类最早发明的一种互联网。

智人作为社会性碳基生物，身体性的相互信息沟通只能借助近距空间这一媒介，因此发明了近距空间单元（互联性空间单元）的大规模高密度聚合形态——城市，来构筑起相互联系和协作的文明社会网络。简言之，空间是城市这一"实体互联网"的基本联结纽带。城市通过空间，组织起比乡村更高效率的资源结构和社会结构。"城市的胜利"，在很大程度上意味着城市空间效率之于农村空间效率的结构性胜利。

现代以来，城市发展历史上曾遭遇过多次建筑以外的技术变革的冲击，例如电力、电灯、电梯、汽车、电话、广播、电视的发明等。然而这些深刻影响了城市发展进程的非建筑技术创新，非但没有对城市空间的组织枢纽地位构成威胁，相反却对提升城市空间的组织效能贡献良多，刺激并推动了实体城市的加速进化。与之形成鲜明对照，硅基互联网的发明却是迥异于以往历次技术进步的一次颠覆性革命，它直接催生了一个全新空间物种——"虚拟空间"（Cyber-Space）的崛起。移动互联网的普及，为每个人提供了随身便携的虚拟空间入口，因此在移动互联时代，虚拟空间开始具备了与实体空间相类似的普在性、即身性以及与个人的社会性存在不可分割的种种空间属性。不知不觉间，虚拟空间悄然获得了可与城市实体空间相抗衡的资源组织及社会组织能力，并且开始与实体城市之间展开对社会的人与物进行统筹组织的权力之战。

虚拟空间与实体城市之间的"战争"，本质上是一场对人类"社会份额"的争夺战：首先是资源组织份额的争夺——在社会资源需求总量稳定的前提下，通过虚拟空间流通的资源份额加大，经由实体空间配置的资源占比就必然下降，这即是电商挤垮实体商业现象背后的实质；其次是时间消费份额的争夺——当城市实体消费的乐趣逐渐被网络虚拟消费的乐趣所取代时，人们必然花费更多可支配的休闲时间在网上而不是在城市实体空间中，此乃城市中日益充斥"低头族""宅家族"等年轻网络族群的原因所在。

尽管"城—网战争"的烽烟点燃未久，但胜利的天平已明显向网络空间倾斜——一方面，是 2015 年"双 11"阿里巴巴一家平台的单日成交额就突破 900 亿元，另一方面，是各大商业综合体的零售柜台门可罗雀、乏人问津；一方面，是微信用户量在 2016 年第一季度末达到 5.49 亿、明星微博粉丝数动辄过千万，另一方面，是许多城市公共空间除了广场舞大妈外少有年轻人的身影……"一叶落而知天下秋"，尽管这场凋残城市的风暴刚刚兴起于虚拟的青萍之末，"城—网战争"未来的胜负走向却已一目了然。

成也效率，败也效率。文明的历史仿佛重演——网络虚拟空间，利用自己快捷、超距、廉价的技术优势，极大降低了资源与社会组织的时间、空间和经济成本，从而得以用惊人的组织效率硬碰硬地"辗压"原本以高效自矜的城市实体空间——城市，正在沦为互联网时代的"新农村"。

图1 全景鸟瞰（图片：存在建筑）

尽管网际网络虚拟空间出现的历史区区不到 30 年，但其爆炸式的势力扩张近年来已经令进化速度迟缓的城市实体空间感受到空前的生存压力。从"惊变"到"应变"，在高速迭代的网络虚拟空间"闪电战"般的入侵态势下，历史留给城市的时间已然不多。

3. 幸存者"太古里"的另类样本价值解析

"成都远洋太古里"（以下简称"太古里"）是一个不可多得的研究样本。

在中国城市商业地产近年来一片哀鸿遍野的行业整体走势下，开业一年多的"太古里"逆市而上，赢得了口碑和业绩的双丰收。基于这种成功，"太古里"的业态布局模式、城市设计策略、仿民居的建筑形式等都成为其他新建商业项目竞相效仿的对象。然而在笔者看来，"太古里"的真正样板价值，并不在于它所谓的业态创新，也不在于它在城市设计层面所展示的一套完美工作流程，更不在于它在建筑学意义上所进行的形式探索，而在于它在"城—网战争"城市大规模溃败的背景下，是如何力挽狂澜扳回一"城"的。换言之，在与网络虚拟空间的份额竞争中全面处于下风并愈来愈趋颓势的城市实体空间，究竟采用了哪些不为人知的策略和手段，才能在"太古里"这一城市节点上取得了暂时的局部胜利？进而推论："太古里"的这场"小胜"，是否意味着城市在"城—网战争"的失败教训中，已经总结出一些新的"作战规律"，从而"在战争中学习战争"，迅速让自身由弱变强，甚至能够在未来以弱胜强？

在此，我们不妨将"太古里"的城市因应对策，析解为一组观察"城—网之战"的思维透镜——既不因传统的傲慢遮蔽我们关注互联网革命的视野，也不因时代的狂热而试图用激进的所谓"互联网思维"去取代传承数千年的城市智慧，而是经由深入梳理"太古里"这一成功案例所呈现的底层逻辑，令城市找到应对"城—网战争"的认知方法与思维工具，或能通过取长补短并扬长避短而反败为胜。

以下，本文将通过价值、情感、共享、体验、身体这5片思维透镜，逐一分析"太古里"设计带给我们的思想启迪（图1）。

3.1. 调整出"场"顺序

"太古里"设计的难度，在于调和商业性和城市性之间的矛盾。

作为以消费为导向和支撑的一类特殊的城市公共空间，商业项目对潜在顾客的需求必须做出准确、及时的回应，因此在城市中往往最得时代变化的风气之先——一个时代的精神状态、价值取向、社会情绪和未来走势，总能在其最新的商业而非文化、政府类空间中辨知端倪。从自发性的角度观察，以商业原则为本构建起来的"太古里"，却能更真实地反映出支配中国城市发展的深层价值逻辑的重要转向。

举凡一个城市商业项目的成功，都要完成好关键性的三"场"演出："物场"——实体环境设计；"钱场"——商业业态组织；"人场"——活力氛围营造。所谓"场"，就是固化资源配置的空间构造。任何一个空间构造的背后，都隐藏着依据某种价值原则而建构的资源组织逻辑，因此不同的"场"也代表着不同的空间价值本底。随着时代发展，商业空间三"场"演出的出"场"顺序也在不断发生变化，而出"场"次序的调整，则意味着社会价值主导取向发生了根本性的秩序更变。

在计划经济和市场经济早期的短缺时代，中国城市的商业空间设计往往被"有土斯有财"的"物场思维"所主导，其特征是空间形式优先，而将商业活动视为可随意切割的功能内容，分配给预设好的空间界域，这类商业空间的代表类型是百货商场；到了市场供给渐趋过剩的消费时代，"钱场思维"开始在商业地产设计中占据主导地位，其特征是先按照商业活动的规律将多样化的业态内容组织为一个自足、健康的生态系统，然后按照这一生态系统的资源配置要求来匹配适宜的空间形式，代表类型是城市综合体。

近年来，"业态组织"先于"形态设计"的"钱场优先原则"，几乎成为一切城市综合体取得成功的必要前提。随着城市综合体在商业地产领域大行其道，"钱场思维"也成为设计城市商业空间的主导性思维。然而，这一思维在移动互联时代显得越来越一厢情愿——当网络把愈来愈多的人从城市中"抽走"之后，设计得再好的以高效消费为目的的"资源生态"也注定会乏人问津。

当"物场逻辑""钱场逻辑"在当代中国商业地产实践中相继失效之后，"人场逻辑"反而由于"太古里"的成功而凸显出来。许多人来到"太古里"，并非带有强烈、明确的消费目的，仅仅是怀着好奇心来体验一下此地与众不同的新鲜氛围。而人潮熙攘的场域活力，又成为吸引更多人反复来此"凑热闹"的理由。巨大的人流量带来了"太古里"亮眼的销售业绩,从而形成了"人场先导、钱场支撑、物场服务"的良性循环。从价值层面看,"太古里"的成功,标志着"人场优先原则"替代"钱场优先原则"成为商业地产设计的首要原则。

商业空间的三"场"演出优先顺序的变化,实质上是城市价值本位更替的缩影——以《雅典宪章》为代表的功能主义城市价值观,对应的正是城市的"物场逻辑";而中国过去 20 年来以"经营城市"理念为代表的公司化城市价值观,对应的则是城市的"钱场逻辑"。无论是"物场优先",还是"钱场优先"的城市价值观,都是以空间资源效能最优化为目标前提的。而当互联网以城市望尘莫及的资源组织效能,消解掉这两种城市价值观的根本目标前提时,建筑在这两种价值观基础上的城市规划和设计对策,就变得不仅虚幻可疑,而且荒谬可笑。

在移动互联时代,什么是最重要的"城市性"?在城市的物质建设时代,"城市性"意味着齐备的功能配置、悦目的形式表现;在城市的资本运营时代,"城市性"意味着更高的金融运转效率、更多的空间开发机会;而到了移动互联时代,上述诸般"城市性"的重要度锐降,城市对于人的动员和组织能力成为"城市性"的核心。一言以蔽之,在剥离了政治、经济、文化、物质等诸多对于城市的附着性虚饰之后,"城市性"终于在移动互联时代回归了自己的本原——归根结底,城市就是一个巨大的"人场",而"人场逻辑"理应是这个时代城市的底层逻辑。

3.2. 羁縻"情感场域"

"人场逻辑",在"太古里"设计中如何体现?

打造"人场",并非中国城市所长。由于历史的原因,中国城市的发展长期以来带有浓厚的功利色彩——物业和资源被视为城市的核心资产，而"人气"却从未被看作城市的重要财富。因此当城市实体空间被移动互联网"资源解绑"之后，以往建立在"空间—资源纽合体"这一工作基点之上的一切城市组织规律，包括功能、形式、经济等传统原则和常规手段日益减效甚至失效，而新的城市空间组织规律尚处于摸索之中。在这一背景下，"太古里"创造超高人气的设计奥秘就特别值得我们重视与研究。

"太古里"兴旺的人气并不源于游客对新异建筑形式的猎奇，亦非来自其资源配置的丰富，而是由于人们心理上与这一场域之间滋生出某种特殊的情感纽结。这种情感纽结并非"一见钟情"式的巨大视觉冲击，而是通过无数细微之处浅淡的情感勾连，一层又一层、一遍又一遍地渲染叠加，在不知不觉中酿造为沉浸浓郁的萦绕香醇。"太古里"的总体设计策略充分照拂、包容了人类情感的复杂性层次，设置了超量、多样、混杂的"情感黏滞点"——喜欢怀旧的人可以发现足够多的历史遗存：老街旧巷、古寺故宅被精心保留并穿插在新建肌理之间；时尚爱好者也同样可以找到足够多的创新亮点：前卫艺术品和时髦抢眼的橱窗交错辉映、目不暇接；在片断的极旧与散漫的极新之间，"太古里"建筑设计通过对川西民居之青瓦出檐、穿斗墙体、悬空吊脚、出挑外廊等形式基因的传承、演绎，使整体建筑风格散发出一种"非新非旧"的"转世"气质。这幕让人既生熟悉之"喜"又感陌生之"惊"的"转世相逢"图景，涵泳了"太古里"淡淡的情感体温。

"觉有情"，是"太古里"迥异于其他"物场本位"和"钱场本位"商业项目的核心秘密所在。依据常规商业空间设计的原则判断，"太古里"可谓违反了一系列不可触犯的设计"天条"——资源配置分散、空间复杂暧昧、认知定位不清、功能分区含混、动线冗长低效……然而，一个"错误百出"的"太古里"却打败了几乎所有按照"正确原则"规划设计出来的商业地产项目,其根本原因,正在于"太古里"设计中始终秉持"人场本位"的情感羁縻原则。

以"太古里"反效率的流线设计为例:保留地段中原有纵横杂沓的近十条街巷,导致流线迂曲繁多,这一尊重记忆的情感逻辑,与追求高效串接资源、清晰导引人流的商业逻辑正相牴牾,但从投入使用后的效果看,这些看上去效能低下的老街旧巷,反倒成为整个"太古里"魅力最强的吸客区域。同样,"快里""慢里"两条动线的邻近布置,貌似犯了"二街平行,其一必死"的商业设计大忌,但事实上,由于把握住了"快耍慢活"的情感规律,两条动线上的店铺经营都同样生机勃勃。这一违背专业"常识"的街道规划案例,让我们不能不反思传统城市设计和建筑设计中的经典"流线观"——那种无视人的情感需求,而仅仅把人当作钱、物载体,从而将人有血有肉的活动行为归纳为抽象"流线"的设计观念,已经深刻"毒化"了当代中国的城市环境,造就了无数缺乏情感温度的冰冷公共场所。而当网络虚拟空间一旦与城市实体空间展开"流量竞争"时,有着完美"流线"却与人没有情感联结的后者竟然一筹莫展,欲争乏力。

如果把分析的视野放宽到网络空间,可以发现,"太古里"轻"流线"、重"流量"、推崇情感本位的导向,早已是当下互联网公司经营的普遍原则和通行做法。微信迄今为止尚未找到成熟的商业模式,但已成为羁縻万众情感的垄断性虚拟社交场域。仅凭着惊人的活跃用户流量,微信就足以获得资本市场的无限青睐。网络社会的"粉丝经济""IP经济""网红经济"等,无一不是依靠牢固的情感纽结获取流量支撑的新经济模式。"纽结情感、流量为王",显然是城市应向互联网学习的首要经验。在足够庞大的流量漫灌下,那些看似低效率、反效率的空间结构反而可以变成涵纳城市活力的有情结构，并将传统的空间界域和资源畛域提升为魅力十足的情感场域（图2）。

3.3. 破除"门户思维"

把城市还给城市，是"太古里"设计带给我们的一个最重要启示。

2000年以来，"城市综合体"如雨后春笋般在全国各地的城市中蓬勃兴建，成为商业地产领域炙手可热的明星产品。然而，对于当代中国城市而言，大量兴造"城市综合体"无异于饮鸩止渴，短期内固然对城市区域的形象塑造与经济繁荣有明显的提振作用，但从长期效果来看，一个个规模庞大的城市综合体变成城市中割据一方的空间壁垒和资源壁垒，不仅对周边商业生态造成吸血效应，而且破坏了城市生活的完整性和连续性体验。形象地说，城市综合体反而把城市从我们身边"夺走了"。

"太古里"的成功再次印证了笔者多年以来的一个判断——好的城市不需要"城市综合体"。"事实上，一座具有良好'城市性'的历史城市是无需所谓'城市综合体'的，而'城市综合体'作为对城市这一原本就是综合系统的'再综合'，恰恰是为了弥补'城市性'在依据功能主义分区原则而规划出来的现代城市中的缺失。近十几年来，以资源集聚为特征的城市综合体在国内城市中出现爆炸性发展，其背后的'城市性回归'需求，正是对中国当代高速、低质、单调的粗放城市化运动的一种反动。"[1]

高速迭代的互联网社会为我们重新认识城市综合体问题提供了一个生动的镜鉴：将近20年前，门户网站曾是互联网世界的绝对霸主。从美国的雅虎到中国的新浪、网易、搜狐，这些门户网站的共同思路都与城市综合体何其相似——提供通向高密度（信息／物质）资源的入口，并借助这一入口的垄断性而将自身从互联网／城市中割据出来，以获取远超平均值的巨大利润。在互联网世界，门户网站的风光不过 10 年，当 Facebook、Twitter、微博等强调自下而上信息共享的社交网站崛起之后，门户网站就立刻以惊人的速度衰落下去，至今虽仍苟延残喘但已显然时日无多。

门户网站的大起大落仿佛暗示了城市综合体的命运。放眼当今的互联网世界，以 Airbnb、Uber、WeWork 为代表的共享经济正星火燎原，共享思维已漫卷网络，渐成全社会的共识。在这样的时代语境中重新审视那些"城市门户"型的商业综合体，可以发现，这些综合体把原本属于城市的公共空间"圈起来"，仅供进入"门户"的一小部分人独享的习惯做法，与时代精神已经多么格格不入。近年来，在经济下滑和电商冲击的双重压力下，大多数城市商业综合体的经营都陷入困境，其因体量巨大而缺乏应变能力的先天缺陷暴露无疑，而再想把被城市综合体圈起来的"闲置"城市公共空间释放出来发挥其社会性效能已几无可能。

重塑街道，是"太古里""回归城市"的标志。"太古里"没有面对城市的围墙，没有形式的门户，也没有消费的门槛，自然而然地开始，不知不觉地结束，从四面八方进入，又从四面八方走出。通过街巷与城市道路的无缝对接，充满"孔隙"的"太古里"让自身成为城市肌理蔓延、血脉相续的一部分，而只有当自己变成城市肌体的一部分，与城市的共享才真正成为操作上的可能。借助街道的串接，"太古里"把自己所有的"好东西"——历史遗存、景观环境、艺术收藏等，都拿出来摆放在城市连续的表面与社会共享。你可以一分钱不花，轻松无压力地在"太古里"逛上半天而收获许多快乐，这种在常规商业设计看来无异被城市"揩油"的巨大"浪费"，却正是"太古里"羁縻情感场域的最大秘密所在。"太古里"免费而敞开的高质量公共空间,让城市在这一片断重新迷人起来。

3.4. 消解"认知深度"

实现城市共享,在设计上既是一个技术活,又是一个反技术活。

技术活容易理解——通过专业手段将共享资源点的布置与道路规划有机结合,使之既分布均衡又疏密有致,再将共享空间设计得舒适宜人等。而反技术活则不太容易理解——既要组织起一个具有体验丰富性的空间结构,又要降低这一空间结构的认知复杂度。

传统商业综合体之所以变成城市割据型的非共享公共空间,除了与城市之间的封闭界面造成门户瓶颈有关之外,另一个重要原因是内部空间结构的复杂化、致密化,对大众构成认知上的深度和难度壁垒,从而让这些空间的进入和使用在心理上变得不那么轻松。结构致密而层次复杂的空间固然满足了设计者的专业趣味,却对非专业人士产生了傲慢的威压,空间的共享性自然大为减弱。因此,要创造真正能让绝大多数人"无障碍共享"的城市空间,设计师就必须在相当程度上克制自己专业性的创作冲动,放低身段,从普通人的视角重新审视空间结构的复杂度问题,并通过"反技术"的设计予以技术性回应。

"太古里"的整体设计采用无中心、去层次、片断化的松散空间结构,从而消解掉空间组织上的垂直差序,以及结构性的认知深度。换句话说,身处"太古里"的任何一个角落,都完全不必担心自己会错过中心空间的高潮部分,因为离你最近的那个吸引你眼球的地方就是中心,就有其独特而精彩的空间演绎。"太古里"区域内几乎所有空间在深度上的表现,都交由间杂于地段中的大慈寺和六座老宅院去完成,新建部分则尽可能地透明化、浅层化,快速呈现于街道的表象。而细密的街巷将地段切碎成许多个微街区，这些小尺度的微街区进一步压缩了投向室内的视觉深度，从而将视线挤迫回街巷系统所串接的公共空间群落。简言之，只要走在街上，你就能看到一切，街道这种最熟悉的空间类型让你不用动脑子去分辨、理解、判断、寻找，不会迷失，而不会迷失的空间才让人真正安心。

尽管"太古里"设计消解掉了认知深度上的空间层次，却并没有因为这种"浅白"而丧失掉场所的丰富性魅力。通过街巷的交错线性结构，"太古里"设计巧妙地把"认知深度上的复杂性"这个空间问题，转换为"体验广度上的多样性"这一时间问题。因此尽管"太古里"的每个局部都让人一目了然，但由于街巷在长度上微差多样的铺展以及在向度上的迂回曲折，众多缩微而透明的片断堆叠成庞杂的总体体验，仍然有一种纷至沓来、回味无穷的丰饶盈溢之感。浅白而不简单，是"太古里"设计表现出的一种高超技艺。

向时间追求广度上的体验丰富，而放弃向空间索要深度上的层次复杂，这是生活在网络时代大多数当代人的生命状态写照，也是所谓广域化的"共享"所必须把握的深浅尺度。由于深度天然属于个人而非公众，因此公众也注定只能共享"碎片化的丰富"而无法共享"结构性的复杂"，就像转发量最大的网络文字往往都必定短小直白一样。"太古里"的设计深刻洞悉了这个时代的共享真相，于是刻意将自己变得跟这个时代一样"浅薄"。

3.5. 增加"身体黏度"

城市的设计机会，在于我们尚未被互联网统治的身体。

认知是思想的，而体验是身体的。用思想做出来的设计往往不具备对身体的黏性，这是大多数建筑师所不了解的事。原本，在城市独尊的时代，建成环境缺乏滞留身体的能力无足挂齿，但在"城—网战争"进行到当下阶段，与人类身体的物质性联结几乎成为实体空间唯一可以比虚拟空间更具竞争力的优势项。因此，如何通过设计增加建成环境的"身体黏度"，就成为建筑师们必须认真对待的课题。

与普通的城市环境相比，"太古里"的"场域身体黏度"显高一筹，其首要原因，是规划了"移动互联"式的公共空间系统。移动互联网之于传统互联网的最大优势，就在于它的"随身性"——网络虽好，但如果不能随时随地接入亦为望梅止渴，只有能够移动互联的网络才真正成为生活的一部分。有魅力的公共空间就如同网络，如果不能便捷地接近，仍然难以对身体产生足够的吸引力和黏滞力。"太古里"的公共空间规划，没有采用常规商业地产中常见的中心—边缘式层级结构，而是以街道为骨架，将广场、原有庭院和大量的新增庭院及模糊多义空间以一种非层级的密集方式分散布局于场域之内。这种"分布式"而非"集中式""层级式"的公共空间格局，让人们沿街漫步时随时可以方便地"接入"身边最近的空间趣味点和活力点，享受身体与城市公共生活的持续近距接触与互动。

大量"小微公共空间"的设置，是"太古里"增加"场域身体黏度"的第二类手法。"太古里"范围内共设计了 5 个广场，每一个尺度都远小于中国常见的城市广场，最大的寺前广场也只有 65m×55m，最小的广场不过 20m 见方，而穿插、渗透在两层街道周边的微公共空间最小的仅有数米范围。这些"小微公共空间"营造出一种区别于大尺度城市公共空间中"视觉公共性"的某种"体感公共性"，这种强化身体体验的小尺度近距离的"小微公共性"，吸引人们在空间中不断流连盘桓，一步步增加了场域的身体粘度。小微尺度上"体感公共空间"的连续设置，是"太古里"独特的城市贡献。长期以来，中国城市的公共空间建设贪大求新，过度追求视觉化、奇景化，而忽视了公共场域"身体黏度"的重要性。当网络虚拟空间以奇观倾销的强大视幻能力"秒杀"城市空间奇景后，城市"体感公共空间"的体系化建设已经迫在眉睫。

"太古里"的主设计师郝琳把雨遮、街灯、座椅、树木、水池、艺术品、标识，街头商亭和临时活动装置等独立的空间散点环境要素称为"第三层次"的设计，并对此给予了高度重视。而这些散布在场域中的视觉滞留点，对提高"太古里"的身体黏度也同样起到了至关重要的作用。移动互联时代，这些微尺度上的城市视觉吸引点与身体通过"自拍"产生了奇妙的化学反应，"自拍"成为一场以身体为媒介的实体空间与虚拟空间达成的"共谋"。在"太古里"，逛街的人们突然止步，最通常的原因就是自拍。自拍迟滞了身体的行进速度，加深了对环境的情感纽结，同时又通过朋友圈和自媒体对实体空间形象进行了地毯式传播。从这个意义上说，"自拍拯救实体空间"亦不为过，但很少有设计师领悟到应该用"自拍的规律"而非建筑"自治的规律"去导引自己的设计。在当下这个实体空间与虚拟空间开始杂交融合共同成为生活环境的时代，建筑师们应该把"自拍点"的设计放到前所未有的重要地位。与强调在第一时间传递商品信息的 VP（Visual Presentation，视觉提案）点设计不同，"自拍点"（Selfie Point，简称 SP）强调的是能被纳入手机屏幕的视觉形式如何做到既吸引人又衬托人，如何做到在舒适的取景范围内不被乱入的过客打扰，如何保证适宜的光线角度等这些琐细、庸常的思量。正是通过一处处"自拍点"对实存肉身状态和虚拟形象呈现的悉心照顾，"太古里"进一步强化了整个场域的情感牵萦与身体黏度。

散落成片的"太古里"，尽管缺少一个标志性的角度可以概括性拍摄，但在朋友圈无数张自拍的背景中，"太古里"早已被自动拼合成一个形

图2 局部鸟瞰（摄影：存在建筑）　　　　　　　　图3 西广场鸟瞰（图片：太古地产）

象丰满的经典（图3）。

4. 向互联网学习什么样的城市

　　任何知识都有一个保鲜期，有关城市的知识也是如此。

　　在"城—网战争"愈演愈烈的态势下，城市以及有关城市的知识都处在一个快速失效、"过期"的进程中。与自组织状态中高速迭代的网络发展相比，被严格规划和管控的中国城市不仅实体空间发展滞后，更严峻的现实是城市知识的进化比城市本身的进化更显缓慢。将"城市化"视为灵丹妙药的、对城市未来的盲目乐观主义态度，进一步屏蔽了我们对于日益迫近的城市危机的省察，也让我们对城市知识严重落后于时代的状态视而不见。为此，我们需要比"城市更新"更快、更坚决地进行"城市知识更新"。

　　本文试图把对"太古里"的评论转换为一次对当代中国城市普遍困境的对照性反思。尽管"太古里"设计看上去仍然沿袭着建筑与城市设计的传统形式套路，但它的底层逻辑已经在悄然间发生了明显更变，虽然这种更变连建筑师本人也未必有清晰的自觉，却足以让我们从中获得应有的启示。在对"太古里"设计的剖析中，本文更关注的不是它的"正确"部分，而是它"不正确"的部分。正是"太古里"获得空前成功的那部分"错误"设计所呈现的底层逻辑，让笔者感到太多建立在陈旧城市观念上的建筑学教条，已经沦为对时代发展起着阻碍作用的陈词滥调，而这些久未进化更新的专业知识，还在继续充当着中国城市设计的金科玉律。

身处这一文明鼎革的大时代前夜，技术革命的浪潮不断改变着人类社会的航向，没有人能够看得透迷雾重重的远方。在时代的惊涛骇浪中，乌托邦的海图早已失效，城市已无力把握自己的命运，甚至已无能确定自己短期的方向。在这样的背景下，我们究竟依据什么自信满满地去规划和设计城市的长远未来？我们究竟凭借什么对我们重复生产的城市和城市知识确信不疑？

城市需要学习，才能在学习中进化。中国的城市，曾经向历史学习、向政治学习、向西方学习、向商业学习，如今，是到了向时代最新的强者和能量源——互联网学习的时刻了。近年来，在网络向城市发起的挑战中，城市一败再败，几无还手之力。如果再不向对手学习，提高自己的进化速度，恐龙就是城市物种的前车之鉴。

向互联网学习城市，并不是简单地把互联网看作是一种信息技术，而运用所谓"互联网＋"式的技术思维，让技术机械地为城市空间服务。我们必须看到，互联网不仅意味着更高的技术效率，更代表着一种颠覆式的全新社会组织逻辑，这种组织逻辑，才是对作为社会组织核心的城市最严峻的威胁所在。

在与互联网小试锋芒的比拼中，城市实体空间在骤失资源效率凭恃时，其粗陋、无趣、与人疏离的本来面目暴露无疑。正是于"城—网战争"的对比中，我们才开始怀疑，在丧失资源吸引力的前提下，当下这种低质量的城市实体空间如何继续扮演社会组织的中枢角色？城市之于人类的价值，无非是资源聚合体与社会共同体。如今城市实体空间在资源组织的效率上已经绝非互联网的对手，如果再拱手交出社会组织的权力，城市对于人类社会究竟还剩下哪些意义？

缘此，笔者相信：城市必须放弃与互联网在资源组织上的效率竞争，转而潜心在社会组织功能上升级换代、加速进化。城市要向互联网学习如何照料人类的情感需求，如何通过迷人的结构捕获人心。同时，更要扬长避短，充分发挥实体空间与人类身体具有直接性联结的优势，在身体体验的细腻性、丰富性、持续性等方面进行广泛深入的城市实验，借此与网络虚拟空间建立差异性"竞合"伙伴关系。

以"太古里"为鉴，城市应该向互联网学习的，仍然是城市规律本身。

（本文原载于《建筑学报》2016年第5期）

参考文献
[1]周榕.回忆未来——有关"侨福芳草地"的城市
　　札记[J].建筑创作，2015(1)：10-16.

04

半层微型消费空间实践
上海半层书店

张宇星

图1 街面主入口与立面（摄影：苏圣亮）

半层书店是上海的一个独立书店品牌，自2015年5月2日正式开张以来，已经获得了广泛的社会关注。在短短半年之内，就被评为江南十大独立书店、上海最有特色的书店和中国最著名的独立书店之一。当书籍不再是唯一的知识传播媒介之后，书店的意义也在悄然发生变化，与读书相关的生活方式和多元建筑空间体验业已相辅相成。这个原状250㎡，"十"字交叉的普通框架梁柱结构窄长空间，在这样的背景之下被改造成为一个集多种消费功能于一体的"是是而非"的书店，作为一个微型消费空间实践，本文着重从消费空间的营造角度，对半层书店的设计进行分析（图1）。

1. 消费设计：设计一种"书生活"

正如人类学家麦克瑞肯（McCracken）所说"在现代世界中，消费完全是一种文化现象"，[1] 米勒（Miller）也指出，"消费是一种将文化内化到日常生活有关的东西"和"消费作为一种生活方式"。[2] 正因为如此,消费空间的设计从一开始起,就必然是一种创造日常生活方式的文化建构行为,而非单纯的建筑空间塑造过程。而书店作为一个独特的"文化洞穴"场所,在书店设计时,如何通过"图书"这种特殊的商品,建立起读者对此文化洞穴的回归和认同,进而改变其生活路径,将"书生活"纳入日常生活中,这无疑是一个挑战。书生活,不是一种以金钱和物质消费为核心的"炫耀性消费",正如布厄迪(Bourdieu)所强调的,消费进一步反映了"文化资本"和"习性",在个人社会身份、地位的区分中,通过消费表现出的"品位"比金钱更为重要。[3] 据此我们可以认为,书店虽然是一个金钱资本的贫乏之地,但却是一个文化资本的丰裕之地。

另一方面,消费设计的本质,是通过空间及商品所组成的完整体系,为进入书店的所有人,建立起一个临时性的"公共自我认同",即"共同身份",书店在短暂的瞬间,将成为大都市陌生人社会中的"识别系统"。我们,因为进入书店之中,而寻找到自我的角色,同时也寻找到与我的生活方式相同的"同类陌生人"。正如西美尔(Simmel)所认为的那样,现代消费对个人身份的创造和自我认同的建构来自城市发展带来的非人格化交流。[4] 而书店这样一个微型消费空间,在未来城市中,将更多地承担起"微交流"的公共空间角色。

半层书店作为一个微型"城市消费空间"研究的试验品,虽然规模不大,却从其建筑和室内空间设计之前,就已经进行了完整的消费设计,其内容包括:①书店在整个区域中的社会角色定位,以及其潜在的消费者身份分析;②书店内部"微型洞穴"分布的构想图,以及未来的"书生活"空间意象;③图书的内容预设及书籍设计的典型样本选择,并以此为参照,建立起整个书店的"图书—空间—活动"一体性体验框架;

④书店的整体 VI（Visual Identity，视觉识别）设计概念及其与建筑空间相互融合的意向草图；⑤建筑和家具配饰等材料和色彩的限定性清单，并以此界定出书店的整体格调倾向；⑥书店的多维体验动线预设，以及基于动线组织的公共空间分布构想（图2）。

在实体书店日渐萧条的今天，用积极的消费原理设计和运营的半层书店，正在探索一条以"在场体验"为核心价值的道路，将商品空间与建筑空间的消费体验融合起来，形成一种"共振体验"，使人们在其中获得全新的消费和体验价值，而这些都是网络中的虚拟世界所不能够替代的。

2. 通过材料完形空间建构的"家宅意象"

对书店传统单一功能的多元延展，以及对新旧不同尺度、不同质感、不同维度、不同时间的空间厚度的体验和追求，是半层书店空间设计的出发点。改造设计首先利用"十"字交叉处的空间作为垂直方向的交通，将两个不同高度的空间联系在一个维度里，成为空间的聚焦点。同时，利用首层高度恰如其分地嵌入一个迷你夹层空间，改变并丰富了首层空间体量的层次和尺度，这亦算是"半层"书店名字的由来。

半层书店的空间组合逻辑，主要采用了三种"材料盒子"相互交错，形成有趣的材料语言系统，即：钢、木、素混凝土。每一种材料各自塑形，主要按照五种完形（Gestalt）法则，即：图形—背景法则、接近法则、相似法则、闭合法则和连续法则，成为一个"材料完形空间"。在这三种材料完形空间中，人们自然而然地会将相同的材料体系，自我组织成为一个心理完形，并赋予其整体的意义。如钢盒子，连续的黑色花纹钢板从室外立面延伸进入室内地面、侧墙和楼梯间，以及钢书架、钢网隔断等部位，钢材料的流动性折面和钢网隔断虽然并非构成了一个完整无缺的三维几何空间，但却通过材料的闭合性和连续性暗示，在心理上建造起一个具有"钢意象"的完形空间；木盒子，则是由木地板延展至墙面、书架和楼梯踏步等部位，并在书架中设置了若干个木质收纳盒予以呼应，使人形成一个完整的"木屋"心理图形；素混凝土盒子，主要在一楼和二楼的咖啡区，以及一楼夹层区，由素混凝土的地面、墙面和天花系统构成（图3—图8）。

由钢、木、土（素混凝土）三种材料分别暗示出的"钢屋""木屋""土屋"这三种原初建筑意象，涉及到建筑内部空间的内心价值的现象学研究。这种空间所具有的"原初特性"，也是人们关于家的认同感产生的起点。具有包裹感的完形空间体验，使人们可以追溯到"家宅"的空间意象源头，诸如地窖、角落、阁楼和走廊等，这些让人们可以像在洞里的动物一样蜷缩起来的地方，也是我们的精神在此绵延的地方。"旧日的家宅，我感觉到它琥珀色的温暖，从感官进入精神。""隐秘而简陋的居所，像一幅古代版画，它只活在我心中，我偶尔回到那里，坐下，忘掉阴郁的日子和连绵的雨。"正如巴什拉（Bachelard）在其《空间的诗学》中所说："家宅是形象的载体，它给人以安稳的理由或者说幻觉。我们不断地重新想象它的实在，区分所有这些形象也就是言说家宅的灵魂，这意味着发展一门真正关于家宅的心理学。"[5]

3. 空间中的体验故事：秩序、事件和细节

在三种材料完形空间原型的基础上，进一步设计体验路径和空间秩序，并促发丰富的活动和事件发生，这是书店设计的出发点之一。路易斯·康认为秩序（order）是一种运动的序，包括光的序、风的序

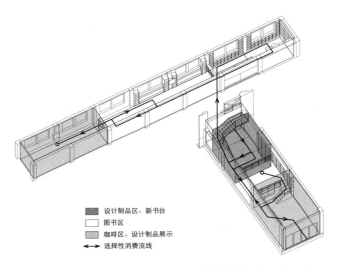

设计制品区、新书台
图书区
咖啡区、设计制品展示
←→ 选择性消费流线

图2 半层书店消费分析图 （图片：韩晶 ）

等，营造秩序、空间配置是自己生活的开始。[6] 半层书店在多条体验动线中设计了多个标高，建立起了小小的台地体系，如同一个微型的桃花源路径。用旷奥曲折和生长收藏的手法，形成了开敞与围合、明亮与昏暗、阅读与走动、观看与被观看、静默与交谈等多种对比性的"秩序张力"，它们都被折叠在了非常狭小的空间中。

从一楼入口处的花纹钢板前厅开始，是一个桃花源序曲，豁然开朗，前面是一小片开阔地，转过夹层，是另一个幽静的村落，里面有鸡犬相闻。再折回到楼梯空间，慢慢进入了二楼的乐章，这是一个长长的峡谷走廊，经过一个小木桥，可以看到窗外的城市山峰，在阳光下熠熠生辉。一连串桃花源意象空间要素：洼地、水榭、高台、小桥、幽径、密室、轩窗、旧迹、长廊等，构成了一个充满诗意的时空画卷。这种运动秩序的建构，

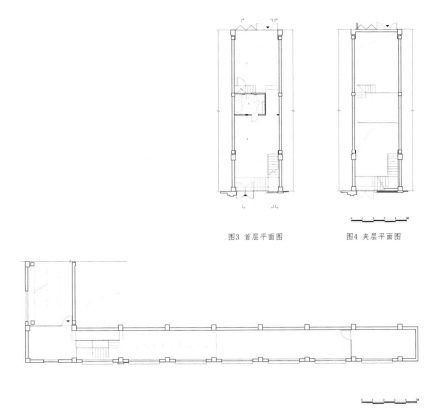

图3 首层平面图　　　　　　图4 夹层平面图

图5 二层平面图

有点类似于在江南园林中经常采用的步移景异的手法，即通过单元空间之间的嵌镶、借景、透景、悬念、渗透、叠加、闪现等，实现从彼视点到此视点的转换，如同蒙太奇电影的叙事手法。[7]

　　如果说基于上述秩序之上的运动，只是一种被建筑师通过体验动线设计所预先设定的"事件流"，那么在预设秩序之上，随机发生的更加

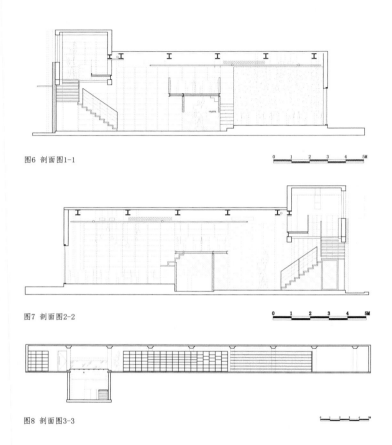

图6 剖面图1-1

图7 剖面图2-2

图8 剖面图3-3

多样丰富的"事件簇",才是体验故事的情节设计关键。正如屈米（Bernard Tschumi）所认为的那样，时间和运动可无关联，也可相关，诸如跑、坐、阅读等动作都以各种各样的运动方式在空间中发生了，但诸如"钢琴吧中的溜冰"等随机事件与运动都说明事件和空间秩序是可以不相关的，但我们可以在空间中加入连续的时间次序，通过体验者的不同运动，来改变空间序列感受。空间、运动、事件，这三个要素在一起完整地构成了秩序及空间的体验，其实这就隐含了一种空间情节的结构秩序原型。[8]书店设计中至少包含了 10 个事件簇区域，如一楼入口新书展示台区域，也会成为等候、约会、碰面、海报等多种事件的发生地；一楼夹层区域，也会成为聚会、观展、弹琴、品茶、倾听、摄影等事件的发生地；楼梯区域，也可能成为看书、探寻、观看、展示、摄影、自拍等事件的发生地。这些潜在的事件地点，需要很多空间细节的塑造，形成整体的空间氛围烘托，从而激发人们自发行为的产生（图 9）。

不同层次的空间细节，包含了几乎所有的材料、构造、灯光、陈列、氛围、气味、触觉、声音、装饰、影像等，它们被纳入"深度体验"的体系之中，以促发人们的多维感官体验和心灵震动。正如安藤忠雄（Tadao Ando）所说："通过自己的五官来体验空间，这一点比什么都重要，要进行有深度的思考过程，是与自己对话交流的过程，人体验生活、感知传统的要素是在不知不觉中成为自己身体的一部分。"[9] 半层书店的设计细节非常丰富，从南立面的花纹钢折板雨篷，到玻璃门把手和橱窗上的书店标志、具有结构感的折跑钢楼梯、局部悬挑的一楼夹层、相互交错呼应的木书架与钢书架体系，再到保留了老建筑原始结构状态的混凝土横梁，以及二楼狭长空间中的钢木混合的小桥、做工精致的钢扶手，以及分隔二楼书店区与咖啡区的钢网书架等，这些细节设计都成为书店体验故事的有机组成部分（图 10）。

4. 空间消费的符号分析

空间消费的本质是符号消费，正如波德里亚（Baudrillard）在其《消费社会》一书中所言："橱窗、广告、生产的商品和商标在这里起着主要作用，并强加着一种一致的集体观念，好似一条链子、一个几乎无法分离的整体，它们不再是一串简单的商品，而是一串意义，因为它们相互暗示着更复杂的高档商品，并使消费者产生一系列更为复杂的动机。"[11]"我们所身处的物的世界，实际上已经成为一个符号的世界，要成为消费的对象，物品必须成为符号，而且变成系统中的符号。"[10]用"直接意指系统"和"含蓄意指系统"组成的二级符号学结构，来分析书店的空间消费，可以发现，书店空间不仅是由柱、梁、窗、墙面等拼合而成的冷冰冰的建筑物，而是由 VI 商标系统、商品陈列系统、商品系统等共同构成的复合的符号消费体系。

　　VI 商标系统建构了第一层符号体系，主要的方法是将半层非常有特色的 logo 放大后成为一个 2m×2m 的透空钢架，与花纹钢板一起共同构成了建筑主立面形象，同时设计了一系列包含半层 logo 的灯箱，将书店形象悬置和插入原有的带有古典风格的老建筑上，使之成为整个街道的视觉焦点；商品陈列系统构建了第二层符号体系，即用交错编织的钢书架和木书架，形成了一个具有"书店洞穴"意象的阅读空间；第三层符号系统，是由书店中的主要商品即书所建构，实际上，正如 2014 年凤凰网城市专栏妙语星空所写，图书本身即具有先天的"洞穴"象征意味："如果将每一本书比作一个进入无数隐秘的语言空间的入口，那么，是否可以把书店的临时阅读、交流领地，当成是城市洞穴系统的微小前厅？从这里，可以选择任意一个书的小小洞穴，然后，举着松明子火把去寻路、探险、挖掘。""小书店的洞天世界，又将过去和未来粘黏，凝聚了一段超越凡尘的独特时间。进入这个时空隧道，可以循着书向导的指引向前行走，去搜索大天世界的福地靖治和水府神山。满满排列的书架，如同一个七域仙界的梯仙之国。七果玉清圣人，他们都居住在七级书架的神奇界域，重重摄入、层层累叠。那儿有七层的亭轩阁榭和七层的楼

图9 首层设计品展示与销售区　　　　图10 首层书吧沙龙区　　　　　　图11 半层书店标识
（摄影：苏圣亮）　　　　　　　　（摄影：苏圣亮）　　　　　　　　（摄影：苏圣亮）

台宫阙，在书的阴阳之境里，仙人们正凝云结气，吐纳着流动乾坤的光明玄虚。"

　　当上述三层符号系统具有内在逻辑的一致性时，三层符号系统之间相互交融、相互指涉、相互共振，一个完整的空间消费体系就形成了（图11）。

5. 消费活动系列：预设之外的创造性行为

　　所谓"消费活动系列"，是指"消费主体在特定时空范围内历时性地连续、交错从事多种消费活动，并且这些消费活动之间具有深层次关联，形成了固定搭配，使不同消费主体出于不同动因产生的消费活动带有共同的行为特征，隐含着组织性和系统性"。[12] 半层书店的业态不是单一的，而是由书籍、设计制品、饮品三条产品线混合，这三条产品线相互搭配，暗示了购物、休闲娱乐、交往等消费活动的系列化发生。书籍、产品、饮品用统一的理念选择和并置在一起，并与空间设计的材质、氛围相呼应，

图12 二层桥与梯,一二层的转换设计
(摄影:苏圣亮)

图13 二层图书销售区
(摄影:苏圣亮)

图14 后巷入口(摄影:苏圣亮)

形成共同的体验主题,给人以一致的空间感受,吸引消费者停留并促进消费活动的产生,亦增加了空间中消费品的整体体验价值(图12)。

当然,半层书店作为一个探索性的消费空间实验,从一开始,就将自己定位为一种"消解消费"而非"操控消费"的城市空间,避免使自己成为过度预先设定消费者的"绅士化"场所。因为现代消费先天所具有的消费分层和消费隔离倾向,书店必须要打破它的"精英化预设",才能使之溶解掉高雅文化和大众文化之间的鸿沟。正如道格拉斯(Mary Douglas)和伊舍伍德(Baron Isherwood)强调的:"高雅文化商品的消费一定与其他更多平庸文化商品的持有和消费有关,高雅文化必须镌刻在与日常文化消费的相同的社会空间中。"[13] 而从书店的实际运营过程来看,马尔库塞(Herbert Marcuse)眼中的"被附加或被置于真实需求之上的虚假需求以及日渐操纵着人们欲望与趣味的符号操作行为"被最大化地减弱了,而消费者常常开始自发甚至创造性地去利用书店空间,比如书店成为了约会、闲逛、摄影、偷窥、休憩、凝视、游戏、教育、展览、躲雨、逃避等无数种奇奇怪怪活动和行为的发生地。也许,这正是书店逐渐融入了日常生活系统的魅力所在吧(图13)。

当然,在如今的已经基本被消费所界定的公共领域中,借助书店这样的微小的消费空间,如何重塑公共领域?这也许是压在小小的半层书店之上的不能承受之重。而事实上，消费空间在一个不稳定的世界里为消费者提供了一定程度的确定性。没有了任何可以号召的公共领域，消费者也许只好退求其次：这就是一个安全的、高度监控的和可以预测的消费世界。[14]

结语

在广大的消费之海中，独立书店如何才能做到既独善其身又能积极地运用消费的逻辑去获得长久生存的能力？这其中需要很高的平衡技巧。但不管如何，半层书店已经在努力地发出自己的微弱光芒。也许正如半层书店的格言所述："我们的理想，是构建一处以日常生活美学和城市地域文化为主题的心灵栖息空间。在大都市的茫茫黑夜中，小小的半层书店，将努力成为一个刺破霾雾的闪亮灯塔。"（图 14）

（本文原载于《时代建筑》2016 年第 1 期。本文图片、图纸由南沙原创建筑设计工作室 + 半层设计工作室提供。）

参考文献

[1] 韩晶. 城市消费空间 [M]. 南京：东南大学出版社，2014.

[2] 杨魁，董雅丽. 消费文化——从现代到后现代 [M]. 北京：中国社会科学出版社，2013.

[3] 季松. 从空间到文化，从物质到符号 [M]. 上海：同济大学，2009.

[4] 华霞虹. 消融与转变——消费文化中的建筑 [M]. 上海：同济大学，2007.

[5] 巴什拉. 空间的诗学 [M]. 张逸婧，译. 上海译文出版社，2013.

[6] 李大厦. 路易斯·康 [M]. 北京：中国建筑工业出版社，1993.

[7] 陆邵明. 建筑体验——空间中的情节 [M]. 北京：中国建筑工业出版社，2007.

[8] Bernard Tschumi. Architecture and Disjunction [M]. Cambridge: MIT Press, 1994.

[9] 安藤忠雄. 安藤忠雄论建筑 [M]. 白林，译. 北京：中国建筑工业出版社，2003.

[10] 波德里亚. 符号政治经济学批判 [M]. 张一兵，译. 南京大学出版社，2009.

[11] 波德里亚. 消费社会 [M]. 刘成富，译. 南京大学出版社，2006.

[12] 韩晶. 城市消费空间 [M]. 南京：东南大学出版社，2014.

[13] 费瑟斯通. 消费文化与后现代主义 [M]. 刘精明，译. 译林出版社，2000.

[14] 斯蒂芬·迈克斯. 消费空间 [M]. 孙民乐，译. 江苏教育出版社，2013.

单　体　建　筑

05

木心美术馆评述

唐克扬

图1 鸟瞰（摄影：沈忠海）

如同贝聿铭所言，一个好的博物馆建筑通常需要有 3 个前提条件：选址、馆藏和业主。拿以上条件来要求，2015 年在浙江乌镇落成的木心美术馆显然算得上是一个极为独特的项目，它措身于江南水乡的氛围中，而不是像大多数城市新建的美术馆那样，置于一片白地之上；美术馆因木心和木心的艺术而缘起，在设计之前，就有了明确可感的作品和文化语境可以依托；乌镇的业主显然也颇谙"木心"两字的价值所系，由于陈丹青、刘丹——广义上他们可称作美术馆的"赞助人"（patron）——这样一些既算木心老友又是艺术界熟人的介入，业主在建馆前就对美术馆的未来使用有了清晰的预期。

曾经跟随著名建筑师贝聿铭工作的林兵及其合伙人冈本博是木心美术馆的设计者。2015 年秋，笔者有幸受邀观摩了美术馆的开幕夜，虽然与建筑师不曾谋面，在和巫鸿、陈丹青、刘丹等师友面对面的接触里，我对美术馆设计的语境有了更深的了解。除了近距离观察这座建筑，在围绕着美术馆开幕所举办的一系列活动中，我也更直观地了解到美术馆设计的概念预设、空间排布和实际效果。

木心注定是中国艺术界一位特立独行的人物。他虽然是乌镇本地人，但长期在上海生活工作，于"文革"后不久又出国久居美国；和一般人的想象不同，在他天马行空的艺术思想里，我们并未看到对于"乡土"的格外眷慕。据建筑师介绍，在木心生前美术馆筹备方到他家中拜访并讨论设计思想时，年事已高的艺术家没有提出十分具体的设计要求，更不曾将美术馆的构思与任何"乡土"特色联系在一起，相反，他希望建筑师可以放手设计，"吓他一跳"（图1）。

我们或许也可以说，建筑师是从场地规划的一般原则来考虑美术馆布局问题的，谈不上特别"吓人一跳"：美术馆位于西栅老街景区的北部开阔地，本来已经足够"民俗"的乌镇方面，似乎有意将这一区域的建筑体量和老街细碎的沿河房屋区别开来，在美术馆的东侧已经布置了姚仁喜设计的乌镇大剧院，是景区未来的主要公共入口之一。尽管建筑师审慎地表示，此处的规划尺度应该"适合乌镇"，他们面对的挑战是显然的，对于来到这里的游客所期待的"古镇风貌"而言，无论就尺度还是功能，宛如天外来客的大剧院的形象，与老街上的江南民居都很难真正协调在一起。在这里，水边人家的建筑临河而设，并随着河流的走向而发生转折，前后、上下错落。建筑师由此出发的选择链条是：①美术馆的建筑体量维持中等尺度，在大剧院的"大"和民居的"小"之间获取一定的平衡；②建筑类型是"盒子"，或者说是趋于抽象的现代空间，以更好地服务美术馆的现代功能；③但是，"盒子"是一系列以水面分割、以"桥"连接的"小盒子"，而非一整个"大盒子"；④"盒子"的造型和传统建筑并无相似之处，但是建筑师力图使简单几何体错落堆叠（图2、图3），并让它们的质地、朝向显得丰富而不单调。以上种种，就构成了美术馆与民居建筑的某种类比关系，也算是和本地的城市肌理取得了初步的联系。据说，并没有真正见过美术馆形象的木心在弥留前看到设计意象，喃喃道："风啊、水啊、一顶桥。"这或许是艺术家本人对于这种空间意图的一种认可。

在接受笔者采访时，建筑师多次提到木心的"画作的尺度也决定了建筑的体量"，笔者在很早以前就近距离地观察过木心的绘画和写作手稿，就像他著名的《狱中笔记》一样，木心的大多数作品确实都是偏小的尺度，其中二维的平面绘画又占了作品的大多数，这是"小盒子"的另外一个设计前提。应该说，这本是美术馆设计中值得提倡的一种做法，也就是从展览或者美术馆实际的使用出发来决定建筑设计的策略，而不是反过来，建筑设计已经定局，再倒回头考虑美术馆空间和藏品的关系。

但是无疑，美术馆藏品和建筑的关系又是一个十分复杂的话题，并不存在什么一成不变的铁律。一方面，木心无匹的名望，使得他的作品得到了在中国其他很多美术馆设计中不曾有过的尊重；另一方面，已经过世的艺术家又丢给了建筑师一个难题："小"一方面是好事，另一方面，这个罕见的完全围绕艺术家作品所建的美术馆，"赞助人"都是内行的项目，其设计前景也受到了收藏品特点的一定限制。木心美术馆关注的主要是物理尺度有限的小作品，例如，在作品设定的理想情境里，最震撼人心的《狱中笔记》最终是以观众俯身细察的扁平展柜形式展出的，它们复原的是艺术家在囚室的困难环境中，在微弱光线下和纸面的亲密关系，而不是众目睽睽、大墙面高挑空的图像"示众"。设计的起点——作品的尺度，固然是受到创作时物质条件的限制，同时也和木心冲淡、自我的性格息息相关，艺术家所追求的是我行我素的个人表达，是小圈子的同好神交，而不大会是公共美术馆需要的开放式氛围。

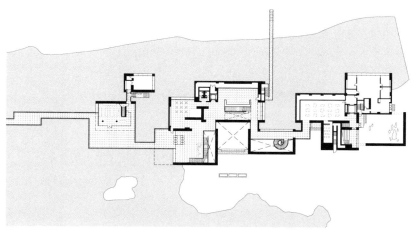

图2 一层平面图

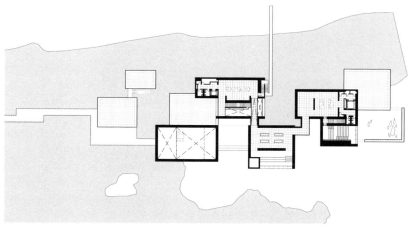

图3 二层平面图

　　显然，在他身后，在喧嚣的著名"景区"乌镇西栅，以他命名的木心美术馆不可能仅仅是一间私人纪念室。兼有展厅（永久陈列和临展）、简单食饮、商店、办公等功能的美术馆，首先必须是一个公共空间。为了照顾光环中心展品的纤微细节，建筑师先从室内设计的基本要素开始，由内及外地设定个人化的观看情境，一幕一幕如同需要细心品味其差别的戏剧情节；与此同时，他又不得不将这些"私人布景"串联成一个公共生活的整体，包括观览、沉思、休憩、集会的类型设定，各备其美而又不露拼凑的痕迹，就连展厅灯光也要依分工不同分别赋予各自的性格，这显然不是一项轻松的工作。幸而，穿插在各体量之间的景观——或由透明界面引入的室外"园景"，或由地形差异引入的半室内"院景"，多少弥合了这种缤纷功能带来的静穆的黑展室和游园动态之间的沟壑。无论如何，在我参加开幕首日的活动时，已经目睹了蜂拥而至的观众给小小的美术馆带来的管理压力。固然，那天的参观人数可能超过了设计预定的峰值，属于特殊情况，但它折射出的事实上也是藏品和空间、"小""大"之间的一种悖论——这种悖论也就和美术馆的私人性质、与乌镇方面实质求"大"的规划企图之间的悖论一样。

　　最后值得一提的是美术馆物质层面的观感。从制作的角度而言，这个中规中矩的美术馆可算是形式平衡和建筑施工的上乘之作——至少在国内的范围来讲是如此。这个项目较高的完成度，一方面可以归功于完善的驻场建筑师监理施工的制度，从中可以瞥见参与过贝聿铭苏州博物馆核心设计的这个工作团队，对于控制建筑不同尺度观感方面的老到经验；另一方面，建筑师在形式上的克制和谦恭也是重要的原因——在这方面，这座美术馆的意匠或许胜于很多明星建筑师的作为。为了调和现代性格的建筑形体可能带来的单调，建筑的细部大多经过了慎重的研究，在"小"与"大"之间取得了另一种平衡（图4、图5）。例如，建筑的

图4 入口（摄影：沈忠海）　　　　　　图5 序厅内景（摄影：沈忠海）

混凝土墙面不是简单的清水效果，而是在色泽上有着经意的降调处理，兼选用肌理丰富的木条模板和立体凹凸条纹，使得墙面的光影效果既趋于丰富，又不至在江南水乡偏青白的光线中显得过于突兀——然而，建筑室内的肌理效果则显得稍"过"了一些，对于物质感不甚强烈的作品而言稍有压迫之嫌。按照建筑师本人的陈述，这种对于外观的推敲同时也是基于从展品开始的"倒推"，由定制的展览装置和室内的典型关系，一点点外放到大环境本身的"小""大"构成。展览—空间、室内—室外的一体化处理，设计方案充分体现和预设了空间使用的实际效果，甚至细致到功能面板和天花灯轨的位置，非常值得类似的美术馆设计学习。

对于整个设计而言，如果还有什么稍觉遗憾的地方，就是这个项目团队的创意似乎过于内敛和审慎了一些，以至于最终建成的美术馆有着很多精彩的局部，但在他们致力追求的整体概念上，却显得不够激动人心。当然，如上而言，这可能也是项目的独特背景带来的先天约束，以及建筑师的训练、经历所确立的有意识的选择。

（本文原载于《建筑学报》2016 年第 12 期）

06

新大舍
刘东洋&柳亦春，关于大舍的新居

刘东洋　柳亦春

在龙美术馆西岸馆之后，大舍新办公室是建筑师柳亦春自己编撰任务书、自己设计、自己监理的特殊项目。这栋位于上海徐汇区滨江地带毗邻艺博会双年展主展馆的小房子，承载着地方政府艺术产业兴市的梦想，更承载着建筑师近年来对"何谓建筑"这一基本问题的基本思考。在本次对谈中，柳亦春诚恳且平实地讲述了自己在新大舍设计中的理念、态度以及方法。

1. 梧桐树与U形院

刘东洋：恭喜大舍的建筑师们乔迁新居。我们今天就聊聊这个新居，因为它是一类非常特别的项目：建筑师本人既是业主，也是未来的使用者，潜在的评论者，更是设计者。那就先请柳老师给我们讲讲新大舍的背景吧。

柳亦春：大舍在淮海西路红坊的办公室明年面临着动迁的命运，我们必须找一个新的办公地点。最近几年一直在徐汇区的浦江西岸做项目，这里先前尽是些工厂、码头，包括飞机制造厂这样的工业设施。在政府的征地完成到正式开发前，经常会有一段几年不等的闲置期，怎样在这个很短的期限里利用既有用地和既存设施成为一个课题。西岸艺博会就是这么来的，去年初和西岸集团的领导聊着聊着，就有了艺博会的想法。

去年是第一届的艺博会，今年第二届，非常成功。新大舍对面的一万多平方米的大厂房是艺博会的主展馆，现在叫西岸艺术中心，也是由大舍设计改建的。为了增加平时周边的艺术活动氛围，就想到在艺博会主馆边上搞个艺术与设计示范区。西岸集团让我来负责这一示范区的部分筹划与召集工作，我就联系了张斌、张佳晶、童明、袁烽等几位建筑师过来盖房子，然后就搬过来了。

刘东洋： 这块土地原来是什么用途？多大？

柳亦春： 示范区这块地本是一块服务于主展馆的停车场，我们先做了一个大概的总体设计，分了分地块而已。一个车位是 2.5m×6m，3 个车位一组，两组车位加上 6m 通道，基本上一个单元的大小为 7.5m×18m，避开一些既有大树，这块地总共布置了六七个单元吧。

刘东洋： 停车场里的哪些要素被保留了下来？

柳亦春： 原来的停车场每两三个车位就有一棵树，既有原来工厂留下来的大树，也有做停车场时新栽的树。我们特地选了一块存有工厂留下的 3 棵大树的场地。由于停车场表面浇有 20cm 厚的素混凝土，我想选择在这上面盖轻质建筑就可以不用再做基础了，能节省费用。所以在建造体系上，落地的部分我们选了最适合场地条件和使用期限的墙体结构，而不是框架结构，这样，可以将受力相对均匀地传到地面的混凝土板上，避免框架柱的集中受力。

3 棵大树的保留还是对盖房子有些限制的，树卡在那里，房子横着排就不太好排，只能东西向摆。通常在上海这个地区，我们肯定优选南北朝向的布局做法，不过，这里单体的四面都会有窗户，南北向的意义没那么显著。所以，设计一开始就锁定了这棵梧桐和南侧的那棵雪松，用房子和墙把它们围起来，形成一个主要的院子（图 1）。

刘东洋： 方案您给我看了 6 稿，面积不一，最早任务书里设定的面

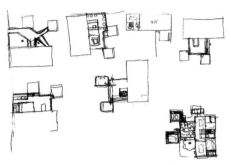

图1 初期的布局草图，围绕着大树形成各种庭院

积是多少？

柳亦春：也没有过严格意义的任务书。最早一版草图的建筑面积为 350 ㎡，当时以为就够用了。等把树围进来，画着画着就到了 500 ㎡，太大了。我们原来办公室的总面积只有 200 ㎡，外加阁楼的 40 ㎡。考虑到我和合伙人商定的造价上限是 60 万元，毛估的话，怎么着单位造价也要 2000 元／㎡吧，总面积也就在 300 ㎡左右。于是就使劲压缩面积，最早草图里两个东西向的房子都是两层楼，后来西侧那个改成了一层。

刘东洋：西侧一层都有什么？或者说，压缩时做了怎样的调整？

柳亦春：西侧是会议室和我们两人的独立办公室。最初想的是东侧底层前台边上应该有一个比较好的模型展示空间，客户来了先在下面参观，然后上楼开会。西侧建筑的上面是办公空间，底层为辅助空间。后来为了压面积，就想在东侧两层的建筑里满足所有的会议和讨论空间的要求，西侧仅为我和合伙人陈屹峰的办公室以及模型展示室。后来想，让模型占着比较好的空间较可惜，就把会议和模型展示对调了一下。因为会议不是天天有，会议室平时也可作为我们的办公室和讨论室，多功能使用嘛。东侧一层安排了模型制作室和模型仓库，所以那里的窗户都开得很小很高。东侧一层朝南的窗户原来也是小窗，后来想到在那边也可能坐人，就改成了落地大窗。

至于西侧的合伙人办公室，中间有过一稿方案，把它改成两个独立的小体量，各有一个小院子。那么做，尺度上难以和东侧二层的大办公室体量取得平衡。最后还是合并为一个紧凑的有着类似坡顶形态的小体量。

刘东洋：在用地允许的情况下，你们还是想松散一些？

柳亦春：对，老办公室里我和陈屹峰都是和员工坐在一个空间里甚至座位紧邻着办公，时间久了发现虽然工作效率比较高，但员工的自主性会变弱，各种事情都等着我们下命令做决定。我想我们还是弄个各自的办公室吧。开始，还带了各自的小院子和上层卧室。陈屹峰觉得这样未免太奢侈，工作场所不该搞得这么享受。我觉得也对，就把西侧两层楼压成更紧凑的一层楼。西侧前端的空间就变成一个多功能空间。加上我们两人的办公室，西侧就像一个两室一厅的住宅，和东侧办公部分从尺度到氛围都区别开来了。中间的过渡区是卫生间和开放厨房的位置。我在心里把东面的体量叫做"大舍"，是办公的地方，西边的叫做"小舍"，有点家的气氛。上午，我可以在小舍这边思考写作，下午，再到大舍去和建筑师们讨论设计，或者反过来。不管怎么说，我觉得有两种不同的思考设计的空间会是一个比较好的事务所工作场所，我是一个需要点儿独立空间的人（图2）。

刘东洋：尽管您放弃了局部的小院子，从您发来的所有草图看，用足基地上的大树，营造一个以树木为主的庭园，这个目的一直都非常明确。我还记得您发过的一张施工照片，那些面向内院的天窗是为了梧桐树冠而加的。换言之，在这次设计中，树的存在是主要的，建筑的姿态是弱下去的。可以这样理解吗？

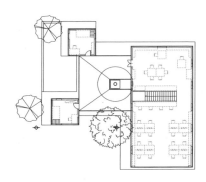

图2 中间方案

柳亦春： 是的。我们以前设计的很多房子都建在郊区旷野，树木多是后配的。近几年来跟您交流多了，有意在寻找设计中如何关注自然、关注气候、关注基地的方法。这次相地时，我就首先看中了这几棵树，这也很自然，大部分人都会这么选。那么怎么和树木发生关系就成为关键。当然，基地条件并不止几棵树那么简单，朝向、小气候、地形等都是基地要素。我越来越觉得盖房子一定要以某种有意识的方式和基地发生关系，要能将那些或隐或显的外界条件巧妙地吸收进来。

这两棵梧桐和那棵雪松是最明显的条件，既有的混凝土地面和车位尺度是略隐的条件，它们共同决定了建筑和院子的尺度。开始时，我大致测量过3棵树的位置与高低，但不那么精确，一直到房子施工放线时，都前后左右地挪过。像两栋房子之间的连接体，它既不是原来的大小，也不在原来的位置上，要比最初的设计来得更靠后些。它靠后以后，就和东侧的体量背后拉齐了。我觉得拉齐了不好，也把东侧的体量稍微向后退了退。您看，这些定位过程都在和树发生关系。不过，也不全是建筑退让树木。比如后面的一棵含笑，它距离房子近了些，可我并没有压缩房子的规模，而是选择把树枝修剪了一下。

在这些挪动和退让中，最后让院子生动起来的就是卫生间和厨房连接体与梧桐树之间的关系了。那个连接体的屋顶在施工时做了下压的波折，仿佛树形印过来的刻痕，恰好将雨天平屋顶的水排到梧桐树的树池里。您看到梧桐的分叉点算是低层檐口的高度，这一圈檐的高度关乎人在这个 U 形小院子里的感受，我有意将檐压得更低一点（图 3、图 4）。

2. 老大舍与新大舍

刘东洋：前面说了，没人会比你们自己更了解自己的办公方式和设计方式了。那么，眼前的新大舍从老大舍身上继承了什么优良品质，又规避了老大舍的哪些弱点呢？

柳亦春：我们用原来的办公地点用了近 9 年。那是一条老厂房里6m 宽、近 40m 长的空间。我们当年选了那个空间，一是因为它很长，人一进来就会觉得，哇，这么长！二是因为它也比较高，4m 层高，一侧是长长的竖窗。在很高的空间里做设计是件令人舒畅的事情（图 5）。

老办公室的柱网是 6m 的，这让我们摆办公家具遇到些麻烦。我们员工的基本单元是 4 张桌子拼在一起，4 人围着坐。柱网 6m 的话，摆两组（8 张）桌子摆不下，都是排一组半，每一个单元其实是 6 个人。6 个人边上总要有一些储物设施和书架，就在柱子的地方做了一排书架，书架有一半可以挂衣服。设计新大舍时，为了省钱，本准备再利用这些家具的，所以结构模数的布置是首先和家具布置模数相关的。之前的长条空间里，因为单元之间有 1.35m 高的柜子，人坐下来时彼此看不见，站起来可以。这一组和那一组人之间的交流还是受到了限制。我觉得在新办公室里这个隔断应该去掉，于是柜子被靠墙布置了。

图3 为了梧桐而做的折板屋面
（摄影：刘东洋）

图4 建成后外景照（摄影：刘东洋）

刘东洋： 新大舍的单元尺度调到了多少？

柳亦春： 新办公室的跨度为 8.6m，柱间距是 3.2m。跨度首先是由树冠尺寸和停车场硬地的尺寸决定的，又恰好可以摆两组 4 人桌加一条走道。一度考虑过两侧走道桌子居中。那么做，浪费空间不说还都要用地插座。地插最后总是比较脏。桌子靠墙就可以用墙插座，而且桌子可以靠窗。其间产生过一个纠结：旧桌子还用不用？旧桌子是为了凑 6m 柱网做的。桌长 160cm，宽做到 90cm，这个宽度有些深，每张桌子前端部分难擦抹，容易搁置一堆乱七八糟的东西不收拾。最后决定还是把旧桌子换了。新桌子的宽度缩到 75cm，长为 150cm，留了一个 1:2 的比例，未来还可以换个方向拼。平面和结构的布置基本就是从这个尺度开始的，逐渐渗透到新空间的各种尺度中，尤其是柱间距。

刘东洋： 我方才在新大舍上上下下走了一圈，其尺度感和空间品质的塑造是一体的。底层压得那么低，顶层升上去那么高，对比强烈。

柳亦春： 这确实是有意而为的，我的确想把下面的辅助空间压得尽可能的低。现在底层净高是 2.35m，底层檐口和连接体的厨房、卫生间部分净高是 2.2m，上层空间屋檐处净高是 3.6m，屋脊处净高 5.6m，从一个低的空间到一个高的空间，会产生强烈的空间感。这么做，也跟事务所空间的使用状态直接有关。建筑事务所都需要制作模型以及储藏模型的地方。有时，这类制作和储藏等辅助空间的面积跟建筑师们办公空间的面积，几乎一半对一半甚至更多。在设计新大舍时，我就想把办公空间和辅助空间（模型间、储藏室、财务室等）分层。二层的光线条件会更好，当然是办公，可以高一点；一层是辅助空间，使用时间短，可以足够低。

我最近几年一直比较关注结构与空间的关系这件事。把一层的层高压低，一来是辅助空间都不需要太高，二来是用砖混结构做下层最省钱，也符合空间使用特点和基础形式。基础直接利用停车场的混凝土地坪，砖混结构开窗越少，墙高越低，墙体越多，结构性能越好，也和辅助空间的使用相符。二层作为办公的主要场所，肯定是要一个高挑明亮的空间，一个无柱的大空间，大家有共处一室的感觉，选择轻钢结构做上层结构最适合，也最省钱。

这样一来，上层和下层的层高差别、空间感受差别、功能使用差别、结构选型差别，全部趋于一致（图6）。

3. 结构与架构

刘东洋：这就引出了下一个话题：结构在建筑设计中扮演的角色。不久前，您在《结构为何？》[1]一文里也提及，您对建筑结构的思考并不仅仅停留在力学受力的意义上，而是同时照顾到了结构在空间里如何呈现和呈现的程度，以及结构在塑造空间，比如空间单元、空间尺度感和空间特质方面的作用。您用了较为抽象且具有包容性的"架构"一词，

图5 大舍红坊老办公室内景
（摄影：柳亦春）

图6 新大舍二层办公室内景（摄影：陈颢）

以此区别纯力学意义的结构概念。前面您提到了轻钢柱距跟办公单元尺度的关系，然后讲到上下层空间反差与结构选型的关系，那您为何要做坡屋顶建筑？这在之前大舍的作品里没有出现过。

柳亦春：一个最直接的原因是，上海雨水太多。大舍设计了好多平屋顶的房子，都发生过漏水现象。我想，这次自己的房子可不能漏水，坡屋顶这一屋顶作法应该是符合上海气候特点的，对防水是先天有利的，结果施工过程中天窗还是发生过渗漏。小尺度的建筑，选择坡屋顶，还有建筑类型学的内容，人处在坡屋顶下，身体体验到被覆盖被庇护的感觉，是人类记忆深处的东西。

刘东洋：您在谈"始原性意象"（primeval image）？您在龙美术馆里依靠暧昧的混凝土伞墙结构塑造了一处令人难忘的颇具精神性的展览场所。从龙美术馆到新大舍，一大一小这两个项目之间，什么东西变得清晰起来？

柳亦春：就是结构在建筑设计中可以发挥的作用、可以有的位置、可以有的表现形式、可以有的力量，对这个话题的认识变得清晰起来。虽说在做龙美术馆之前，我对结构也一直都很关注，但没现在这么清晰。龙美术馆开幕时，李翔宁老师问过我，这房子做完了，以后做新房子，这种结构形式还会起作用吗？我的回答是：它只是一个形式，形式可以不同，骨子里的东西却可以前后一致。在龙美术馆之后发生的那些对谈中，我也反思了结构在一个设计中该怎样显现，或是退隐。在新大舍身上，我希望让结构在发挥塑造空间作用的同时，又不希望人们第一眼就注意到结构本身。

我觉得空间中的结构呈现是需要准确把握的。每一个空间肯定有一种适合它的结构形式，大跨结构的、小间隔墙的，结构的设计既满足空间需要，也和力学要求相一致。但龙美术馆让我理解了结构与功能对应的前提下，其呈现程度是需要一种精确性的。地下室部分是要压低，但压低多少是个问题；上面的空间如果高耸，高耸到什么地步算是足够？在这个意义上，龙美术馆和新大舍之间的思考是连续的。新大舍的上下对比，也有程度的考虑。还有，二者都涉及覆盖，涉及空间尤其是墙面和屋顶跟身体尺度的关系。想到在没有建筑之前，这里就是停车场上的一片空气，通过建造，通过覆盖，通过精确的覆盖，人在其中忽然有了前所未有的存在感，有了舒畅有了平静，建筑真是一件很奇妙的工作，每每想到这里，就觉得从事这个很辛苦的行当还是值得的。

刘东洋：所以，在二层的屋顶吊顶上，我们并没有看到一个全部加了衬板的天花，也没有看到一个全部赤裸的露明屋顶？然后，那些加了衬板的部分，对应着下面的办公桌组合部分，露明部分显露出金属板部分，对应着下面的走道？

这份仔细也出现在了屋架的修改过程中。我注意到最初几稿的剖面

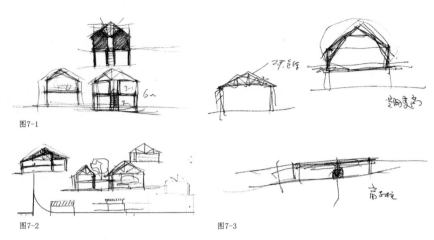

图7-1

图7-2　　图7-3

图7　设计草图中屋顶桁架的修改与变形

中，屋顶的结构就是人字架。但在终稿里，这个人字架被消解了，斜撑和横拉杆的出现改变了屋顶和侧墙的受力关系，同时也改变了屋架原本刻画空间的方式——现在，我们一瞬间读出两个"结构"来：一个是人字架与侧墙构成的廊形结构，它是传统的坡屋顶建筑的内部轮廓；另一个是斜撑、横拉杆加吊顶构成的鞍形线构，既是受力构件，也让"家"型里叠上某种教堂内部的感觉。估计不止一人会体验到这一用意（图7）。

可为何轻钢的壁柱一定要出现在侧窗中央呢？是在学习坂本一成式暧昧的手法主义动作吗？

柳亦春：二层结构柱的间距和我们办公单元的尺度是相关的。至于桁架，开始时脑子里想的是一般工厂用桁架，可以支撑大跨空间。那么做的话，柱子和屋架其实是分离的，柱子不用轻钢，用混凝土都成。还有，这类钢桁架本身已经携带了习惯性意义，比如总是和工厂、仓库等空间意义联系在一起。我在新办公室身上不想要这种意义。我还希望从柱子到屋面是一体的，就把桁架转化成了柱子、斜撑、横拉杆，并局部做了吊顶，但屋顶斜梁的位置还是从吊顶的表面清晰可见，甚至更加强化了出来。

坂本一成经常把柱子放在窗中间这件事，我是知道的，做的时候也想过是否回避这个手法。我的柱子首先是在桌边的，斜撑自然划分了两张桌子的空间，桌边是自然采光的窗户。倘若把柱子放置在墙里，也是可以的，不过，显然不如柱子在窗中间时能形成鲜明的空间架构感，因为您在空间中能够感觉到整体架构的存在，所有的柱、斜梁、斜撑、拉杆均完整或部分缺省地清晰可见，您能理解到结构的"站立"方式，这让坡顶的覆盖变得轻盈。因为是有意为之，所以您也可以认为这是一种"表现性"（expressiveness）或者手法主义（mannerist）。

4. 意向与面相

刘东洋：我倒没觉得这种手法有多炫技，而是觉得柳老师晚近开始细腻起来了。整个设计过程充满了维特鲁威（Vitruvius）或阿尔伯蒂（Leon Battista Alberti）所言的"配置"（dispositio），也就是广义的布局推敲与设计处理。像砖墙的肌理，您并没有让它们到处以本来状态呈现，有些墙面还是做了粉刷与刷白。

柳亦春：是。我对底层的红砖墙，部分在室内刷白，但没有抹灰，人们是可以看到肌理的，同行们还可以读出这是一个砖混结构，连构造柱都没有。这么刷白之后，室内的光线会更亮，也更与人亲近。有些墙可能会放投影或者我不想显露太多的关系，则做了抹灰。比如西侧小舍里的南北山墙，不想在室内显露过多的圈梁等关系，就抹了灰、刷了白。两间小办公室都做了吊顶，在和书架等高的半高以下是"粉刷＋刷白"的，

图8 不同目的层次的墙面细部处理

上部则保留了一段砖墙的肌理，那里可以清晰地看到砖墙、屋架、天窗的构造关系。在室内厨房和厕所这一部分，还是保留了一部分红砖的本色，这里有一个室内外空间的延伸处理，所以有很多和空间意图对应的精细化处理。

刘东洋：我看到朝向内院树木的砖墙都是本色的，在靠东侧致正事务所那一侧却做了粉刷？

柳亦春：那面外墙的确刷成了浅灰色，是一种防水涂料。上海的房子东墙最容易漏水，那是因为梅雨季节常刮东风的缘故，清水墙容易沿砖缝渗水，而且现在红砖的质量也不好，加上那一侧是自由落水，雨水落到地上会反溅。尽管特意考虑了挑檐挡雨，还是把那一侧的底层砖墙刷了浅灰色。因为没有抹灰，所以砖的肌理还在。张斌的致正工作室先刷的，因为他用了多孔砖，更容易渗水。我们用了一样的防水涂料，只是他的更白一点。面向院子的墙体还是保留了红砖本色，这样更温暖些，也区别了内外（图8）。

刘东洋：窗子的高度似乎也与常规开法不同。您这会议室里的水平窗上部高度有 1.6m？二层办公室朝南的水平窗上部要降得更矮。

柳亦春： 会议室水平窗的上沿是 1.75m，基本和人等高，人站起来时，视线基本是水平偏下的，无论站着还是坐立，视觉的焦点都是窗外和围墙之间的海棠园，院墙外的大厂房被推到更远处，在感知上是被忽略的。二层的南窗上部高度只有 155cm，95cm 加 60cm，95cm 是外墙采用的岩棉夹芯板的模数。照理说朝南的窗户开得越大越好，可办公室主要都是电脑办公，南窗一高，阳光就会照到电脑上，坐在南窗边上的人，电脑屏幕就有反光，只能一天到晚拉窗帘。现在这个高度，就不需要拉窗帘。阳光进来时，照不到桌面，冬天正好照到桌边或是人的后背。然后，那个高度，无论对于坐着还是站着的人都可以更强化出户外路边海棠的树梢在窗中的景象，这里面是暗含着人体尺度要素的。在窗户向内的地方，特意做了宽宽的窗台板，白色大理石的，可以把光线反射到天花上再照亮室内，产生更为柔和的室内光线。还有，二层室内空间的高耸，也是因为水平窗降得比较低再加上反射的光线所烘托出来的。

开窗这件事也是综合考虑的结果。为什么是横的，不是竖的，为什么不是更小的，而是那样的，它们也跟建造逻辑有关。外面这层波纹板和内层的夹芯保温板，在宽度上是 95cm，长向上波纹板切得越少，施工起来越不费料，越不易漏水；短向上尽量不切，就会比较好看、好交接，那么，窗子的洞口就要同时考虑到内层和覆层的型材尺码。当然，如果有人读过《结构为何？》，注意到我所提到的柯布（Le Corbusier）水平窗和佩雷（Auguste Perret）竖向长窗之争的话，就会明白在这个空间里我有意把它们放到了一起。在坡顶的空间中，山墙上开窗，它的形式与正面窗户间的协调性，一般都是有点难的。

当我们在讨论这些窗高等具体尺寸的时候，我想是涉及了建筑设计中一个非常重要的话题——"尺度"，刚才我们提到了二层空间的高耸，要让人在高的空间里待得舒服，窗高、窗台高都是极重要的，二层楼梯北侧书架的高度是 1.85m，差不多就是比一般人略高一点的高度，这个高度和二层的可开启窗的上沿以及结构斜撑的起点高度是一致的，所以二层这个高耸的空间其实是通过这样一些具体的尺度令其"下坠"的，包括那个压得更低一些的南窗，楼梯南侧靠墙的柜子是旧的，高度 1.35m，这是办公区的家具高度。所以在二层的空间里，是有一个人站着与坐着的双重尺度存在的。在龙美术馆里，人会不自觉地抬起头来行走；在这个空间里，人会不自觉地低下头去坐下。于是顶也会变得更加漂浮、轻盈。一层的会议室也有一样的尺度动作，能隐约暗示人的行为，它和空间中设想的人的行为趋于一致，是空间舒适感的重要来源。

刘东洋：能解释一下会议室里圈梁向室内的悬挑，以及向院子里的悬挑吗？

柳亦春：圈梁向院子里演变成为 60cm 挑檐，可以给下面的红砖提供遮蔽。之前已经说到现在的砖质量这么差，经不起雨淋。同时，那个宽度也基本是一个人的廊下空间，可以让院子的空间围合感更好些。向室内的挑檐，我是希望能够看到它延伸到连接体的屋面去，感到它们是有关系的。从会议室到厨房的开口是在角部而不是在墙体当中，人的视线沿着圈梁向内的挑檐可以连续地进入厨房的顶，这就是空间的流动感。

从外部看，会议室朝向院子的挑檐接近厨房和卫生间的连接体是有意断开了，我是觉得，不断的话，就像一整块板，那么就好像会议室的坡顶下是还有一块平板的，那么就不对了，东侧两层和西侧一层的做法是不一样的，应该有一点区分。但是断开也不是最合理的，断开的那个地方恰好是进入时需要遮掩的地方，所以后来做了细微的调整，让檐口在树冠下侧折了一下，起到一个雨篷的作用。总之，细节的考虑是需要照顾或者提示整体的。

刘东洋：要论在几稿草图里改动最大的一个要素，那就是通往二层办公区的楼梯了。之前几稿里，那部楼梯都在 8.6m 跨的中线上，最后造出来，调了 90º，变成了横楼梯。

柳亦春：早前设计的楼梯可以从下面一直看着室内屋脊线往上走，纪念性比较强。那个时候为了省钱还想到过楼板用预制板，就把楼梯给横过来了。横过来以后发现，它把上层空间自然分成两部分。一部分是办公，一部分是图书资料和讨论区。现在这么做，纪念性弱了许多，本来也是不想要什么纪念性的。这样一改，你走上来，一回头，再看到天窗和侧窗里树的影子，多好。

刘东洋：会议室里的几个窗子位置是在设计时调整出来的吗？包括 45º 斜角的 L 形切口。

柳亦春：天窗的位置是跟着结构逻辑走的，位于两品小桁架的正中，墙体上外窗的位置倒是自由的，因为是砖墙结构，开始和天窗对位，正对着梧桐的树干。我特意向南移了一下，我不想正对着。基本上所有开口的大小高低还真是都仔细地推敲过，都是要从光线、景观、使用各个方面考虑，当然也少不了"好看"，所谓"好看"应该与比例和位置有关吧，如何经营位置，这在很大程度上就靠长期训练的眼光了。

您说的这个斜向进入有着特别的好处，我们新设计的台州美术馆就用了这种方式，能加强空间的连续性，您看，坐在会议室里能同时看到院子和连接体的廊。

刘东洋： 会议室里的几个开口有意思，值得回味。

柳亦春： 这些窗对空间氛围的影响非常重要，空间感觉是潜意识的，这里面隐含了各种内在的关系，它们在背后产生着作用。

刘东洋： 也许有人会问，柳老师为什么没有选择卒姆托（Peter Zumthor）造事务所的模式，再把结构特征弱化一些，您怎么回答？

柳亦春： 您说的卒姆托事务所，应该是指他的新工作室，老的工作室还是有比较明显的结构特征的，他把钢桁架的下弦杆直接暴露在了空间中。他的新工作室，其实结构是康策特（Jurg Conzett）配的，为了达到卒姆托的空间和庭院的关系意图，结构还是颇有些难度的。康策特专门写过一篇文章讲结构可以如何退隐在空间之后。卒姆托设计了一个非常漂亮精致的庭院，我想他是希望他坐在室内就像坐在院子里，同时还可以清楚地告诉他对面的员工，他就坐在这里，于是他把可见的方法都剔除了，只保留了一个很简单的关系。这种做法当然也是极好的。方法并没有高下之分，关键看你强调什么，意图是什么。新大舍办公室的结构裸露，很大程度上和要省钱这件事有关，毕竟它是个预期使用年限只有5年的临时建筑，在这个前提下，它的修辞手段会是不同的。我这里想说的是，采用最基本朴素的方法，也可以达到很高的空间质量（图9）。

刘东洋： 那您对新大舍的施工质量满意吗？我们看到整个新房子很像旧改项目。

柳亦春： 我对这个施工质量是满意的。因为我觉得它并不需要多么多么精致。我觉得该做到的基本上都做到了，而且我在设计的时候就已经预料到了可能达到的精度。因为要省钱，所以我是允许它犯错误的。

刘东洋：假如这块地是一个长久的基地，给您 20 年的使用期，您又会怎么做呢？

柳亦春：也许会做得更精确些，细部可能推敲得更好一点，用材方面会更讲究吧。

刘东洋：员工们搬来之后有什么意见和反馈？

柳亦春：我问过他们，有一名女生表示对上洗手间心里有些不踏实，而问了别的女生又没有这个感觉，因人而异。我还是仔细观察了一下。因为设计时为了不让卫生间的隔断破坏那个因梧桐树折了一下的屋顶的整体感，卫生间的门没有到顶，所以卫生间的隔间与外面不是很隔音，在心理上觉得空间是连通的，多少私密性不太够，我打算在卫生间门的外面再加上一道半圆形平面的帘子，多一个空间缓冲看看（图 10）。

刘东洋：感谢柳老师接受访谈。新大舍是个温雅从容的佳作。

（本文原载于《建筑学报》2016 年第 1 期）

参考文献

[1] 柳亦春. 结构为何[J]. 建筑师，2015(2)：45-46.

07

凸显日常
对刘宇扬建筑事务所五原路工作室的思考

刘涤宇

1. 戏剧性或日常

　　刘宇扬建筑事务所五原路工作室（以下简称"五原路工作室"）作为一个旧建筑改造项目，所面对的原建筑建造于 1990 年代，曾作为社区活动中心使用。原建筑形式带有那个年代的特征，最突出的就是外墙面上那个时代曾被大量使用的劈离砖——它和宝石蓝色玻璃几乎成为那个时代一类建筑的标志。

　　原建筑的体量比周边社区的近代花园洋房要大，但除了劈离砖的质感过分突兀外，两层的高度和坡屋顶与社区其他建筑也没有明显的不协调。建筑西北角外墙退后，形成一层梯形门廊空间和二层梯形露台，与角部的圆柱一起，试图塑造有雕塑感的体量。建筑南部挑出的阳台也是如此。总之，无论设计是否成功，都体现了其希望通过体型戏剧性的变化获得建筑个性的设计意图。

　　原建筑为砖混结构，主体为矩形平面，二层，四开间，北侧面向院落入口附有单层的车库。主体为了留出入口处的梯形门廊和二层的梯形露台而调整了部分结构构件的位置。作为梯形斜边的这条斜线作为原建筑平面最大的特点，也体现了原设计追求戏剧化的努力。

　　虽然无论体型还是平面都有戏剧化的意图，但因为这些戏剧化的努力没有足够的依据，而且各部分的戏剧性变化之间缺乏内在联系，所以原建筑的戏剧化努力并没有取得预期的效果。加上劈离砖的尺寸和砖间宽大的缝隙，不仅是这种材料的典型特征，也是对此类建筑所关注的"细部"基本尺度的一种象征，这一切都使包括原建筑在内的这类建筑，随着时间的推移逐渐成为另一种"日常"——因为离今天不远，此类建筑在中国城乡各处都大量存在，也许未来我们会将已为数不多的这类建筑作为史料重新审视，但迄今为止，我们注意到的更多是它们设计上的不完善之处。

无论建筑外观还是空间组织，改建设计都抹去了原设计想表达戏剧性变化的绝大部分内容，而代之以与建筑建造、使用和感知相关的日常性内容。但这不是对日常生活细节的直接复制，与日常生活没有任何距离的日常性会让使用者和体验者在漫不经心中错过很多与设计意图相关的细节，因此，建筑师使用了一些不无戏剧性成分的设计策略，使日常性的特定要素得以凸显。也就是说，日常性并非位于戏剧性的截然对立面。[1]

与原建筑相比，这是一种完全不同的戏剧性，也是一种完全不同的日常（图1）。[2]

2. 日常的陌生化——建筑外观改造

将改建后的外观与原建筑相比，可以发现：原有凹入的门廊和相应二层的梯形露台都被整合进室内空间，体量上的凹入不再存在，角上的圆柱只是原设计遗留下的难以觉察的痕迹；车库北立面的圆洞窗被更为常见的正方形窗取代；西侧面与室内楼梯间位置对应的竖条窗不再延伸到一层休息平台以下，一些大小不一的外门窗被统一尺寸（图2、图3）。

在体型上，改建后唯一显得比原建筑复杂的操作是将南向的大阳台和其下的空间处理为独立于原建筑体量之外的附加体量。然而，这一作用于背立面的操作，同时进一步减少了主体体量的凹入凸出的形式变化。

对原设计戏剧性表达的去除伴随着日常性的引入。改建设计的变化，都与日常对建筑的建造、使用和感知有关。比如，除车库外，改建后主体部分的外门窗里，钢框和木框两种窗框交错使用。这种做法并不常见，但细察便知，两者的使用位置有明显的规律性：所有固定扇的门窗都使用钢框，所有活动扇——包括推拉扇、开启扇和折叠扇都使用木框。这种做法可以用日常的功能性来解释，即开启扇与人的身体的日常接触远多于固定扇，使用季节温差变化更小的木材做门窗框，可以增加其在启闭过程中触觉的舒适性。

但改建设计绝不仅仅指向日常性，而是通过陌生化的方式特别凸显对日常性的处理。钢框正面薄而挺直，但却明显突出于玻璃，形成纵深感。木框的粗重尺度也超出材料性能要求的范围。这种夸大钢和木两种材料特性的对比，使来自日常性的窗框材料本身具有了超出日常性的效果。俄国戏剧理论家什克洛夫斯基（Viktor Shklovsky）对"陌生化"概念的表述在此完全适用："事物摆在我们面前，我们知道它，但对它视

图1 建筑入口夜景（摄影：Eiichi Kano）

图2 一层及二层立面
（摄影：Eiichi Kano）

图3 阳光房
（摄影：Eiichi Kano）

而不见。"所以"陌生化"是使事物摆脱这种因过分熟悉而让人们对其视而不见的重要手段，"艺术的目的是把事物提供为一种可观可见之物，而不是可认可知之物……在艺术中感受过程本身就是目的，应该使之延长。"[3] 将日常性的要素以"陌生化"的形式呈现出来，使其特征得以摆脱我们熟视无睹的面貌而得以凸显，这是与原建筑的戏剧化努力完全不同的另一种戏剧化表达方式（图4）。[4]

3. 陌生事物的日常化——城市巷弄与建筑

如何将改建后的建筑与城市建立恰如其分的关联，是五原路工作室改建设计中重点考虑的问题之一。位于上海的近代花园洋房社区中的原建筑，入口面向一条巷弄。由现有各地块边界决定的巷弄空间形态，不断伴随着各种小转折。与建造地块相关的巷弄转折大约位于原有房屋北墙的位置，向西稍转出一条短短的斜线后恢复原来的走向。这虽然是地块中唯一一处转折，却是整个巷弄多处类似转折之一。转折使附近的巷弄轮廓微呈"之"字形，而位于"之"字形节点处的工作室入口处于一种可以接纳城市巷弄空间的"准凹入"位置。这种位置对于来自五原路的人流呈现出一种导入和接纳性，而入口大门和围墙的改建设计对其作了强化（图5）。

建筑师曾经设想过一个方案，将地块转折处作为工作室室内空间的延伸，以透明玻璃作为斜线处的界面，工作室与巷弄空间之间因此将在一定程度上出现视线穿透，处在两个空间领域中的人可以看到彼此的活动。此方案因为居民反对最终未实施，但体现了建筑师将工作室与城市建立更加开放的空间关系的思路，建筑师也由此反思了专业人士和日常居民对于城市性、公众性及私密性的不同理解。实施方案的转折处围墙除底部保留有砌体材质的踢脚外，均采用与入口处相同的钢板材质，与入口一起形成一个与巷弄空间界面有明显关系的横向连续钢板材质带。转折处还有一些值得注意的细微处理，比如，底部的砌体材质斜线直接与院落入口面所在的钢板交界成钝角，而上部的钢板与之却多出一条与入口面垂直的短边钢板过渡，这样，在砌体材料的顶部形成了一个微型的斜向凹入空间。这种斜向凹入空间以不同的尺度和不同的形态，也同样出现在院落入口和建筑主入口。

院落入口大门的斜向凹入空间直接与地块和北侧用地之间一段倾斜的分界线有关，并以此确立空间的斜向角度，而与前述巷弄空间转折处的斜线并无角度上的对应。但从巷弄界面来看，钢板材质带经过5次或钝角或斜向直角的转折，增强了连续性，与巷弄界面上的转折处呼应的效果得到强化，倾斜角度的不同反而显得不那么重要。而入口大门凹入处地面铺装与巷弄地面的明显差异，明确了凹入处的过渡空间特征。

入口的钢板连续带被凹入大门中的一部分竖向格栅界面打破，内部庭院因此与外部巷弄之间有了视线交流。钢板大门所需安装的信箱、对讲机、门挡等构件，都经过精心设计，在发挥其功用的同时不破坏整个钢板界面的连续性。

进入大门后的小院落空间通过界面的改造和高程的连接，大大提高了空间的停留性和友好度。改造前院落空间正对车库的卷闸门界面，左侧为略呈斜线的围墙，右侧是建筑下方的门廊空间，门廊西侧的房间也许是后来加建，它使门廊空间显得更加逼仄。原有院落仅仅是连接院落大门和建筑门廊空间的通过式空间，既缺乏必要的过渡特征也难以吸引人们在此处停留。而改造后，原有门廊空间被整合进室内，院落右侧邻接的部分由门廊变成了建筑主入口，车库也成为会议室。建筑主入口和会议室都以玻璃为主的开放界面面对庭院。应对主体建筑、会议室与庭

图4 平面图

图5 弄堂入口（摄影：Eiichi Kano）

院之间分别的高差，建筑师将台阶分解为一系列不同标高的形式要素的组合，加强了三部分之间的空间连续感。会议室的玻璃门完全开启后可以与庭院融合为一个更加完整的空间。

主体建筑入口处也出现了一个相当于单个人尺度的斜向凹入空间，呼应巷弄界面和原房屋门廊斜边的角度，同时与院落入口大门小尺度的斜向凹入空间形成呼应，使从巷弄进入建筑主体的空间序列成为"巷弄—斜向凹入空间—院落大门—院落—台阶—斜向凹入空间—室内"。两处斜向凹入空间都促使通过者不知不觉以自己的身体尺度度量从巷弄到建筑室内的空间尺度，促使建筑师设计的空间层次被通过者感知到。建筑入口斜向凹入空间地面的水磨石材质，与室外台阶选用的水刷石形成对比，但与室内地面连续，这在院落入口的斜向凹入空间中也出现过。

在以上从城市巷弄到建筑主入口的各种处理策略中，钢板材质、斜向凹入空间和院落中的台阶处理都不是日常做法，但多个斜向凹入空间的遥相呼应，以及空间与身体尺度的紧密互动，都使之与空间的日常生活建立了关联。这些努力可以概括为"陌生事物的日常化"（图6）。

4. 对比中凸显——内部空间组织

原有建筑除会议室外，空间组织的特征颇似四开间二层砖混结构被一条斜线扰动。但原建筑因为分割为很多尺度相似但各自独立的小房间，使上述特征并不能在实际空间体验中被感知。改建设计对空间组织的改造一如对外观，弱化了原房屋中那条突出的斜线，却大幅度强化了规整矩形空间的秩序感（图7）。

无论一层还是二层，建筑师都有一个相似的处理原则，也就是将四开间中，中间两开间的墙体削弱到结构要求的最低限度，使其带有贯通

图6 改造模型（图片：车进）

大空间的一些特点。其中，一层除了一根柱子、一小段墙和天花上的梁以外，中间两开间之间再无障碍，空间贯通性更强，二层因为与配合坡屋顶的室内斜向天花交界处保留了一部分墙的实体，所以虽然从平面上看空间的贯通性不亚于一层，但实际上空间领域的区分还是比较明显的。

与中间两开间的贯通性形成鲜明对比的是两端开间的封闭性——几乎所有独立房间，如模型室、小会议室、图书馆、事务所负责人办公室、楼梯间及卫生间等，都布置在两端的开间里面。一些可以与中间贯通的大空间相似的使用功能，比如工作室，出现在两端开间时也更加强调自身的独立而非贯通性。

二层各开间交界处自西向东的三道横墙，与斜向天花交界面呈"八"字形，是建筑师凸显空间秩序的关键。西面一道中部为楼梯口，"八"字形顶部敞开，只在中间偏上的位置设计了一条横梁；中间一道下部开

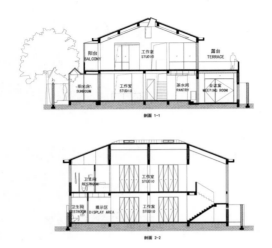

图7 剖面图

设大的洞口,使空间接近贯通,但上面"八"字形基本完整,只是在山尖处设置竖条状洞口,并在洞口处安放向上照射、夜间可以把天花照亮的射灯,进一步削弱墙体承受来自上方重力的沉重感;右面一道则以实体墙面和部分洞口为主要形式。这样,三道横墙在开放和贯通程度有别的情况下,形态上连续性很强。三道横墙中,东西两道在形态上都可以理解为其各自一侧封闭实体的一部分,中间一道则相对独立。建筑师可能意识到三道横墙"八"字形顶部处理有意无意间暗示了轴线和对称性,所以顶部向北的天窗不仅有接纳漫射光的功能意义,也有在视觉上打破对称性暗示的考虑。

当房屋间的尺度不再均质时,开放与封闭、通透与私密的对比使各自的空间特征得以凸显。当相似的要素并置却并不强求一致时,要素间相似中的微差得以凸显(图8、图9)。

图8 二层天窗（摄影：Herman Mao）　　　图9 图书室（摄影：Eiichi Kano）

5. 神之所在——建筑细部处理

本文把细部说成"神之所在"，"神"既可以指"神在细部中"（God is in the detail）[5] 所说的主宰秩序的造物主，也可以指中国成语"形神兼备"中的"神韵"——虽然此解读有曲解名言之嫌。五原路工作室的各种细部处理，在很大程度上既体现了理性的秩序感，也充满着感性的神采。

室内白色抹灰墙面的抹圆角令人印象深刻。抹圆角会起到什么作用，与圆角的尺度密切相关：较小的圆角更像是直角的一种处理方式，太大的圆角则凸显出墙的厚度感。与之相似的例子是维也纳分离派建筑师约瑟夫·霍夫曼（Joseph Hoffmann）认为威尼斯总督府转角处细螺旋柱的作用是将邻接的两个面在视觉上分离开，并减小了墙体厚度的视觉感知，这成为霍夫曼 1905 年设计布鲁塞尔斯托克勒宫（Palais Stoclet）使用阳角处理青铜接缝的灵感来源。[6] 五原路工作室白色抹灰墙面的圆角使相邻两个面更加连续，是其与威尼斯总督府或斯托克勒宫的角部处理所达到效果的不同之处，但在 3m 距离之内明显可见的圆角效果，不但增加了墙面的光影细节，在减弱墙体的厚度感上与威尼斯总督府和斯托克勒宫有异曲同工之妙。且圆角严格限制在竖向使用，在横向位置比如窗台，与之配合的是纤薄且稍伸出墙面的窗台板，加强了这种"薄"的效果。

水磨石楼地面边缘以 20mm 宽、10mm 深的凹缝与墙体区分开，一方面避免了材料交界处施工不可避免的相互干扰，另一方面由于这一可见的小尺度构造节点的暗示，水平向的楼地面与垂直向的墙体在视觉感受上承担了各自的角色。

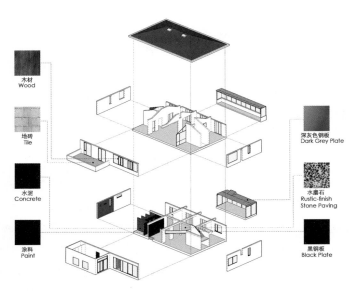

图10 材料分析

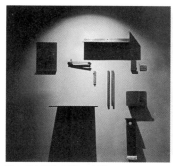

图11 五金配件（图片：车进）　　　　　图12 厕所通风窗（图片：车进）

卫生间的通气窗因其只有 500mm 见方，尺度较小，墙的厚度便成为其启闭不方便的因素。建筑师设计其上下墙体为斜面以扩大室内操作面积，下部的斜面按照人的胳膊的尺度，采用部分斜面的形式，形成了一个别致的建筑细部。

这些细部都与日常使用和感知密切相关，依靠它们，才使戏剧性不流于失当浮夸，才让日常性得以准确凸显（图 10—图 12）。[7][8]

结语

思考的准确表达有时难免需要引经据典，而对于建筑师，五原路工作室应该是一个单纯得多的建筑。它并未承担更多超出其使用功能之外的额外意义，然而却对建筑的建造、使用和感知方面的问题做了收敛而恰当的回应。正因如此，此建筑才得以捕捉到各种"日常性"，并对之加以恰如其分的凸显。

（本文原载于《时代建筑》2016 年第 4 期）

注释

1. 在建筑学学科领域，"God is in the detail"的格言因密斯·凡·德·罗（Mies van der Rohe）而广为人知（见参考文献[5]），但更早的年代，法国作家福楼拜（Gustave Flaubert）和德国艺术史学家阿比·瓦尔堡（Abe Warburg）都曾有过相似的表述。另有在此基础上引申出来的、表述相反但同样强调细部重要性的格言"The devil is in the detail"也被广泛引用。参见维基百科条目：The devil is in the detail. [2016-06-19]. https://en.wikipedia. org/wiki/The_devil_is_in_the_detail.

参考文献

[1] 汪原. "日常生活批判"与当代建筑学[J]. 建筑学报，2004(8)：18-20.

[2] KOECK Richard. Cine-scapes: Cinematic Spaces in Architecture and Cities[M]. London: Routledge, 2012.

[3] 什克洛夫斯基. 作为手法的艺术[G]// 高建平，丁国旗. 西方文论经典：第五卷. 合肥：安徽文艺出版社，2014：81-98.

[4] MARCHE Jean. The Familiar and Unfamiliar in the Twentieth-Century Architecture[M]. Champaign: University of Illinois Press, 2003.

[5] MIES van de Rohn. On Restaint in Design[N]. New York Herald Tribune, 28 June 1959.

[6] 赛维. 现代建筑语言[M]. 席云平，王虹，译. 北京：中国建筑工业出版社，1986：139.

[7] 弗兰姆普敦. 建构文化研究[M]. 王骏阳，译. 北京：中国建筑工业出版社，2007.

[8] 巴埃萨. 物化的理念：以诗论的文字谈论建筑[M]. 路璐，周娴隽，陈栋，陈颢，译. 深圳：Oscar Riera Ojeda Publishers, 2015.

08

作为改造的一例小型"综合"样本
刘宇扬建筑事务所五原路新工作室札记

李博

刘宇扬建筑事务所新工作室（下文简称"新工作室"）位于上海五原路的居民片区内。五原路建于 20 世纪初的殖民地时期，周边社区有着典型的法租界形制，地块被切分为小尺度的各色小院，院内林落着两三层高的洋房。偶有几栋红砖外墙的小高层公寓楼，也是那个年代盛行的"装饰艺术"（art deco）风格。临街虽有着大小商铺食肆，却在街道两旁的梧桐树笼罩下并不显吵闹。这里曾是达官贵人们的住区，也受到张乐平等艺术家的青睐（图 1）。时光荏苒，如今五原路的住民组成已不似当年，不过岁月的沉淀没有被都市的喧嚣盖过，在城市和建筑的沉默中，凝固在了树木与老屋交织出的住区里。

从五原路主干道转入一处僻静的弄堂，在小道轻微转折处，起折的银色金属围墙怀抱出一片前院，背后升起白墙一面，屋檐下大扇横窗的玻璃映照出邻里和树木。这栋白色的老屋便是新工作室（图 2、图 3）。

1. 回到本体的减法作为改造的基础

建筑师与老屋结缘于 2011 年，当时工作室面临迁址，建筑师初勘现场之时便钟情于这座社区内的老屋，因种种原因，当年未能租下。2014年工作室再次迁址时，建筑师再度回访，老屋仍处于空置状态，便决定租下进行改造。由于空置多年，房子欠缺维护，与旁侧的植物共同交织出一丝废墟的气质。"当我们遇到它时，就好像发现了丑小鸭。"建筑师刘宇扬这么形容。

然而"丑小鸭"的现状是复杂的，过时的表皮、过小的空间分隔、欠佳的光照环境等问题都亟待解决。建筑师对于"丑小鸭"的改造首先从整体空间格局开始。入口处的门廊和二层露台这两处梯形半室外空间，在改造后被纳入室内；南向背面的阳台同样被包裹成为室内过廊，下方地面抬高后则围合出一处阳光房。从大的格局上，各处零散的半室外空间被收归整合进室内，建筑的气候边界变得完整，整体轮廓更显饱满。这几处原半室外空间虽然被墙体在气候上划入室内，但大面积的玻璃开窗使得这些边界上的内空间反倒在视感知上拉近了与室外的距离（图4）。

内部空间和结构的改造延续着这一思路。老屋的平面轴网得到保留，内部部分的墙体则被取消，重整了原有小房间为主的格局后，一二层的中

图1 改造前的老屋

图2 入口建成效果（摄影：Eiichi Kano）

图3 南立面全景（摄影：Eiichi Kano）

央空间成为工作室主要的办公空间。贯通的大空间加上外界面大面积的玻璃开窗，极大改善了室内的自然光照条件。

在常见的内装"改造"项目中，设计多关注覆面以及视觉呈现的效果，追求单纯意义上做加法的"穿衣戴帽"，具体的物理性能和空间品质往往退居其后成为第二位的考虑，"改造"也就收缩成为字面上的意义，更多成为了非建筑学意义上的"装饰""装修"。与此不同，新工作室的改造操作显然以减法作为基础：装饰性的过时表皮被拿掉，换以白色外墙漆；内部限制空间使用的墙体也被减去，整体的中央空间得以突显；几处纳入室内的原半室外空间虽增加了室内面积，看似加法，但零碎的空间片段收纳为整体后，建筑轮廓的复杂度降低，可视为整合性的减法处理。这样的操作关注空间与结构的重组，保留了老屋身上核心的固有属性，因时代和功能转变而不再适用的部分则进行了重整。改造后的老屋剥去了陈旧的外衣，显露出原有的骨骼。新工作室的改造思路，并非以预设的视觉结果作为目标去反推设计，而是充分聚焦于改善建筑的核心性能，并将改造的工作诚实地呈现出来成为最终的视觉结果。改造后的老屋，空间、结构、气候和光照等核心性能全面提升，老屋可以更有力、灵活地面对当下和未来，满足当代办公空间对功能和舒适度的要求，成为多重意义上更可持续的建筑，并且以此获得了全新的面貌（图5、图6）。

2."半自宅"属性中交织的日常与陌生

相比其他项目，建筑师在工作室的设计中身兼设计方和业主的双重角色，这无疑让项目投射了更多的日常属性。如彼得·卒姆托等不少建筑师，甚至将自宅与工作室设计在一起，如此一来，生活化的具体场景便自然地进入了工作空间。新工作室虽然并未设计有可供居住的房间，

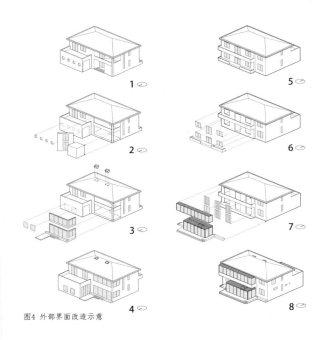

1 ⊘ 5 ⊘
2 ⊘ 6 ⊘
3 ⊘ 7 ⊘
4 ⊘ 8 ⊘

图4 外部界面改造示意

但老屋固有的空间和结构尺度都更接近住宅而非办公建筑,而社区的生活化气氛浓厚,事务所员工间的同事关系也较为亲密,这一切都为新工作室平添了几分"建筑师自宅"的色彩。

"它既是放松的也是有压力的。放松在于我可以决定一切,包括工程预算、工期,当然还是有时间的要求,但不像一般项目,在设计阶段会有时间上的压力或者汇报的压力,但这个项目没有,是处于真实地要面对自己内心的一种状态,但同时它的压力在于我们是真真实实要使用它,而且不是我一个人使用,是事务所的全体同事。"建筑师刘宇扬谈道。上一刻还在计算工期和预算的建筑师,下一刻也许就在推敲具体的材质和构造设计。这样的工作节奏,要求建筑师在工程控制到设计推敲之间平滑地转换角色，控制预算时更要诚实地面对自我"真实的内心状况"。

这种"真实的内心状态"中对于新生活的追求具体反映在了新工作室改造的用材、构造等各个层面。在剥离原有外衣之后，新的覆材和构造做法进入到老屋中来。从前院走入，左侧是由卫生所车库改造而来的会议室。门前的台地使用了水刷石铺地，露出的骨料细小而圆润，若非穿着厚硬底鞋，站于其上可感觉到石粒微妙的凹凸。走入室内，地面采用了同样的材料，工艺做法则由强调凹凸的水刷石改为找平的水磨石，肌理与室外做法保持了微妙的距离，提示着进入日常属性空间的边界。

进入室内，大面积的白墙构成了空间的主要背景。与充满细节的水磨石铺地不同，纯白色的墙面显得较为抽象。然而，行走在现场，白色的墙面并非处于彻底抽象的状态，周边植物映衬下的光影渐变以及家具的陈设都让这道纯白的背景多出了一些温度。此外，所有人能触摸到的墙角转角都打磨处理成圆角，原本墙面明暗转换的硬边界在此成为了柔和的退晕色边框，同时也提示着行走时身体与建筑的关系，让人下意识地伸手去触摸。在接近地面30cm的部分，墙边则保留了原有的直角，这一作法源于对水磨石压条构造的退让，却同时意外地在视觉上暗示了现场并不存在的踢脚线。在此，观者对于踢脚线的感知徘徊于有与无之间，在构造细部的微妙暗示下，陌生的体验也在潜意识里往日常经验靠拢。

若我们重新回到室外入口处，会发现老屋西北角原有的室外圆柱也得到了保留，似乎与室内墙角倒角的做法形成了某种回应；而里弄弯折的边界和工作室院门、入口两处斜向的大门，也形成了某种具有深意的同构。这类暧昧的暗示试图将观者的陌生感与日常经验编织在一起，并在新工作室的细部设计中反复地出现。

从邻居的视点回望新工作室，可以看到所有门扇和窗框只使用了钢和木材两种材料。T字形剖面钢框架边缘纤细而挺立，配合中灰色用色，

图5 墙角倒角与水磨石地面（摄影：车进）　　　图6 室外台阶面水刷石（上）和水磨石（下）
（摄影：朱思宇）

使得钢框在日间消融在暗色的窗洞中。相反地，可开启的门窗则包裹了粗木框，与消隐的钢边框形成戏剧化的对比，视知觉与触觉在此通过材料和尺寸的反差处理产生了微妙的通感。粗木框提示着门窗可开启的属性，木材的触感似也在邀请着观者伸手触摸，日常的经验由视觉和触觉的通感进入到观者的认知（图7）。

　　这种非常规做法的金属和木框显然是定制的，而黄铜制的门窗把手和插销也经过了精心挑选。为此，建筑师甚至在首层洗手间入口处设计了小型的五金件展览，这处室内唯一的黑色墙面上展示着定制的不锈钢框架局部和黄铜插销件。在灯光下，金属反射出细腻的光泽。在这处私密空间的入口，人的感知无疑变得更加敏感，而这些充满质感的构件则再一次放大了观者对于日常触觉的感知。

3. 自我和对外持续对话中的试验与调整

　　新工作室的设计并非一蹴而就，而是在不断的修改和使用中迭代而来。"半自宅"的属性除了在设计前期定义了建筑师的双重角色，也在建成之后给予了建筑师对材料、构造、空间等各方面更多调整的余地。从 2014 年 1 月开始设计，3 月开始施工，6 月搬入，传统意义上的设计和施工周期只有短短半年。然而，在搬入使用的同时，建筑师也一直在经营它。第二年，入口和图书室进行了改造，成为了如今的模样。带有试验性质的水磨石铺地在使用一段时间后发现问题，色泽不如预期，卵石也易于崩裂。会议室地面在后期加入了混凝土固化剂，加固后耐磨性增强，而色泽也更为理想。因效果良好，2016 年 5 月室内铺地全面进行了加固处理。可以说，新工作室事实上真正的硬装完工要算到 2016 年。

　　除了在硬件施工上的调整，另一方面，设计前期也为空间上的软性布置留有了较大弹性。去除了部分内部墙体后，新工作室除在周边留有小房间，中部大空间基本处于开敞状态，家具的摆放可因人员数量和功能需求作出修改，部分门洞更直接留空，只作为空间分隔的暗示而非实体隔断，而多个须作隔断处也采用了半透明玻璃推拉门和折叠门。功能分布的调整在工作室搬入后具体地发生着：一楼南侧的阳光房原为会议室，而随着储物需求的增长，最终转化成为材料室；因协作团队的加入，二楼的办公空间则划分出来一半，作为协作团队的工作空间（图8、图9）。

　　"使用，并非由既有的功能分区来界定，而是在特定的时间和场所，通过我们实际的行动而产生。"刘宇扬谈道。正是这些具体的调整，建筑的功能分布就不再只是图纸上标注的"会议室""工作室""图书室"等冷冰冰的文字，而是还原为容纳真实生活和使用体验的有温度的场景。在作为"半自宅"的新工作室改造中，建筑师在项目的时间和空间上都有条件持续地与自我对话，而不断迭代的设计调整也成为了自我意识和经验与物质世界综合对接的接口（图10、图11）。

另一方面，正如水磨石地面所经历的调整，新工作室在内部与外部也遇到了其他问题。对内，因为缺乏对风压的正确预估，非常规的木窗框做法使得南侧的几面外窗出现了漏水的情况。建筑师以此作为教训，做出了散水的修改处理，完善了这套钢框和木窗系统。恰恰是在这样的后续使用中，建筑师的角色从设计者转换成为使用者，得以真正地在具体的使用中去检测试验的结果并作出修正，并非以建成作为工作的终点，而是以一种渐进式的迭代去不断改良。

对外，新工作室的施工也与邻里发生了一次摩擦。在2014年的第一稿设计中，首层西北角的室内空间直接推到了里弄的折墙处，通过在外墙上设置巨大的飘窗，里弄和新工作室入口处的微展览空间在视线上得以对话，以期在居民区里重现原社区卫生所所拥有的公共性。一如众多城市居民区施工普遍面临的投诉问题一样，新工作室的施工带来的噪音、粉尘、人员进出引起了居民的不满。在外墙的飘窗施工成形之后，居民以此为缘由将其举报了。建筑师很快作出发应，拆除飘窗，将入口大门和院墙的钢板延伸至已拆除的院墙，成为了现在的状态。"这个（飘窗

图7 室内门窗（摄影：陈颢）　　　　　图8 留空的门洞（摄影：Eiichi Kano）

图9 折扇门（摄影：Eiichi Kano）

图10 一层空间（摄影：Eiichi Kano）

图11 二层中央办公空间（摄影：陈颢）

的）对话关系并不是居民所认可的，而实际上在我后来的体会中他们更多地把这个弄堂当做一个半私密空间，这里半私密和半公共有很微妙的差别……发现在上海这些弄堂里，其实墙还是维持一个连续界面，可能从二、三楼可以看下来，但是毕竟是有一个距离和角度的，所以人们在这个空间里还能够保有自己的私密感。这一点跟我们专业人士的理解是有差异的。"建筑师刘宇扬总结道。

4. 作为改造的一例小型"综合"样本

在过去 20 年间，中国城市经历了前所未有的建设热潮。作为参与过库哈斯主笔《大跃进》（*Great Leap Forward*）的刘宇扬建筑师无疑对这一时期的建设是熟悉的。在大建设逐渐降温之后，建筑师在未来将迎来越来越多城市内的改造项目。众多在 1970、1980 甚至 1990 年代大量建成的建筑，它们身处城市核心地带，但在结构、空间、物理性能上却难以满足当今的使用需求。除去大规模的拆迁重建，那些本身形制良好、承载着集体回忆的老屋、老厂房，能否在时代所迫的泯灭之外寻找到一条改造重生的道路呢？而怎样的改造才能不流于单纯视觉上的追求，而能从本体上为老建筑赋予新生呢？

如果认为建筑学是建立在知识和理性之上的一门具有部分科学属性的学科，那么改造项目也许可以被视为综合了学科多方面要素的一类项目：它要求建筑师既对现有建筑的历史、文脉、物理属性有理性的分析判断，又要求以此为基础，在创作中加入经验去面对未来的需求，迎接对新生活的想象。这样的要求，正如康德在《纯粹理性批判》（*Kritik der reinen Vernunft*）中提出的 "先天综合判断"（synthetische urteile a priori），才能让建筑学回到学科本源，促进新知识的产生。康德意义上的 "先天"（a priori），要求我们抛开经验去考察事物本体并作出 "分析判断"（analytische urteile）；而 "综合"（synthetisch），并非指机械地将各项要素合并增加成为整体，而是试图统合不同的 "后天"（a posteriori）经验要素并将其压缩合成。那么，"先天综合" 则要求我们首先对 "素材" 考察，对建筑的 "先天" 属性进行判断，从结构、构造、材料、功能、社会等建筑学的基本问题出发，发现问题；进而，在经验进入之后提出自己 "综合判断" 的预想，并不断作出修正。

新工作室的改造中虽然对表皮和隔墙做了减法，在细部构造和材料上也作了再造和添加，但这些操作都可认为是 "综合" 的一部分，因为它们统一地指向同一个目标，试图将老屋与新生活以 "综合" 的设计压缩成为一个整体。新工作室源于老屋改造，天生便具有丰满的可供分析的素材；而又因"半自宅"的特殊属性，需要建筑师投射更多的生活经验；同时，时间和经济上的自主，也为建筑师提供了从容回答上述问题的空间。由此，新工作室的改造设计也许可视为"先天综合判断"的一个不一定完美的类比。对于未来建筑师将面临的大量的城市建筑改造工作，刘宇扬新工作室改造规模虽小，却试图综合地去回答学科的各项基本问题，那么，它也许可以作为改造设计的一例可供参考的"综合"样本。

（本文原载于《建筑学报》2016 年第 11 期）

09

日常的陌生化
上海华鑫慧享中心

莫万莉

　　大舍建筑新近完成的华鑫慧享中心所在的漕河泾地区或许可以被描述为一个"匿名"城市。它不像陆家嘴那样有着显而易见的标志性建筑，或是像法租界那样有着独具特色的历史建筑。它以及很多类似的街区在很大程度上构成了我们日常生活的背景。倘若按凯文·林奇的基于环境心理学的城市认知理论来形容它，它会是一幅由街道、边界、节点、标志物和区域所建立的城市意象中的空白部分。[1] 尽管我们生活在其中，但它却对我们隐匿了自己的一切特征。这种"匿名性"并非来源于它的枯燥乏味。正相反，当我们行走在田林路或是桂林路上时，在穿梭的车流和人群中，在琳琅满目的店铺招牌的包围下，在尖锐的鸣笛声、律动的广告音乐、嗡嗡的谈话的混杂之中，我们恰恰能够感受到一种日常生活的最为生动和真实的氛围。然而，正因为这种氛围构成了我们生活之中无时无刻、不断被体验的场景，导致我们对它习以为常而不再有新奇之感。它的"匿名性"正源自我们对它的熟悉（图 1—图 3）。

　　这种现象被俄国先锋派艺术评论家维克多·什克洛夫斯基（Victor Shklovsky）定义为感知的习惯化（habitualization）和随之产生的自动化（automatization）。在什克洛夫斯基的经典文章《作为手法的艺术》（Art as Technique）中，他以第一次拿起一支笔或是说一门外语的体验与数以万次这样做之后的体验为例，指出了当感知被习惯化之后，"我们如

图1 鸟瞰（摄影：陈颢）

图2 西侧入口处（摄影：陈颢）

图3 北立面（摄影：陈颢）

同在观察一件袋中之物，通过它的轮廓我们便能够知晓它是什么，然而这轮廓也仅仅是我们所能看到的。（We see the object as though it were enveloped in a sack. We know what it is by its configuration, but we see only its silhouette.）"[1] 对这些袋之中物，我们的视线仅仅停留于基于常识的认知（recognition），而不再带着思考而观看（vision）。这种感知如浮光掠影，久而久之甚至连被感知之物的本质也被遗忘。正如什克洛夫斯基在文中所引用的列夫·托尔斯泰的日记，"如果许多人错综复杂的生活就如此不知不觉地度过了，那么他们的生活就仿佛不曾被度过。（If the whole complex lives of many people go on unconsciously, then such lives are as if they had never been.）"[1] 感知的习惯化与自动化吞噬着我们生活中的一切体验，甚至生活本身。而对什克洛夫斯基来说，艺术的目的则正是使人们克服感知的惯性而能够重新感受事物，使"石头显示出石头的质感（to make the stone stony）"[1] 达到这种目的的方法则是使事物变得陌生（ostranenie）。² 如果说正是熟知使得我们止步于瞬间的印象和常识的判断，那么陌生化则使我们产生困惑，使我们的感知过程如见到新事物一般被延长。

从特纳到莫奈，从立体派到波普艺术，陌生化的手法贯穿了现代艺术的发展历程。它或是氛围的模糊，或是透视的扭曲，或是大众物品的再处理，陌生化有意地改变了我们所熟悉的现实的特征从而更新我们对其的感知。³ 它使我们不再简单地满足于视力（sight）所看到的浮光掠影，而开始沉思我们所看到的与我们自身和周边的关系。由此，观与想，眼睛与心智被联系在了一起，简单的用视力看的行为被转变成了观看（vision）。⁴[2][3]

如果说建筑可以被视为一门艺术，那么它是否也能够通过陌生化的方式来克服日常体验的习惯化与自动化呢？大舍建筑的华鑫慧享中心，正是在如前文所描述的一个被我们习以为常的"匿名"的城市环境中，通过设计，在体量、材料与视野三个层面上产生陌生化，使我们产生疑惑、不断追问而重新思考建筑、城市与生活。

1. 离

当我们从虹漕路和田林路的交叉口进入华鑫科技园之时，首先映入

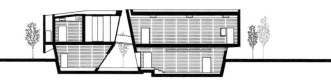

图4 剖面图

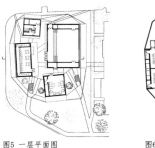

图5 一层平面图

图6 二层平面图

眼帘的是几栋办公楼。从它们四方的体量到规律的开窗所形成的立面，无不典型地表达着办公建筑对建造的经济性和空间效率最大化的追求。在这一片由立面构件、墙体和窗户形成的矩形色块肌理的背景中，一座白色的小房子跃然于碧绿的草地之上。与那些立面即是平面的投射的办公楼的直截了当不同，远远地看过去，它似乎有些令人捉摸不透。它呈不规则形状的白色外表面上仅有着极少量的开口，大片的白色墙面一方面似乎拒绝着周围的喧嚣环境，一方面也暗示着它如磐石般的坚固体量。然而，两个转角处的斜向或是竖向的切削却露出了它疏松的内部，还可以看到两部纤细的白色楼梯的底部。这些楼梯邀请着我们的进入，但它们所通往的地点却被上部白色体量遮挡。此时，我们开始疑惑：它究竟是一个坚固的体块抑或仅仅是包裹着建筑的一层轻盈的"屏风"？

　　顺着草地上的碎石小径，我们开始接近其中的一个入口。只有当处于它的入口之时，才会发现整座建筑原来落在低于地面 1.5m 的平面之上。下沉的处理最初来源于对建筑体量的控制，[5] 然而这也产生了意料之外的效果。如果说白色的"屏风"形成了这座小房子面对外部的边界，那么下沉则使得由碧草和碎石所象征的自然油然地越过了这道边界，而渗入到这一内向的小世界之中。这使得我们再一次质疑对它的第一印象。它不再如一块存在于绿地之上的磐石，而更像是一只暂时于此休憩的白鸟。下沉地面和小径的铺地材料的一致，以及白色楼梯与碎石路之间轻盈与粗糙的对比，更进一步地加深了这座建筑并非从大地中生长而出而像是自天空中降落的印象。

　　另一个发现则几乎要完全颠覆它作为一个坚固的体块的印象。碎石小径顺着草坡通向了下沉的地面，而落在它之上的，则是四个大小不一、互相分离的单体。基本上，每个单体由一个主要房间构成，分别对应着会议、演讲、接待等不同功能。通过对功能房间所共有的墙体的拆解，建筑师将一座建筑分解成为房间的聚落。不同单体之间在二层由天桥进行连接。"屏风"与四个单体之间的空隙则形成了四个不同大小的不规则庭院。部分单体在二层面向庭院出挑而形成从视觉上统领这一庭院的小阳台（图4—图6）。

　　这不由让人想起大舍的早期作品中所提炼出的三个操作性理念："离""边界"与"并置"。当"边界"既确立了整体也确立了单体的独立性之后，"离"和"并置"表达着单体与整体之间基于对自身特异性和独立性追求的抗争关系。[5] 基于这三个理念，大舍的早期作品中，往往呈现出如青浦青少年活动中心中的单体与整体之间的疏离的状态。然而与后者由正交几何网格所控制的理性、克制的空间效果相比，在这里，平面上互成角度布置的体块和倾斜程度不一的墙体使得这一房间"之间"

的空间更具有像峡谷一般的原始感。

但这四个单体是否真的完全处于"离"的状态呢？或许需要更为仔细地观察单体与"屏风"的交接部位来确认这一点。但这一细节的处理却反而加深了疑惑。每个单体在距离地面大约 2m 左右即二层楼板的位置向内侧退入约 1.2m 的距离，[6] 而单体的表面则下垂至距离地面约 0.6m 处。倘若"屏风"仅仅是四个单体之间的连接，那么这道下垂则不会出现。而倘若"屏风"是包裹着四个单体的共同"边界"，那么在这个交接处，它应该是一道连续的折线。但呈现在眼前的却是一个和单体的雨水沟宽度相同的切口。根据建筑师陈屹峰的介绍，每个体量及其立面上下垂的"屏风"原计划采用 150mm 厚的普通混凝土浇筑，而剩余的连接单体之间的"屏风"则出于结构要求，需采用相同厚度的高强混凝土浇筑。然而在施工过程中，由于工期的紧张和高强度混凝土的短缺，建筑师不得不使用普通混凝土来浇筑这一剩余部分。由普通混凝土浇筑的"屏风"必须达到 200mm 的厚度才能承载自身的重量。在考虑如何处理这一 50mm 的厚度差时，建筑师决定做一个与雨水沟同宽、与单体表面的下垂部分同高的后退来形成过渡。这一切口不仅仅使得"屏风"仿佛有意识地由于单体的存在而产生了退让，也和单体自身的向内侧后退形成了一种非镜像的对称。于是，在这个"屏风"与单体交接的关键之处，它们在视觉形式上，既互相联系又互相避让，从而产生了一种若即若离之感（图 7—图 9）。

有意思的是，因为工期紧张和情况的突发，上述决定在相对较短的时间内被作出，因此具有一定的即兴性。而正是这一临场发挥的决定最终使得单体和"屏风"之间的关系变得更为扑朔迷离。如果说，在大舍的早期作品中，整体的"边界"构成了诸多单体在面对周边环境时的一个共同的、受保护的领域，因而两者之间的关系相对独立，那么在华鑫慧享中心项目中，正是单体"边界"与整体"边界"的模糊形成了单体和整体之间非"离"即"离"的暧昧关系。

2. 白色

回到对于这座小房子的第一印象：一座白色的小体量房子。在现代主义建筑的词典中，白色往往被等同于纯粹、真实与理性。柯布西耶的"瑞普林法则"（Law of Ripolin）将薄薄的白漆覆层与干净、明亮的现代生活品质和诚实与真实的道德品格相联系。[6] 对他来说，白色粉刷不是一堵简单的白墙，而是对构成墙体的不同材料个性的抹除和对客观、中性的背景的追求。因而，萨伏伊别墅最令人诧异的一张照片或许就是它的施工过程照。在那张照片中，尚未刷上白漆的砖墙和混凝土结构几乎就失去了它作为"绿草地上的白盒子"的绝对性与普遍性，而具有了一些地方气息和人工劳动的痕迹。

在大舍的建筑实践中，对白色的不同运用也是其设计特点之一。从青浦青少年活动中心、螺旋艺廊中的细密穿孔板到如门、灯具、扶手等的建筑元素，均以白色呈现。建筑师祝晓峰认为大舍的作品包含一种对材料质感有意识的减弱和纯化，以达到一种抽象呈现的效果。[7] 华鑫会议中心也不例外。当人们尚在远处之时，它纯净、耀眼的白就从低纯度的色彩背景中跃然眼前。然而当人们走近之时，又一次意识到第一印象受到了挑战。

它的白不是纯粹、抽象的白，而是白色表面呈现出水平向的木质条纹肌理。我们开始疑惑它的材质，它是否是白漆木质完成面？然而均匀分布的锚干眼让我们通过建造常识确凿地认定在这白色覆层和木纹肌理之下的应是混凝土墙体，而木纹肌理则是浇筑混凝土时所用的模板留下

图7 建筑内部下沉的地面（摄影：Eiichi Kano）（左上）
图8 互相分离的四个单体（摄影：Eiichi Kano）（右上）
图9 东侧入口庭院（摄影：陈颢）（左下）
图10 讨论室（摄影：Eiichi Kano）（右下）

的痕迹。倘若柯布西耶式的瑞普林白是对不同材料痕迹的抹除，那么，这里的白则是对这种痕迹的强化。这让我们想起了美国现代画家罗伯特·莱曼（Robert Ryman）的一系列以不同笔触绘于不同质感的画布之上的"白"画。对于莱曼来说，他"从不觉得白色是一种颜色……它有一种使得事物变得可见的能力。你能够通过它发现更多细微的差别"。（I never thought of white as being a color... White has a tendency to make things visible. You can see more of the nuance.）"白"使我们在莱曼的画中更多地注意到那些"非白"的部分，无论那是画布本身的材质和肌理，或是"白"中透出的点点其他色彩，或是形成它的不同笔触。

在华鑫慧享中心的会议室室内，混凝土被暴露了出来（图10）。通过内外表面材料的观察与对比，可以发现，"白"抑制了混凝土的表达，而使木纹肌理的细微差异变得更为明显。抽象的白和丰富的肌理以及混凝土自身的叠加，使得最终的墙体在这三者之间具有了一种模糊的意义。在水无濑的町家项目中，日本建筑师坂本一成也运用了类似的手法，将混凝土在室外与室内分别刷上银漆和白漆。对他来说，这种手法是对当代建筑中材料的拜物和材料的抽象这两个极端的反思。他希望通过"既不完全呈现材料，又不将它完全消解，以此来表达材料所应该具有的丰富性"。通过对材料约定俗成的使用方式的"错位"处理来消解它们习以为常的社会意义，从而挖掘出它们新的一面。[7]

无论在水无濑的町家或是华鑫会议中心，这种"违背"材料日常表现的"错位"是一种陌生化的手法。对于普通的观者，它让人产生耳目一新之感，而对专业的建筑师来说，它则促使我们去更为深入地思考覆层与墙体、本体与表现（representation）、过程与结果等与建筑学息息相关的问题。从这一角度来说，这层"白"远比柯布西耶式的瑞普林白要来得丰富和意义深远。

3. 观看

最终，我们处于了这座小房子的内部，而我们的视线开始转向它的外部。我们诧异地发现此刻我们所熟悉的外部景象如同蒙上了一层面纱一般而变得生疏。

当站立于下沉的地面之上时，我们的视线恰恰落在了由草坡和"屏风"形成的缝隙之间。此时，"屏风"的木纹肌理由于距离而消隐，只剩下一片白色和漂浮于其之中的星星点点的小圆孔。1.5m 的下沉与人们日常的视角之间产生了错位。我们的视平线几乎与地平线重合：房屋的几何线条遵循着透视法则朝着地面迅速地变化着，而地面则从视野中消失了。我们能观察到车辆和行人的运动，却无法即刻准确地判断出他们的轨迹。我们仿佛是剧院中靠近舞台的前排观众，而这些日常的活动和场景则变成了舞台上的演出与布景。

而当我们处于单体出挑的平台之上时，白色的"屏风"恰好会挡着我们水平的视线，使我们不得不或是低头望向脚下的风景或是抬头仰望由周边建筑勾勒形成的天空。此时，"屏风"框构了我们的视野。它的"白"与富有细节的日常景致形成了强烈的对比。正是通过这种对比，它使我们重新体会到原本被忽视的日常之中的丰富性。

虽然我们依然处于日常世界之中，但却意识到了自己作为观看者的身份。观看的主体和客体之间的距离因此产生。我们不再仅仅单纯地用"视力"浮光掠影般地去看，而是用"眼睛"去慢慢地观察和思考。

（本文原载于《时代建筑》2016 年第 3 期）

注释

1. 凯文·林奇的城市意象理论通过街道、边界、节点、标志物和区域五个元素来描绘出城市居民们心中的一幅共同的城市心理图像。在他根据这五类元素绘制的波士顿、泽西城和洛杉矶的视觉形式分析图中，可以看到，日常生活所发生的街区往往成为了这些元素之间的空白区域。

2. Ostranenie 的英文可译为 defamiliarization 或 estrangement，中文可译为"陌生化"。

3. 特纳（1775—1851）：英国水彩画家。莫奈（1840—1926）：法国印象派画家。

4. 在发表于 1992 年 9 月的《建筑设计》（*Architectural Design*）上的《被展开的视野：电子媒体时代的建筑》（Vision Unfolding: Architecture in the Age of Electronic Media）一文中，彼得·艾森曼将观看（vision）定义为侧重将观与想、眼睛与思考相联系的视觉特征。关于眼睛与心智、观看与认知之间的历史联系的讨论，也可参考：《皮肤的眼睛：建筑与感官》（详见参考文献 [3]），尽管 Juhani Pallasma 对于西方建筑文化中视觉的主导地位提出了质疑和批判。

5. 来自陈屹峰建筑师的介绍。

6. 根据剖面图纸，1.2m 的空间应该是从二层出挑而形成的放置设备的空间。

7. 作者译自莱曼在 PBS 的"艺术：21"系列节目"悖论"一期中的访谈。

参考文献

[1] Victor Shklovsky. Theory of Prose[M]. London: Dalkey Archive Press, 1990.

[2] Mario Carpo. The Digital Turn in Architecture 1992-2010[C]. London: Wiley, 2012:18-19.

[3] Juhani Pallasma. The Eyes of the Skin: Architecture and the Senses[M]. London: Wiley, 2005:15-19.

[4] Jean La Marche. The Familiar and the Unfamiliar in Twentieth-century Architecture[M]. Champaign: University of Illinois Press, 2003:2-6.

[5] Bernard Tschumi. Architecture and Disjunction[M]. Cambridge: The MIT Press, 1996.

[6] 青锋. 境物之间——评大舍建筑设计策略的演化 [J]. 世界建筑, 2014（3）：82-91.

[7] [法] 勒·柯布西耶. 今日的装饰艺术 [M]. 张悦, 孙凌波, 译. 北京：中国建筑工业出版社, 2009：191-195.

[8] 王方戟. 对话大舍：关于上海嘉定新城实验幼儿园的现场问答 [J]. 时代建筑, 2010（4）：128-137.

[9] 张斌, 柳亦春, 陈屹峰. 对话大舍：关于上海青浦青少年活动中心的讨论 [J]. 时代建筑, 2012（4）：99-107.

[10] 《建筑七人对谈集》编委会. 建筑七人对谈集 [M]. 上海：同济大学出版社, 2015：48-49.

[11] 郭屹民, 张维, 陈笛, 等. 建筑的诗学：对话坂本一成的思考 [M]. 南京：东南大学出版社, 2011：33-35.

10

偶发与呈现
上海韩天衡美术馆的"合理的陌生感"

谭峥

图1 总平面

　　"难以言述"是童明建筑师的许多作品呈现过程的共性。在其"自言集"《从神话到童话》中，童明认为建筑师的任务在于恢复事物由于抽象归纳而被牺牲的丰富性，在于恢复神话曾经回避的感觉世界。[1] 在十余年的建筑设计实践中，他一以贯之地保持对整体性设计（total design）的警惕，对空间与复现（representation）关系的敏感，以及对客观世界的偶然性与自主性的敬畏，这也是童明所翻译的科林·罗（Colin Rowe）的《拼贴城市》在其建筑实践中所留下的智识影响。[2] 这一影响与童明对园林的研究一同作用于他的实践。童明建筑师所设计的董氏义庄茶室、苏泉苑茶室、天亚别院等项目均表现了对偶发性的尊重，而在 2013 年落成的韩天衡美术馆中，这种因偶发性而达致的复杂性成为了设计运作的主要驱动力（图1）。

　　2011 年，著名艺术大师韩天衡向嘉定区政府捐赠 1136 件艺术珍品，韩天衡美术馆项目同时启动，选址于嘉定南门处。韩天衡美术馆的旧址为具有70余年历史的国营嘉定飞联纺织厂（棉纺三十四厂），周边是一个具有丰富历史遗存的城市片段。基地处在南北向的练祁河与嘉定古城护城河所形成的T字形夹角的东北角，夹角处即是南门水关公园，基地所处的飞联纺织厂区东临博乐路，改造前厂区有一条水泥小路与博乐路相接。博乐路为沪嘉高速公路的终点，是嘉定老城厢内两条南北向干道之一（另一为城中路），又是日益重要的社区商业活动主街。护城河、南大街、水关与练祁河是传统的城市生活的主要发生地，在现代化过程中它们从城市的外向空间翻转为背向空间。这些空间元素在共时地发生着各自的历史变迁，韩天衡美术馆的建设就处在这种变迁的漩涡中，它既未回避这种看似喧嚣的变迁，也未试图成为这一历史激流的终章。在该馆的设计过程初始，东侧由都市实践设计的上海飞联新视界项目还未启动，博乐路的发展趋势并未明晰，项目的预算也曾经毫无预兆地大幅压缩，这些设计进程中的偶发因素却是童明建筑师所尊崇的即兴推演式设计的激发条件。

飞联纺织厂最初仅为3跨木结构厂房，后增建单层11跨锯齿形车间，一个大烟囱耸立在临混凝土小路的入口处。该纺织厂至改造前是一个以多跨钢筋混凝土结构的锯齿形厂房为主体的复杂建筑群，改造分两期进行，第一期为韩天衡美术馆，第二期为创意综合体"上海飞联新视界"。韩天衡美术馆位于整个厂区的西区，围绕锯齿形车间部分，南北受较高的精梳车间与青花厂房夹峙，并间杂各种库房、机房与管理用房。紧邻嘉定南门水关处原本也是一些零星厂房，后重建为韩天衡先生的私人工作室。基地北侧的原有小型厂房也被拆除用作停车场，与邻近的多层居民区相望。由于整个基地呈不规则的四边形，厂房与周边环绕的次要用房之间形成了几个三角形空隙，在改造过程中这些空隙都成为各种庭院

图2 一层平面　　　　　　　　图3 二层平面　　　　　　　　图4 三层平面

空间（图2—图4）。

　　2011年，美术馆的方案设计开始后，童明建筑师及其团队马上进入了施工图设计，随后在施工图设计的同时不停地修正方案。在设计过程中，主要改建措施为增加入口雨棚，插建进厅与东立面敞廊，增加并协调内部庭院，加建内外部回廊等，所有加改建都用氟碳板（部分穿孔）贴面。最重要的加建是将一个狭长的三层进厅空间插入既有建筑群中，替换了被拆去的两跨厂房。进厅的地下室存放了数台作为历史陈迹的纺织机，并可通过一楼地板上的玻璃窗窥视到。狭长三层进厅空间的一面与作为长期展厅的青花厂房在各层无缝对接，另一面向锯齿形屋顶的长立面则开启了许多不规则窗洞，配合内部高低错落的平台与楼梯，提供了在不同角度观看锯齿形厂房屋顶的可能。

　　锯齿形厂房具有工业建筑的标准特征，低矮平阔，结构具韵律，其山墙、屋顶与梁架都采用了一种类似现代主义建筑的形式语言。自然地，这一具有审美潜力的锯齿形厂房本身成为新的美术馆展示的一部分，它需要被公共地观看，而假想这种观看的路径成为组织美术馆空间的最基本的设计方法。观看可以是多角度的、连续的、体验式的，所有的既有结构的去留取舍就取决于该结构与锯齿形厂房的关系。因此，建筑质量较高的精梳车间与青花厂房被保留成为固定展览用房，厂房东侧一些质量不高的建筑物被拆除，北侧紧邻青花厂房的两跨厂房也被拆除。在施工过程中，一部分连续的多跨锯齿形厂房由于结构质量已不敷使用，因而进行了复建，其中部分也作了局部拆除，留空的部分构造了数个庭院，作为一种从内部观看一个连续的毯式建筑的孔洞。1500 ㎡的锯齿形车间被当做新的美术馆的临时展厅。锯齿形车间中靠西的筒子车间因其位置相对独立，在方案中被指定为报告厅（图5—图7）。

步行路径的各种变体是建筑师将散乱的空间元素通过叙事呈现的主要方法。最初的方案中有一道蜿蜒横跨在锯齿形厂房之上的步行道，步行道提供了更舒适的观看锯齿形厂房的视角，但是支撑步道的独立支撑柱一定会穿透现有的瓦屋顶，这就破坏了屋顶结构的完整性。最终由于结构安全与建造成本的原因，该步行道被取消，但是这一不得已的改动并未影响"观看"作为设计方法的事实，尽管观看体验不如最初的设计那般舒适，建筑师依然用各种可能的手段令观者从多视角去体验展示空间本身。比如在基地西北角的三角形庭院中，建筑师利用低矮的回廊将三面不同个性的外墙（两面管理用房外墙，一面报告厅侧墙）整合到一个空间中，回廊成为辅助观看的路径工具。仔细观察这一回廊的廊檐与柱列，可知其尺度与韵律来自古典园林的曲廊。通过拆除局部车间留出的庭院成为了扁平的临时广场的视线聚焦点。这一处理在单调重复的车间空间中设置了具有识别性的场所，并缓解了通道空间的压抑感。在报告厅外，建筑师设置了一个较大的庭院，并采用了园林的叠山理水方式。这里锯齿形的白色山墙作为庭院的背景，缓坡地面用以贮水，背后的假山石与竹林则逐渐消隐在水池之后，拉升了庭院的纵深感。这个庭院位

图5 锯齿形屋顶俯视（上左）
图6 锯齿形屋顶钢架（上右）
图7 锯齿形展厅外新建长廊（下左）

于三层高的加建进厅侧墙与锯齿形厂房下的环廊之间，极易生发江南民居的审美假想。整个建筑中有许多类似的关于江南园林的暧昧隐喻，但是它们往往是一些被撷取的语言片段，作为一个完整的建筑知识共同体的一部分，它们与其他非"本土"的建筑语言片段的地位是相当的（图8—图10）。

拆除一些附属用房后锯齿形山墙面的厂房完全暴露，建筑师为这面山墙覆盖了一道黑色氟碳板饰面的敞廊，于是整个朝向东面的建筑立面均被黑色氟碳板的加建部分包绕，余下的面向练祁河岸的内部管理用房部分则采用传统江南地区的白色粉刷，以标明空间"向"与"背"的特征。

建筑师在临河的部分设置了浅檐长廊,在整合西立面的同时也为后勤人员的进出提供了临时避雨处。在美术馆完成后,东面由都市实践设计的"飞联新视界"在面向美术馆的立面部分采用了与之相适配的局部黑色氟碳板立面处理,这种建筑师之间的默契配合最终共同成全了一段尺度适宜的步道空间。具有标志性的红砖烟囱被保留,并被提取为新的入口空间的宣示,烟囱的位置在整个建筑体量的东北角,作为入口并不是最理想的选项,但是由于基地并不直接面向博乐路,高耸的烟囱正好能够从博乐路上方便地看到。在入口雨棚的底部,建筑师设置了一个水池,烟囱正好落于水池之中,烟囱后面入口雨棚的侧墙底部为一排扁柱,隐喻传统园林中打开的连续门扇,扁柱背后是入口雨棚与青花厂房之间的竹院。目前,入口大烟囱前的广场已经成为社区活动空间,这种运用现成的构筑物进行场所营造的处理方式反映了童明实践中的城市建筑学理念,亦与科林·罗的思想契合(图 11)。

童明的建筑作品的特征是显而易见的,它们多半处在有一定建筑密度的当代江南城镇环境中。近代形成的江南的城镇往往较早地进行现代化转型,它们不是完全的前现代状态,而是一种异质元素共存的过渡状态。一方面,传统的水文系统、道路脉络、公共设施与部分的城市肌理得以保留。另一方面,局部的工业化在近代就已经开始,各个时期的建筑不断插入,近期的地产开发更是剧烈更动着固有的城市结构。在这种流转的、非自觉的物质变迁中,作为文人之一部分的建筑师一直怀揣着遗世独立之梦。园林是这种梦境的主要类型,文人的园林与庶民的坊肆是传统世界里两种对立共存的环境。作为一种列斐伏尔(Henri Lefebvre)所谓的"空间之复现"(Representation of Space),园林是一种想象中的自然的图解与抽象,这与山水画的功能相似。[3] 而园林又是真实的物质空间,与媒介表达有着根本差异。童明对于作为抽象复现的园林与日常城市复

图8 后勤及管理区域的三角形庭院及回廊　　　　图9 进厅后庭院及水池

图10 西侧沿连祁河连廊　　　　　　　　图11 美术馆入口雨棚

杂性的矛盾并不回避，童明作品中的园林元素是随处可见的，甚至可以说童明的许多建筑组件的原型来自江南园林或民居，比如韩天衡美术馆中的深浅檐廊道、方形庭院、入口雨棚后透空的竹院、连续山墙乃至具有回马廊特征的三层进厅。园林是童明的设计操作工具，作为复杂的现实世界的"镜像"，造园的过程是在看似无序的偶然世界中通过对现成物（ready-mades）的组织以达到某种秩序。[4] 同样，童明刻意从事无巨细的模型与图纸掌控中退出，将一定的偶发因素交还现场。

当代的江南城镇不是建筑师一厢情愿的清一色粉墙黛瓦，不全入画境，更非乌托邦。童明作为一个具备建筑学与城市规划双重教育背景的空间叙事者，一直试图让复杂的城镇环境去自主地叙事。在韩天衡美术馆中，偶发的设计条件变更、成本压缩与施工中的新发现都可以左右之后的设计进程。美术馆的第一稿方案在2011年就完成了，之后由于施工中的不断调整，童明没有能够完成一套完全反映建成状况的图纸，直至近日因成果展示的需要才重新绘制，但是这并不影响建成作品的质量。相对于许多当红建筑师，童明对最终使用者的适度改造也是宽容的（包括室内二次装修与局部用途改变等），因为这就是城市建筑的必然生命过程之一部分。

受到各种设计过程中的条件变更与突发事件的影响，建筑师解决问题的过程必然是不完全遵循计划的。最终的结果满足了不断发生变化的设计条件，也必然是超出模型、渲染与小样这些复现方式的掌控能力的。这种陌生感给予了作品以本雅明（Walter Benjamin）所谓的"灵晕"（或原真性）。"灵晕的消逝"常被当作一种审美价值判断来使用，泛指大批量复制的机器媒介时代，任何艺术原真性丧失的现象。"灵晕"一词在本雅明的论述中的含义有三种：时间与空间的特定编织与呈现，即可理解为时空的原真性；在与使用者身体的密切接触中，作品呈现使用者的生理特征，如家具与衣物；观者在观看作品的过程中，作品也变成了一种可以观看观者自身的主体，作品成为一种物质偶像。[5][6] 建筑学对本雅明的熟稔源自对《拱廊计划》的兴趣，消逝中的拱廊既是激变的工业革命中转瞬即逝的城市日常空间，又是大规模商品生产与交易前夜灵晕消逝过程的产物。[7] 相反，一旦作为商品，或者以商品的方式设计并呈现，建筑作品必然是符合某种预期并满足某种特定体验欲求的。在童明的建筑设计观中，作品的合法性并不来自预先的计划、策略或复现，而是来自作品显现过程中的一系列无法预测的偶然事件，来自建筑师对这些偶然事件的即时应对，来自作品因合乎这些不可预测的情理而产生的陌生感。

童明建筑师对"合情理的陌生感"的追求符合本雅明的"灵晕"概念的第一与第二种解释。首先不言自明的是，童明的实践是自觉在一个特定时空中进行的，并强烈地指向一种时空原真性。其次，在作品逐渐现形过程中，各种塑形力量在对象身上留下了无法复制的痕迹。童明对这种即刻即地的不可预判的呈现有着一种近乎偏执的坚持。至于童明的作品是否试图唤醒作品本身的主体性，使之成为观者或使用者反观自身的工具，鉴于童明的作品与写作中很少明示这一点，笔者认为这并非是童明刻意追求的效果，这也是由建筑学本身学科特性决定的。可以确认的是，在童明的设计过程中，设计思考的策略、操作与工具是作为"镜像"存在的，是作者与作品在一个投射世界的交流媒介。与此同时，建成环境对象不具有被整体地"凝视"（gaze）的可能，除非它刻意成为一种乌托邦式的复现物，如模型、渲染、照片与展示。童明的设计哲学是反对"凝视"的，尤其反对将其作品当作一种纯粹复现物来观看。设计操作者只有深入设计对象的从模糊到清晰的呈现过程，才能实现其作为作者的价值。这种呈现过程很有可能超出观者对作品的审美预期。

"本土"与"现代"在各种建筑评论话语中常常被设置为一对矛盾。对童明来说，"合乎情理的陌生"并不是"本土"的反面，相反，这种陌生感是在现代性语境中的本土性的写照。[8] 童明认为，本土化就意味着将不断涌现的新事物进行归属化，本土化是一种持续的过程，并不存在一个宏大叙事的、符号化的、乌托邦式的"本土"。但是，这并不说明设计过程中的任何步骤、策略与语言也是陌生的，这些策略与建筑手段依然是在一个庞大的、自主的建筑话语库中选择的。韩天衡美术馆是这种建筑语言共同体与临场设计之间矛盾的最好范本：呈现它的步骤与策略来自一个在信息爆炸时代被压缩的庞大话语共同体，没有人能够预先得知它的全貌，将其局部现形的方法就在实践当中。建筑师所能做的只能是在不可预见的神启性过程中静候一个"陌生"真相的降临。

（本文原载于《时代建筑》2016 年第 3 期）

参考文献

[1] 童明. 从神话到童话 [M]. 北京：中国电力出版社，2009.

[2] Rowe, Colin & Koetter, Fred. Collage City [M]. MA. Cambridge: MIT Press, 1983.

[3] Lefebvre, Henri. The Production of Space [M]. Oxford: Basil Blackwell, 1991.

[4] 童明. 迷宫与镜像：关于建筑话语的印象 [M]// 童明，董豫赣，葛明. 园林与建筑. 北京：中国水利水电出版社，2009.

[5] Hansen, Miriam. Benjamin's Aura [J]. Critical Inquiry 34 (Winter 2008): 336-375.

[6] 瓦尔特·本雅明. 迎向灵光消逝的年代：本雅明论艺术 [M]. 许绮玲，林志明，译. 桂林：广西师范大学出版社.

[7] Benjamin, Walter. The Arcades Project [M]. Trans. Howard Eiland and Kevin McLaughlin. Cambridge, MA and London: The Belknap Press of Harvard University Press, 1999.

[8] 童明. 何谓本土 [J]. 城市建筑, 2014 (10): 25-28.

11

漫游林木间
理解"林会所"的十个关键词

金秋野

通州古称潞县，是中国历史上著名的京杭大运河北运河段的起点。从地铁六号线潞城站出来，南行1km是北运河大桥，站在桥上远眺辽阔的大运河森林公园，最先映入眼帘的是一组暖灰色的举折屋顶，紧凑又舒展，绵延在运河南岸。这个建筑就是华黎设计的"林会所"，一个位于公园内的旅游接待设施，包含餐饮、咖啡等休闲功能，也有小型的展览和文化活动空间。4年前项目开始的时候，这里还是一块紧挨着城中村的荒地。1800㎡的建筑一造四年，外面的世界发生了翻天覆地的变化：2014年6月，大运河被列入世界文化遗产名录；9月，通州、武清、香河三地水务部门签订战略合作协议，北运河有望于2020年复航；2015年，北京市委通过了《京津冀协同发展规划纲要》，通州正式成为北京市行政副中心，总部就设在潞城。可以预见，这里将来必定人声鼎沸、热闹非凡。但到目前为止，林会所仍矗立在水边，静待草木生长（图1、图2）。

从建筑学意义来看，林会所是一个典型如教科书般的案例，它在方案构思、形式操作、建构次序、空间表现等方面清晰严谨，但在结构组织方面故意保留了一些含混多义的特征，空间形态轻盈含蓄，材料表现质朴厚重。方案构思建立在现代工业生产条件之上，实际建造过程却烙上了深深的手工操作印记。对此，本文拟从10个方面进行扼要的阐释。

图1 鸟瞰（摄影：夏至）

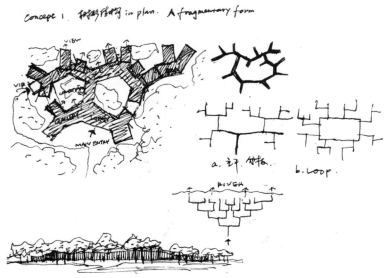

图2 概念草图

1. 自然寓意

与设计师此前的方案不同，本方案选取"树木"为构思起点。这是一个颇为具象的立意，在作品最终营造的空间氛围中得到了很好的体现。其实梁柱体系本身就有树林意象，但因框架结构的矩阵形态而大大削弱。具象容易被理解为浅薄。一些设计师抛开顾虑，尝试从树形出发进行方案构思，前有赖特的约翰逊制蜡公司总部大楼（S.C.Johnson Administration Building），[1] 后有伊东丰雄的表参道 TOD'S 大楼和多摩美术大学八王子校区图书馆，以及石上纯也和小西泰孝合作设计的神奈川工科大学 KAIT 工房。赖特的设计塑造的是高耸入云的纯白树伞（图3）。伊东的两个设计，前者只是带厚度的平面树影，有形无象（图4）；后者虽采用了"墙拱"这一特殊的结构，但仍然具有较强的绘画特征，有象无形（图5）。石上方案专注于"森林空间"的经营，用纤细的变截面柱诱发"密林"观感，使框架结构的理性规则消融其间，其实与树形没什么直接联系，像阿尔托在玛丽娅别墅中追求的"森林空间"（图6）。林会所的做法较上述案例都更接近树林本身，从树干到枝桠，从质感到树影，甚至头顶空隙的一角天空，都一一加以复现。

但在结构形式上，林会所的"树形"并不是绘画般象形模仿的结果，它来自材料和结构组织的客观呈现，是建筑自身关系推敲的结果。与约翰逊制蜡公司内部空间追求的圣洁纪念性不同，林会所希望达到的空间效果是树林气氛的进一步摹写，即光影扶疏、枝条摇曳、清风徐来的自然亲切感，与身边真实的树林融为一体。[2]

与树木结构的相似之处尚不止于此：建筑整体抬高的基座如同地表，下面纵横的基础如同根脉，其上由主枝和细小的分权共同编织成网状，由 3 种不同的单元高度塑造出连绵起伏的屋面，较水平屋顶更像树林。

图3 约翰逊制蜡公司内景（图片：Frank Lloyd Wright, Complete
　　Works: 1917-1942. Taschen, 1910: 294.）

图4 表参道TOD'S大楼外观（图片：程艳春）

图5 八王子校区图书馆内景
　　（图片：程艳春）

图6 神奈川工科大学KAIT工房内部
　　（图片：程艳春）

设计师引为遗憾的地方，是建成方案未能达到设计规模的一半，亦未能如当初设想的那样密植树木，使真实的树林与建筑彼此渗透、融为一体。如今我们只能从原始方案平面图中去领略那种建筑与自然亲密无间的空间姿态（图7—图9）。

华黎在这里使用了树木隐喻，他中意的是树木直观真实的样貌，即建成环境的自然寓意，故仅进行适度的抽象或纯化。实现手段是地道的建筑语言，最终效果却不失切身可感的林木之姿，在抽象和具象之间取得平衡（图10）。

从华黎一贯的"在地"原则推测，之所以选择树木作为设计起点，也与项目特点有关。设计地段有别于典型的城市或乡村，可供借鉴的形式关联仅有附近的树林，任务本身不必承载文脉和建造传统，容许大胆实验。

2. 树状单元

以"树木"为出发点，结构方案采用一种树状单元，通过重复形成韵律，单元间彼此连缀，实现空间覆盖。这个树状结构单元基本构成都是一样的，包括一套梁柱系统和向心四坡屋顶，柱（树干）在4条悬臂梁（主要枝杈）交汇的最低点，由中央钢柱及外部与梁对位的4条200mm宽的纵肋组成，梁柱都由变截面木方制成，柱子上宽下窄，梁是近宽远窄。梁柱的变截面形态一方面表明单体形态设计与树形之间的关系，一方面也在描述承重关系——梁柱交接处受力最大。次梁与主梁的关系就像树杈的分蘗，考虑受力结构的同时，一直追随着树木的形态引导（图11）。

树状单元的形态又按一定规则发生变化。首先是4条肋梁的方向略有微调；其次，单元本身的高度一共有3种规格，分别相差1m。悬臂

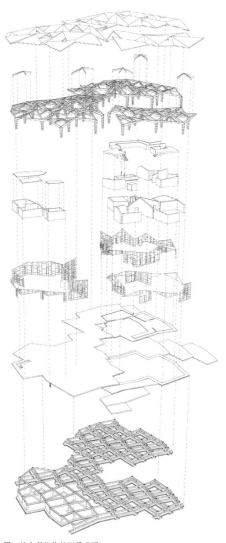

图7　林会所结构轴测展开图

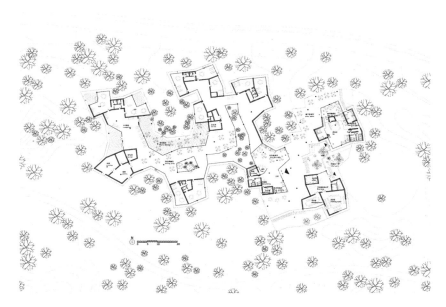

图8 首层平面

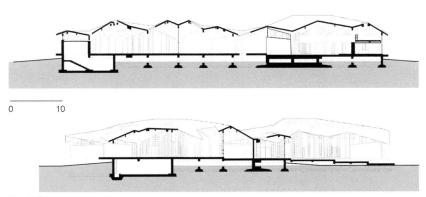

图9 剖面

图10 室内外空间和光影（摄影：金秋野）

梁根据出挑角度和柱高的不同，总共也有 3 种规格。按照建筑师的解释，通过引入适度变化的参数，经过排列组合，让"树林"本身的姿态活泼起来，但规格也不能太多，否则意味着加工难度的加大和形态失控。这样，通过有限几种相似单元形态的调配组织，形成了丰富的空间。树状单元也从建筑的基层组织关系上保证了建造逻辑与"树林"意象的吻合。

3. 格网逻辑

树状单元通过互相倚靠连为整体。个别单元在结构上是完整的，表明结构体系并非通常的框架系统，而是一种介于单元与网络之间的状态。仔细观察平面图，会发现起竖向支撑作用的立柱全部遵循严格对位的正交标准网格，柱身上的 4 条纵肋连同悬臂梁则在轻微而有节奏地发生偏移，如同水面波纹。这样，每个树状单元顶面的水平投影就不是一个正方形，而是一个平行四边形。屋面框架的水平投影即由一系列平行四边形变换角度和方向组成格网，其中总有一条边的投影彼此连续成直线，这就是内侧预埋钢缆、起到整体拉接作用的"脊梁"（图12、图13）。

图11 树状单元模型

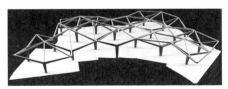

图12 柱网体系模型

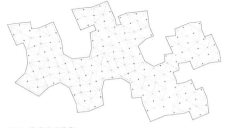

图13 屋顶平面投影

平面采用标准柱网体系，一个主要的原因就是设计初期建筑功能的不确定。从平面上看，柱网像停车楼一样规则，却因几个变量的引入为屋顶赋予了丰富的形态。这是个"屋顶即一切"的设计构思，建筑边缘没有正交线条，檐口起伏更强化了形态的模糊性，视觉上变化万千。建筑师充分开发了规则柱网的变化潜力，在严整的矩阵空间里，通过对梁柱、屋顶形态和建筑边界的二次编辑在剖面上创造出丰富的变化，矩阵框架的乏味感荡然无存。这个屋顶的视觉形象一方面具有强烈的几何感，一方面又不以"几何体量"为表现目的，从下面看，更像是分解为大量折动面的树冠。

格网逻辑注重母题的重复，一个潜在的问题是空间的匀质化模糊了中心和周边，缺乏组织层次，如当年结构主义建筑师们的一些尝试，造成空间使用体验上的松散，在这里却被建筑师用来制造一种漫游感，如在林间。这套生成逻辑，简明又不失灵活，被建筑师称作"人肉参数化"。[3]

4. 多义结构

立柱外面包裹着木头，内里却有一根中空方钢，是真正起到支撑作用的构件。所以，建筑的结构体系并非木结构，而是一种钢木混合结构。钢芯内预埋雨水管，屋面雨水汇集到四坡顶的中央，从雨水管导入抬升基座之下。从受力上看，木肋加大了钢结构的断面，特殊情况下可以抵御一部分水平荷载。梁使用木材制成，除脊梁下方纤细的钢缆外完全依靠木结构承重，在 8 根木梁交接处通过一个钢环锚固在一起，成为施工难度最大的部分，也正是它使树状单元连成网络。从外观上看，梁柱构架材料相同、形态连贯，好像是单一的木结构；仔细观察却可发现梁与柱身之间有少量缝隙，证明二者之间是脱离的而不能实现垂直力传导。这个结构表现上的障眼法，证明设计师并未恪守某个单一的形式逻辑，时而直率地裸露，时而巧妙地隐藏，视空间效果与表现目的而定。

比如夯土墙与屋顶之间的垂直空位由玻璃幕墙进行填充，结果除了幕墙钢柱之外，还在夯土内部预埋纵横方钢，像"过梁"一样托起幕墙，防止重力直接作用于夯土墙而造成损坏。这些看不见的结构都强化而不是削弱了建筑的表现逻辑，而使建造逻辑趋于复杂多元。

再如梁柱交接处通过焊接在竖向方柱上的钢板插进木梁，再用螺栓和销钉固定。仔细观察纵肋上部靠近悬臂梁位置，可以看见很多规则排列的圆形，那正是螺栓和销钉的开孔用木塞加以遮盖后的痕迹。之所以隐藏这些节点，按照华黎的解释，是"不希望构造的节点掩盖了形态的阅读，如果没有构造细节，形态会显得更抽象一些"（图 14）。

图14 林会所主体结构梁柱结合处的销钉　　　　　　图15 林会所屋面上的截水槽（摄影：金秋野）

　　但是，在隐藏这些结构构件和节点构造的同时，在更大的关系尺度上，建筑却有意暴露了一些结构构造特征，如八条梁节点处结实的钢环、脊梁中线上绷紧的钢缆，以及木柱与地面交接处略微下沉的钢导流槽。如果说这座建筑的主要形式语汇是坦率直白，那么这种直白也是有选择的直白，隐与显遵循不同的规则，而使建造逻辑含蓄耐读。

5. 扭转出披

　　为保护主体结构中的夯土和木结构，建筑的坡屋顶四面设 1.2m 出披。屋面由一系列不同方向的平面三角形组成，而出披则以每个三角面为基准，将屋顶端线向外侧平移。由于不同的边界面处在不同的三维坐标系统中，这些平行外移的端线不总是能相互衔接。出披与屋顶遵循不同的形式逻辑，导致屋顶边缘呈轻微的三维扭转曲面。从上方俯瞰或从室内观察，都很难发现这一特点，但建筑师特意在屋面留下了一些截水沟，走在屋顶和出披间边梁的三角形外缘线上，将两种不同逻辑生成的连续瓦屋面隔开。除视觉上对几何关系的强调之外，这条钢槽截水沟的实际作用是阻断屋面雨水径流，防止冲溅（图 15）。

除此外，屋面内侧吊顶也在暗示这一差别。三角形屋面部分的吊顶木板条方向与脊梁垂直，到边梁之外出挑部分则变成与边梁垂直，这一细节设计也暗示着两种不同几何逻辑的转换。

檐口外边缘的形式，则直接来自建筑的生成逻辑。由于每个树状单元都有 4 个延展方向，组成一个平行四边形投影的屋面举折，到边缘时根据需要去掉其中 1 个、2 个或 3 个象限，自然形成锯齿状的边界，又很难从视觉上把握轴线和方位等确定的关系，加上不同单元高度造成的披檐高度差异，给观察者带来一种不确定的、自然柔和的边界感，仿佛可以无限延伸下去。这也是设计师主动追求形式与建造逻辑直观呈现、彼此吻合的又一例证。

6. 抬升基座

林会所的主体建筑位于抬升的基座之上，与室外地表有 1m 多的高差，几个主要入口通过层层叠置的平台形成阶梯，非入口处则升起自然草坡，与深色石材饰面、四周出挑的基座平台虚接，之间留有宽度不等的空隙，内设通风口。这个平台的设计，既有技术方面的考虑，也有建筑意象上的追求。

技术上，将建筑置于高台之上，可使木结构和夯土得到很好的保护；同时将设备置于平台之下，布线均沿地面铺设，将建筑主要活动层彻底解放出来。这样一来，屋顶设计就可不必考虑布线和设备问题，从而使视觉效果达到真正的纯净（图 16）。

形态上，平台将只有一层高的建筑托离地表，好像漂浮在草坪上一样。这一效果很大程度上是靠平台边缘的出挑来实现的，它不仅屏蔽了基础围护结构上的开窗，使建筑的外部形象保持单纯，还在建筑的底部制造了一圈暗影。而层层叠置的台阶也都有浅薄的出挑，使建筑的进入路径在视觉心理上层层漂浮。

华黎此前的设计中，也有与大地保持密切结合的例子，如道家中心、环翠公园游客中心；也有轻盈漂浮于大地之上的例子，如水边会所。水边会所的建筑意象与范斯沃斯住宅之间的关联是不言而喻的。那么，以夯土和木构为主要特征的林会所，漂浮意象的根据又是什么呢？或许从更大的尺度层级去感知这个建筑，其水平延展特征是不容忽视的，就像起伏的草坪上漂浮着平展而坚实的基座，上方不远处就是略有起伏但同样平展漂浮的屋顶。从这个意义上讲，基座与屋顶之间薄薄一层空间就成了水平延展的虚空。在这层基座之上，半室外空间也在绵延屋面的羽翼之下，而与周边的环境相区别，加上基座中几处开洞，让扎根于下方的植物透过此处向屋顶上方伸展，整个穿透了这一平层，都使领域感得到加强。将地面抬升起来，使夯土墙和木构架脱离地表而独立，强化了这一层虚空的物质性（图 17）。

7. 缝合外墙

林会所的外墙，呈现出一种"缝合"状态。具体地说，就是由两种不同的肌理拼合组成。这两种肌理，一为夯土墙，二为玻璃幕墙，二者之间有着强烈的对比效果，相互对齐而无交叠，也没有相互支撑的情况，所以更像是"缝合"。由于建筑外墙是只承受自重的填充墙，其位置可根据具体功能需求灵活布置。

建筑墙身使用了夯土。夯土的实际难度在于材料配比，因各地土质和气候条件不同，没有可资借鉴的配方，只能现场摸索。由于分层使用了不同配料，林会所的夯土墙呈现出各样色泽的层化肌理，华黎认为层的存在"是一种细节，也是一种尺度，跟身体有关，也能强化施工过程的一层一层状况的表达"。夯土墙厚400mm，本身可以作为建筑的保温层，但大面积的玻璃幕墙弱化了夯土在这个建筑中的保温效果。墙身转角都做了轻微的切面倒角，防止撞击破损。另外，夯土墙与木柱之间都留有缝隙，埋入方管，也是缝合。[4]

幕墙使用深色金属框架和无色透明玻璃，平滑而坚硬的透明表层与夯土的浑厚粗朴对比强烈。幕墙金属框架的竖向分隔有宽有窄，横向分隔避免在同一高度上拉通，形成了一组变化的韵律。这是按照数学关系来建立的比例控制，目的是与建筑的整体形象相配，避免过于几何人工而与周遭环境相割裂（图18）。

8. 验证施工

林会所的设计施工持续了4年。其间经历了资金不到位的拖延，更多的是来自施工的挑战。这个项目，可以说每个部分都是在实验中摸索，一边设计、一边实验、一边实施。新的结构形态、新的材料使用方式和并不完善的加工建造体系，屡次拖慢项目进度。

比如说，夯土墙的施工依据来自现场进行的模拟实验，反复调整配比。直到竣工前夕，一段实验夯土墙仍然留在施工现场。而木结构显然施工难度更大。这种难度一定程度上是因为加工水平所限，构件并不是特别精准。对于国内的木材厂家来说，加工6m长的变截面梁还是相当吃力的。[5]等到现场实施阶段，并无严格的工业体系保证安装的顺利进行，很多工作依靠工人现场调试完成。华黎反复提到梁头交汇处的钢环，如何调整柱身上插进梁体的角度、保证8根梁的对位安装，成了最难啃的

图16 林会所的基座和路径台阶（摄影：金秋野）

图17 基座和屋顶之间的半室外空间（摄影：金秋野）

图18 外墙细节（摄影：金秋野）

骨头之一。[6]

　　建造过程也有严格的先后顺序。首先施工的是基础平台，然后起柱子。柱子立好后，要先做好夯土墙才能上梁，因为有些墙正好在梁下，距离梁的下表面很近，如果先做梁，就没办法夯土了。梁的施工过程中，要先做悬挑梁，再做脊梁，先四后八，一一到位。梁全部上好之后铺设屋面，接着安装玻璃幕墙，最后做室内装修。窗框的边缘因需与变截面柱和夯土墙"缝合"，全部需要现场调试角度并焊接，木瓦的铺设也颇费周章。

　　纵观整个施工过程，真有一点自我挑战的味道。其中很多环节，若有精密的现代工业体系做保障，依靠精准的数控来配合加工与安装，应能保证极高的效率和精度，后来却一一演变成半工业化的手工操作和现场调试，这是设计初期始料未及的。

9. 嵌套空间

　　林会所可以看作是一个"没有立面的设计"，它的外部形象基本上是建造逻辑的直观呈现和建构过程的自然结果，故其设计要点在于内部的漫游体验。从平面上看，林会所的空间形态是以柱为基础的自由匀质空间，类似于密斯的处理手法。然而实际进入之后，会发现空间体验要丰富得多。这种丰富性，来源于基础平台之上、屋面覆盖之下的人造环境内外嵌套的多重层次。

　　林会所实际创造了一个"无内外"的灰度空间领域。连续的树状单元分布之处，一种人造树林的场所感四下蔓延，在这样匀质的、光线柔和的木色环境里，一些屋顶透空成为天井，一些空间围合进入室内。天井里，树木和竹子透过屋面框架向外伸展；室内空间中，大面积的幕墙和天窗创造了类似的照明条件。很多情况下，天井与室内紧邻，更让视线连续、内外模糊，加上夯土墙和玻璃幕墙两侧完全相同的质感，进一步模糊了建筑内外之间的界限（图19）。

　　当我们在建筑外部徘徊，或从高处俯瞰，会感觉建筑形体过于密集。一旦踏上平台，这种紧张感就消失了。空间变得平和而有张力，成为一个宽泛的"内部"。[7]

10. 历时效果

　　屋顶上铺设的木瓦要比普通陶土瓦贵3倍，华黎极力说服犹豫的甲方采用。对于建筑师来说，这种木瓦的一个重要作用就是随时间发生变化，让建筑呈现出丰富的外部形象。

　　除了不需要专门的立面设计，这座建筑其实也不需要外墙装修，[8] 无论木材、夯土、幕墙还是一系列构造节点都直接呈现，而这些袒露的部分，很多是可以随着时间发生变化的。走在建筑之内，我们会被丰富的细节围绕，这些细节大多来自木材本身的纹理、色泽差异和结节，以及夯土墙身的层化效果、地面石材轻微的凸凹感，这些微妙而斑驳的视觉要素，透过低调的黑色框架和无色玻璃与自然混在一起，使建筑摆脱了时下流行的洁癖审美，而带上了一点时间感。

在咖啡厅部分的室内，设计师特意制造了一个通往屋顶的夹层，从狭窄的楼梯走上去，就直接来到了梁下，可以伸手触摸那些颇为巨大的屋顶构件。除了奇妙的光影效果和尺度之外，这个空间也能让我们看到构造细节和时间留在结构上的痕迹，我们可以设想 10 年后甚至 20 年后这些木料表面的色泽和质感，将为室内的氛围带来怎样的影响。我们也可以想象建筑师刻画在这个空间里的是亲切而不是永恒，所以任由身边的一切与时俱朽（图 20）。

图19 林会所内外模糊的嵌套空间（摄影：金秋野）

图20 屋顶夹层（摄影：金秋野）

　　总的来说，虽然形态丰富流畅，林会所的设计仍是高度理智和富计划性的，建筑师用心把握分寸，抑制了构思上的激情与夸张。看得出华黎力求使建筑的每一个部分都"有道理"，对于形式的"随意性"着力避免。这个作品虽然使用了木材、夯土等自然材料，其设计思路和建造语言更多依赖工业化的精准明晰，结果受到生产条件的拖累。这一点与"高黎贡造纸博物馆"有所不同，在那个方案里，施工条件被纳入设计构思，成为表现的对象。"林会所"的清晰理智同时也排除了无法用语言形容、更无法靠推敲得来的模糊暧昧，排除了与艺术激情相关的"无心"与"反常"。

　　设计过程处处都体现了用心。为了推敲树状单元的尺度，华黎曾在事务所中搭建足尺模型。[9] 如今建筑就在我们眼前，我们惊奇地发现，它与初期模型照片中的空间氛围高度一致，证明建筑师非常明白自己想要的是什么，又能通过建造实现什么。遗憾的是项目没有按计划达到 4000 ㎡ 的初始设计规模，施工过程存在诸多遗憾，后期资金不足导致景观配置不充分，使得建筑没有如预期那样消失在树林中。[10] 这个方案同时也延续着设计师对场地、对自然、对形式来源的持续关注，作为实验的一环，为后续工作提供经验，因此，它既不是起点也不是终点。林会所四周的树木正在长高，屋顶会继续没入树林，大运河上的游船载着游客经由此处，人们会被独特的屋顶吸引，穿过岸边的草坡，来这片"树林"中漫游。假以时日，木瓦屋面的色泽会慢慢变深沉，游客触手可及的高度上，木材也会留下抚摸的痕迹。让我们一起留心这些变化。

　　（本文原载于《建筑学报》2016 年第 1 期）

注释

1. 约翰逊制蜡公司大楼给人印象最为深刻的，也是最被称道的就是它独一无二的结构体系。主体办公空间由一伞状的柱子组成规整的柱网，柱子顶端相互连接，形成稳定的结构体系，四周用实墙围合。这种结构体系的核心是一种赖特创造的"树柱"（Dendriform）。而这种造型奇异的柱子的设计灵感来自赖特对于亚利桑那一种仙人掌的空心结构的研究，由4部分组成，每一部分都拥有一个有生命的名字：鸦脚（crow's foot）、茎杆、花萼（calyx）和花瓣（petal）。鸦脚即是金属柱础，7英寸高，由3条金属肋支撑。茎杆即是细长的柱身，底部直径9英寸，往上逐渐加大。柱壁厚3.5英寸，与柱心轴线成2.5°夹角，高柱几乎是完全中空。花萼是连接柱身和圆盘形柱头的部分，表面有一条条肋带，内部是中空的。花瓣即柱头，内部是起加固作用的混凝土主干。在花萼和花瓣的内部同时配有钢筋网和钢筋条。

2. 如华黎所说："最初的想法是创造一个树下的空间，那么一片树形结构组将形成具有遮蔽性的空间。这样在公园里，人工的森林将与自然的树木共舞。"《林会所设计说明》，华黎提供。

3. "工业化肯定是不可避免的一个阶段，但是工业化的问题就是它会因为这种标准化对效率的追求，在一定程度上会剥夺传统的对于人的情感表达，我觉得这是有一些内在矛盾。像这个房子或者伍重、奥托有些做法，在说用工业手段的同时还能够造求一些变化，这可能是在这样一个阶段尝试的一种方法。但它显然也不是手工，它还是基于工业化做出来的一个东西。"2015年10月24日，关于林会所的对谈。

4. 这是为了防止夯土湿度变化对木材的腐蚀。

5. "我之前去加工厂看他们加工这个构件，比如这个梁是6m长，他都没有能切6m的机器，梁是变截面，他切的时候原始是一个整的矩形，中间画一条对角线，斜着切一刀，这样就变成两根梁，两根梁是在一起切出来的，一个老师傅60多岁，拿着手持圆锯，先把对角线画好，然后直接推过去，完全手工，但是切得很直，一点不比机器差，当时我想他们没有机器，但是他们能想出办法也行，也是因地制宜的一种方法。跟那个老师傅聊了半天，他是做了30年的木艺，手艺还是非常好的。没有机器就得找这样的人来做，这是现实的

条件。"2015年10月24日，关于林会所的对谈。

6. "梁交在一块的节点，要是全都对准确了，节点的钢环，每一根梁焊一个钢板，再插到那个木头梁里再上螺栓，所以这个钢板的角度，就是要同时跟8根梁对齐，挺难的一件事。不可能工厂做好了，到这一对，就能完全严丝合缝。所以只能现场先上去两根梁，然后把这个钢环上上去，这两个钢板焊上之后，第三根梁要现场对个位置，等于现场定位，再焊钢板，对好了以后把木梁再拿下来，再把钢板焊上，然后再装上去，所以以等于是有一个现场调教的过程。这个就特别花时间。"2015年10月24日，关于林会所的对谈。

7. 由于项目建设的规模，这一内外嵌套的设想没有完全实现。如华黎所说："建造的范围不够大，水平的延展性不够，整体设计是有很多内院。最开始还考虑了室内的花园，像威海项目（指林间办公室），冬天可以在里面还有些绿化，都没有实现。"2015年10月24日，关于林会所的对谈。

8. "这个房子的墙是填充墙，所有结构梁和柱在立面上都可以看到，这也因为是木结构才能实现，木材本身是保温的，不需要加其他的附加构造，所以它就可以实现一个既简单、逻辑性又很强的立面的表达，结构、承重构件和填充都是可以看到的，土木身也是保温材料，也不需要过多的饰面。"2015年10月24日，关于林会所的对谈。

9. 华黎在谈到这个足尺模型时说："几何形体上有些空间的高度做得不太对，还是跟模型推敲有关，1:30推敲还是比较到位的，还是应该多做大模型，柱子做了1:1其实特别有效，身体的感受特别直观。"2015年10月24日，关于林会所的对谈。

10. "建筑周边的景观是我的设计。本来应该多种点树，但还是资金的问题。这房子有一个特点，就是里面的空间出发点是一个可以无限蔓延的空间，它是基于一个格网体系，边界是自由的，外部造型不重要，对我来说我更希望房子是隐在树林里面，你看到这个房子都是透过树看见局部，因为造型并不重要，重要的是里面的感受。（没有立面）因为边界是可以被改变的，在不同的地方看见它，它呈现出来的都不一样。现在因为树种得不够，房子太暴露了。"2015年10月24日，关于林会所的对谈。

乡 村 实 践

12

古村清梦
大理喜洲"竹庵"

王飞

图1 外观（摄影：陈颢）

1. 引言

　　2015年夏天，我途经大理拜会赵扬，跟随他造访喜洲镇城北村的工地。喜洲镇位于云南大理北部约30km，东临洱海。镇里的建筑大多为白族传统式的院落住宅，整个镇由大片的稻田环绕。一座混凝土住宅建筑隐藏在这座古镇东端的一条幽深的小巷内，沿着稻田南北向展开。拜访当日，工地结构已经初具雏形，建筑师与主人蒙中在共同确定庭院中最大的几颗树木的位置并现场安放（图1）。

　　2016年，我再次专程拜访赵扬，喜洲镇故地重游，这座私宅已经建成，名为"竹庵"，主人已经入住。当日，"竹庵"断电，我们坐在客厅品茶闲聊，期间经历了大晴天、多云转阴、暴雨、晴天的天气变化；凉风习习穿堂而过，窗外的农户们在忙着插秧。我也渐渐更深地理解了这座建筑的故事。

2. 间与园

　　"竹庵"位于一条东西向古巷的东端，首先映入眼帘的是一面朝西的白色实墙，白墙的左前方与之平行的是一段保留的原有土墙，似乎在暗示新与旧的过渡与对话。由此向右手边转180°有两扇木门，这是"竹庵"的主入口，面朝正东，也是自家的院墙，作为照壁。这一块小小的空地为整座建筑引入"东来紫气"。推开户门，才算是进了门厅；再转180°折向东面，步入前庭，登堂入室。这"一退两拐"的处理其实在喜洲民居中随处可见。这一姿态细细品来确有其深思熟虑与谦逊之处。喜洲罕有直面街巷的宅门，即使有也会通过"四合五天井"的一个小天井过渡，正式的宅门一定是退后的。这让人隐约感觉到彬彬有礼的乡绅社会的涵养。同时，这"一退两拐"也是一个减速的过程，消解了现代人进入住宅的预判。不经意间，脚步已经放慢，知觉被唤醒后，园子里的精彩徐徐展开（图2、图3）。

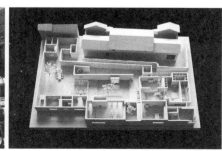

图2 俯瞰（摄影：舒坦）　　　　　图3 带家具模型

图4 从前庭回望入口（摄影：陈颢）

图5 前庭（摄影：陈颢）

图6 穿越餐厅北望中庭（摄影：陈颢）

　　顺着这个进入的节奏，基地从南到北40m的进深被模糊地分为门厅、前庭、中庭和后庭四个区域。功能从相对公共过渡到相对私密，空间感从疏旷渐变为紧凑。从大门进入，门厅不大但有露天可接雨水的天井。壁上正面嵌着主人淘来的"云霞蒸蔚"四个清代砖雕大字，暗示着大理美丽的云霞，也暗含着即将进入的庭院充满生机、丰富多彩。转回180°，经过一段短的回廊，来到前庭（图4、图5）。

　　前庭是园内最开阔处，也是室外生活最集中的地方，可以饮茶、下棋、打拳、伺弄花草。客房位于前庭东侧，东看稻田，西览前庭。前庭和中庭之间的屋顶下靠东的部分是餐厅，考虑到风季的实用性，餐厅被三面透明的玻璃墙与木框架隔出来。餐厅向东连接厨房，可透过厨房水池前的水平长窗凝视田野，这使备餐产生了一种别样的乐趣。自东向西的多重透明性似乎也暗示着一种从农业生产到厨房烹饪，再到餐桌美食的无缝连接。

自餐厅北望便是中庭（图6）。其水面无法直接穿越，而后庭入口在水一方，由此产生了一种可望而不可及的心理距离，视线虽能穿过，但脚步却只能右转进入起居室。起居室朝东的大窗将人的注意力从中庭转移到窗外的田野，窗外四季景色变幻。看似与厨房相似的条形长窗，却与身体感知有着不同的呼应。站在客厅的长窗前，田野、乡村、远山、苍天四个清晰的层次映入眼帘；入座之后，视野随之改变，只能看到远山和巨大的苍穹。这一站一坐的瞬间改变了动与静的心境，茶桌位于起居室北侧，背靠满墙的图书。其上方、天花板之下留出了水平长窗。客人被邀至茶席，北望可一瞥苍穹，西望则见中庭的景致（图7）。

中庭西墙向东探出一个矩形景框，将西廊的花园框成一个画面，画面里，精心挑选的景观石衬着野茶树，仿佛是元人笔下的"木石图"。水池中间，围了方方正正的岛，植清香木于其上，是中庭景观的重要部分。坐在客厅西望，邻院高出围墙部分的瓦屋面"借用"了白族传统建筑典型的优雅曲线，使瓦屋顶和眼前的景观构成一幅更大的完整画面（图8—图10）。

从茶席起身，推开轩门，便可循着水池步入后庭。后庭的门洞做得低矮一些，里面是主人的私人空间。这个区域集中了男女主人各自的书房、画室、主卧室、衣帽间和卫生间。这部分功能空间比较密集，强调了空间效率，平面布局相对紧凑。主要的房间根据其大小朝向设置天井，

图7 起居室（摄影：陈颢）

图8 中庭北望（摄影：陈颢）

图9 中庭（摄影：陈颢）

图10 环视中庭（摄影：陈颢）

以调节光线并辅助通风（图11）。

　　所谓园子的体验即是与"观看"直接相关的可居、可游、可观。在空间中的大部分位置，建筑师刻意没有限定人眼观看的方向和对象。建筑师认为，静态的画面再完美也是封闭和有边界的。这大概也是日本京都那些面对枯山水的椽侧空间很难让他有共鸣的原因。中国传统式的观看是在目光和身体的游移间不断建立并消解静态构图的。比如山水画中的长卷徐徐展开收卷，步移景异，以至于视野中的边界还未来得及建立就已经脱焦了。再比如《环翠堂园景图》[1]暗示着不同尺度、不同视角之间的多重转换，内与外、前与后之间的关系都成为相对的了。

1: Entry
2: Dining room
3: Kitchen
4: Living room
5: Artist's studio
6: Artist's study
7: Wife's study
8: Master bedroom

9: Guestroom
10: Maid room
11: Storage
12: Water yard
13: Front yard
14: Bamboo Corridor
15: Laundry

图11 平面图

图12 主人书房（摄影：陈颢）

　　这座建筑充满了多重层次的不对称性。9 个园子大小不一，开合可变，没有一条轴线贯穿各处，它们与 17 个房间有着有机的平衡。5 个最大的园子都集中在建筑的南部和中部，沿着西面的外墙徐徐展开，4 个较小的私密园子由南向北逐渐变小，并成为卧室和卫生间的延伸。沿着东边田野的边界，客房、卫生间、厨房、客厅、庭院、书房、庭院和画室自南向北排开。自西向东及自南向北的一系列庭园似乎成为了建筑与喜洲古镇的过渡，一系列的房间又成为自然景观与人为景观的过渡（图12）。

　　在整体流线中，几乎没有任何两扇门是正对着彼此并形成正轴线的。所谓的步移景异，也形成了多重层次。比如中庭，有着 4 个迥异的对景，但无一对称。南边是退在屋檐之后的"玻璃盒子"（餐厅）和一条边廊，正对着北部退在屋檐之后的一面实墙和角落通向私院的双开轩门，东侧是客厅的开敞玻璃窗扇及一片储藏间的实墙，正对着西侧一片延续的实墙及悬挑出来的一个矩形景框，背后是狭长庭院的一隅，再后面的背景是"借"来的邻院古宅瓦屋面的一个尖角，处在一个偏心的位置。庭院的中心是草地方岛，由四面墙围合限定出的空间水面环绕，离客厅的距离更近，给予了悬挑框景更多的水面空间。一棵清香木在矩形草地的靠南一侧，也就是东西两侧的实墙之间的位置，亦在餐厅的正北，一天之中，两侧的实墙拂过清香木深深的树影，给予了餐厅更多的私密，也将餐厅旁边廊的视线引导向水池的另一边。如果再仔细观察，那么你会发现细节上也处处充满了刻意的不对称。庭院内东面南侧的实墙靠近水面处有一悬挑的本地麻石加工定制的落水件，它采用了与整个建筑屋顶散水相同的传统方式，是一处不间断的涌泉。同时，在北侧偏西女儿墙外也有一处屋顶散水，雨天散水直接流向池塘。从南侧餐厅和走廊向庭院望去，这处散水恰好隐藏在西侧悬挑出来的框景之后，实为巧妙。庭院东西南北4个方向的内部与它们之间的开合张弛、进退凹凸、处处不对称性之间充满了平衡的博弈，使得凝视的静与身体的动不停地转换。

空间节奏不均匀的起伏也导致了结构体系的不规则，建筑师选择用短肢剪力墙来支撑这个以墙体为主的建筑。那些室外连通的空间都用反梁来避免结构在屋顶下的过度呈现。由于大部分屋面都覆土种花草，因而高高低低的反梁也就无碍观瞻了。

3. 匠与主

"竹庵"的主人蒙中夫妇皆毕业于四川美术学院。男主人蒙中自幼迷恋书画，对传统文化和艺术有着浓厚的兴趣，是一位颇有知名度的青年书画家，斋名"竹庵"。女主人文一学的是设计专业，之前从事平面设计与室内软装设计。来大理定居是他们共同的理想。计成在《园冶》中写道："世之兴造，专主鸠匠，独不闻三分匠、七分主人之谚乎？非主人也，能主之人也。"[2] 计成特意强调了"三分匠、七分主人"的"主人"并非是地主、房主，而是指有设计思想的建筑师。而在"竹庵"，这个"主"是赵扬（建筑师）与蒙中夫妇（房主）的合体——"能主之人"。

赵扬回忆道："2014 年夏天，我们工作室搬到了苍山脚下的'山水间'，与老朋友王郢比邻而居。不久，王郢将蒙中、文一夫妇介绍来工作室，说他们想在喜洲盖个房子居住，并以蒙中的书房名'竹庵'为房子命名。当天场地踏勘后，去他们暂居的客栈喝茶。蒙中将他的书画作品集《笔墨旧约》和散文随笔集《银锭桥西的月色》赠送给我。书画集雅致纯正，功底深厚，仿佛来自某位从古代穿越而来的人物。随笔集里除了有关书画的分享和行走的记录外，还有部分写到嘉陵江边的童年往事，像发生在昨天，将我一下带回到童年的时光里。我们都是重庆人，因此读来更觉亲切。"看场地的时候，赵扬想起了数月前在斯里兰卡参观杰弗里·巴瓦（Geoffrey Bawa）自宅的经历。位于科伦坡郊区一条支弄的自宅是巴瓦的建筑试验田，前后经历了持续不断的 40 余年的改建与加建。这条街道的尽头原有一排 4 幢僧侣居所，巴瓦用了 10 年的时间逐一盘下，于 1968 年启动全面整改。[3] 几乎是一层铺开的平面，大大小小的花园和天井穿插在各种功能的房间之间，室内外没有明确的限定，阳光、热带的植物、水的光泽和声响、各个年代的家具和巴瓦周游世界收来的物件，交织成一个迷人的氛围。大理明媚的阳光和洁净的空气保证一年四季能有大量的时间在室外或半室外生活，而蒙中夫妇对于家居陈设及园林植物的热爱也可以使这个空间生动丰满。于是，他开始构想一座把房间和园子混在一起的住宅，把功能和游息空间交织在一起，让室内、半室外和完全露天的空间在不经意间过渡，让功能性的行走同时也成为游赏的漫步。于是巴瓦自宅的平面图和照片成为了赵扬和蒙中夫妇一拍即合的灵感起点，自此，这"主"的组合便应运而生了。

没想到建筑师还没开始进行具体的设计，蒙中就用自己画图的方式来引导了。开始是用文人画的方式，用毛笔勾勒出一个意向，随即又开始用圆珠笔画平面图。虽然蒙中的平面图只是基于现场讨论的功能布局图示，却在后来成为建筑师平面构思的起点——它回答了房子进入方式的问题。基地位于城北村最东侧，回家的路是从西面的巷道蜿蜒曲折进入的，最直接的方式自然是开一个西门，或者在西南角突出的部分开一个北门。而蒙中夫妇基于对当地古老民居院落的观察和理解，希望大门按照当地传统的方式朝东开。大理坝子整体呈南北走向，西靠苍山，东面洱海。古老村落认定的正朝向是坐西向东。喜洲镇在历史上一直是大理经济文化最发达的区域，是白族传统民居保留最为集中的区域，对于建筑的规则形制也最为成熟讲究，比如宅院入口家家朝东——也就是洱海的方向，照壁上写着大字"紫气东来"。

在土建阶段后期，内部空间基本成形，蒙中开始绘制草图，并和赵扬讨论"造园"的细节。整个"竹庵"共有大大小小9个园，这是"造园"的关键。引述几句当时蒙中在微信中阐述的理论片段，可见其成竹在胸，如"选树首重姿态，移步换景，讲究点线面的穿插呼应""讲究大面的留白，点线面的舒朗节奏""堆坡种树，是倪云林画的神韵"等。有的天井在方案设计阶段就已经跟植物的想象联系起来，比如种芭蕉的位置，它在西侧边廊的一个小天井内，三面围合，并有一扇小窗朝向客厅，因为避风效果最好，其位置几乎是没有悬念的。植于中庭的清香木符合"主人"对一个比较平衡舒展树形的期待。后庭的杏、画室南院的石榴、书房侧院清瘦的桂树，都是"主人"在空间里反复斟酌的结果（图13）。

由于前庭容纳主要的户外生活，所以庭院地面基本用青砖铺砌，院中种大树一棵，绕墙皆种竹，竹边打井一口，名曰"个泉"，取"竹"字一半之形，蒙中自己题了字，请人用白石刻好嵌在壁间。井的另一边，靠窗植一梅树。植物和石材也遵循因地制宜的原则，比如用本地的高山杜鹃和野茶树代替江南地区常见的园林灌木，并取大理鹤庆地区的类似太湖石的石灰岩代替太湖石等。这些花草植物和石头形制的选配归功于蒙中夫妇，他们为此费了不少心力，往来奔走于大理坝子上的各个石场苗圃。除了景观、植物，他们还要求给自己的猫咪辟出一个有天光的空间，给狗辟出间小屋。这些细节充分体现出蒙中夫妇对于生活伙伴的重视及设计功能细节的考虑。在这个阶段，建筑师的角色也就是微信群里的一个"参谋"而已。

此外，他们还在后门外水沟上铺设了老石板作为小桥，桥的一头是紧邻建筑的一片菜园（图14）。他们在菜园里种上四季变换的蔬菜，虽只有两分地不到，但也足以供给平素的食用。石桥边，蒙中移来竹丛、桃、柳、石榴和枣树。他们让这个建筑外延的第5个空间，平添了几分"归田园居"的意境。与之一墙之隔的最东北角的画室，墙角设置了两大片垂直的无框玻璃，面向田野东面的玻璃稍大于北向自家菜园的玻璃，似乎暗示着对田野和菜园不同尺度的呼应、平衡与过渡。

建筑材料的选择也是因地制宜。大理本地用石灰混合草筋抹墙的"草筋白"是最经济有效的外墙处理方式，和纯白的外墙涂料相比，显得柔

图13 剖面图

和而有质感。白墙的压顶和雨水口采用了苍山下盛产的麻石。大面积的水泥地面和清水混凝土的顶板平衡了墙面的白色，为生活内容的呈现铺设了一个温和而朴素的背景。由于整个建筑是一个大的平层，又位于村子东面的端头，从远处看，白墙一线，背后露出来的白族院落瓦屋顶，刚好被巧妙地借景，使整个建筑跟村子融合在一起。

艺术评论家张兴成这样评价蒙中："蒙中的画或许会改变时下一些人对文人画的看法。蒙中可以不做书家，不做画家，但无论如何，他必是一个爱自然、爱生活、有皈依、有情趣的人。有意于技艺，成了私意，迟早会妨碍对道的体认，故艺术对蒙中而言只是第二等，存养此天真无私、活泼无碍之心才是第一等的事情。存此心，自会生发出此艺，唯如此，那艺才显得动人可爱，直接无做作。而这难道不正是文人画的真髓吗？"[4]埃尔温（Erwin Viray）在《亚洲日常：演变的世界的可能性》里关于赵扬建筑工作室的导言中写道："赵扬的建筑作品，现代而且抽象，是一种对当下的洞见，而不是对过去形式的模仿。但是潜藏于作品深处的，又是一种古老的观念——场所精神中的秩序观——每一个特定场所中事物的秩序赋予建筑以形式、运动和节奏。赵扬竭力在每个场所中寻找一种'存在的理由'，并将此呈现为当下的形态。这是一种充满勇气和远见的尝试，一种理智而又感性地回应这个飞速变化的中国情景的方式。"[5]蒙中认为自己很另类，赵扬也很另类，所以两人一拍即合。"竹庵（蒙中）

图14 竹庵后园（摄影：陈颢）

图15 廊院南望（摄影：陈颢）

图16 廊院北望（摄影：陈颢）

书画中的淡定、宁静和清逸，是这个躁动不安、唯利是图时代的一个清梦。""竹庵"这座宅子何尝不是这样呢？

4. 跋

赵扬的工作室在云南大理，他的大部分实践也都根植于大理，我曾多次参观他正在设计与建造的旅馆、私宅、餐厅和社区中心，与"竹庵"相似，它们都需要社会现实的全方位介入，都需要真诚地思考建筑和人的使用及体验的直接联系，以及建筑和自然、传统与现代的关系。对赵扬而言，现在的"竹庵"有不少细节还不够丰满，因为它还没有跟生活长在一起。每次去回访，夫妇二人对于房子都有新的想法和感悟，比如廊院那株缅桂的冠幅有点大了，中庭的西墙要从屋顶垂下白蔷薇，好几个角落都需要增加石凳来放置盆栽的花木等（图15、图16）。巴瓦的自宅也经历了40余年的不断改建与加建，原来平房的状貌几乎不存在了，任意、如画的品质跟强烈的秩序与构成如影随形，内、外的意义消失殆尽，柔和的光线与家居器物共同营造出一种略微偏暗的质感氛围，从明亮的室外进入，情绪自然会宁静下来。这一闹市中的宅邸，不仅是巴瓦建筑修补术技巧的数十载结晶，也是一处真正的栖居之所。[3] 也许，正如《园冶》所述，"窗牖无拘，随宜合用；栏杆信画，因境而成。制式新番，裁除旧套；大观不足，小筑允宜。"[2] "竹庵"作为物质性的存在将永远处于未完工的状态，它会随着生活不停地生长、变换和延续……

（本文原载于《时代建筑》2016年第4期）

参考文献

[1] [明] 钱贡，黄应祖．环翠堂园景图 [M]．北京：人民美术出版社，2014．

[2] [明] 计成，著．园冶注释（第二版）[M]．陈植，注释．北京：中国建筑工业出版社，1988．

[3] 庄慎，华霞红．非识别体系的一种高度——杰弗里·巴瓦的建筑世界 [J]．建筑学报，2014（11）：34．

[4] 蒙中．笔墨旧约 [M]．杭州：西泠印社出版社，2012．

[5] Erwin Viray. The Asian Everyday[M].Toto, 2015: 155.

[6] Geoffrey Bawa, David Robson. Geoffrey Bawa: The Complete Works[M]. London：Thames & Hudson, 2002.

[7] Walter Benjamin. The Work of Art in the Age of Mechanical Reproduction [M]. Create Space Independent Publishing Platform, 2009.

[8] Vincent Canizaro. Architectural Regionalism: Collected Writings on Place, Identity, Modernity, and Tradition[M]. NY Princeton Architectural Press, 2007.

[9] Kenneth Frampton. Studies in Tectonic Culture: The Poetics of Construction in Nineteenth and Twentieth Century Architecture[M]. Cambridge, Mass.; London: The MIT Press, 2001.

[10] Marco Frascari. The Tell-The-Tale Detail[J].Via 7.1981: 23-37.

[11] Peter Zumthor. Atmospheres[M]. Switzerland: Birkh: user Architecture, 2006.

[12] 蒙中．银链桥西的月色 [M]．济南：山东画报出版社，2013．

[13] 庄慎，鲁安东．被栖居的实验室——庄慎谈杰弗里·巴瓦工作室 [J]．世界建筑，2015（4）：43．

13
来自鄣吴镇的消息

青锋

  浙江安吉县鄣吴镇鄣吴村的村头是一座小车站，仅仅由一个等候亭与一个分离的卫生间组成。建筑师贺勇在这里设置了两个巴拉干风格的房间，分别粉刷成鲜艳的红色与蓝色，房间顶部垂下一道方形天窗，强烈的光线让色彩弥漫整个空间，浓重而纯粹。但最令人惊讶的是房间的功能，它们竟然是一男一女两个厕位，沉浸于巴拉干式氛围中的水箱让人想起杜尚的小便池，只是这里的"小便池"是真的要作为小便池来使用（图1）。

  要将巴拉干著称于世的"宁静"与车站厕所的实用功能结合在一起，对于任何建筑观察者来说都不是一件容易的事情。在我们通常看来，巴拉干花园中的沉思者与鄣吴村需要解决内急的旅客是完全两个世界的人，他们之间唯一的联系是贺勇，一位乡村建筑师和大学教授。这两个房间更像是他对经典的致敬，而非来自村民的日常习惯。

  贺勇的做法显然不同于今天常见的乡建模式。后者往往侧重于乡土建筑类型、材料、建构特征、手工艺传统的尊重与挖掘。如此"简单粗暴"地将一种异类的"精英"建筑语汇强加在乡村生活之上，可以被轻易地标记为对"文脉"的忽视，而排除在乡建主流之外，更极端一点甚至可以被标记为反向样本。但另一方面，"反潮流"的特征也恰恰提醒我们差异性路径的可能性，这需要对鄣吴镇传递来的消息做更审慎的了解与判断，再去讨论它的价值或局限。

1. 接受与改变

　　巴拉干式厕所展现了贺勇的这些乡建作品中的一种张力：两种氛围、两种传统、乃至于两种世界之间的吸引与排斥。不能简单地用"融合"来掩盖冲突与矛盾，需要观察的是这种张力所能带来的运动与变化，力的物理学定义也适用于对建成环境的分析。这种观察会将我们引向鄣吴村这几个项目中最有趣的一些地方。

　　单独地看，我们很容易怀疑建筑师在一个厕位上兴师动众是否过于小题大做，甚至会对建筑师过于强烈的个人印记感到忧虑。但如果对贺勇的其他项目有总体的了解，就会理解为何最强烈的建筑手段会出现在最不起眼的角落。这实际上是一个总体趋势的极端体现，在贺勇这些乡建作品中，项目越是重要、公共性越强、价值越高，建筑师的控制力就越会受到限制；反之亦然，建筑师的发言权在边缘地带更容易受到尊重。

　　我们有足够的例子来给予证明。在厕所外的候车亭，是更为公共的场所。建筑师把一长排毛竹竿挂了起来作为隔断使用，竹子是安吉特产，有风的时候毛竹互相碰撞会发出阵阵声响。但投入使用后不久就发现并不稀有的毛竹杆却日渐稀少，原来是一些下车的乡民会顺手扯下竹竿当扁担把行李挑回家去。显然建筑师并没有预料到这种情况，他更没有料到的是这个新建的候车亭并不能作为正式的站台使用，因为旁边的土地问题，无法拓出足够的回车场。贺勇只能在一旁另行设计一个站台，我们去看的时候，候车亭二期正在施工。

　　这些意料之外让小车站的故事变得饶有趣味，村民不可预测的决定极大削弱了建筑师的"独断"色彩。建筑师有自己的意图希望村民接受，而村民也有他们的方式去对它进行改变，这并不是一种对抗，更像是建筑师与村民之间的一个游戏。

另外两个项目更为典型地体现了村庄业主的干预。一个是景坞村社区中心，位于村口小广场上。贺勇的设计是一系列单坡顶白色小房子，以不规则的布局散落在广场边缘。因为位置方向的差异，小房子之间会出现不同尺度与形态的户外空间，以此可以模拟村落场所的灵活与丰富。除此之外的一个主要元素是一条环绕整个场地的混凝土顶连廊。在南方的多雨气候中，它为室外停留提供了很好的庇护，也在错落的白房子上留下了多样化的光影效果。对于一个乡村社区中心来说，这个设计的尺度、氛围、造价都是适当的。同样，不可预知的事情发生了，因为是村里的重点工程，甲方的意见变得格外强硬。最后完成的状态不仅舍弃了混凝土顶连廊，还给每个小房子粉刷了饰带，这是乡村建筑外部装饰的典型"官方"做法，但是贺勇最初设计中的质朴、纯粹以及虚实对比也都荡然无存（图2）。

另一个项目，鄣吴村书画馆也同样具有特殊的重要性。鄣吴村擅长制扇，又是吴昌硕的故居所在地，近年来的文化旅游开发投入不小。好在村子里还保留了传统的巷弄、水道肌理，一些民居也仍然是青瓦白墙的老样子，江南村庄氛围在某些地方还很浓郁。新建的书画馆位于村里的核心地段。贺勇的设计与景坞村社区中心的策略类似，两座白色小楼成L形布局，平面形态、相互关系、开窗位置与比例都旨在延续旁边传统民居的生活逻辑。两栋小楼之间是一座小茶室，一道楼梯环绕茶室上行，可以从二层进入书画馆。混凝土连廊再次出现，它围合出一个小院，一棵大树给院子足够的荫凉。从图纸看来，设计接近于阿尔瓦罗·西扎早期的设计策略，尊重历史场地的传统限制，挖掘日常的特异性，纯粹的白色墙面作为克制的背景使上述元素更为鲜明（图3）。书画馆灵活的

图1 郭吴镇公交站厕所（图片：贺勇）
图2 景坞村社区中心（图片：贺勇）
图3 郭吴村书画馆（图片：贺勇）

流线、虚实边界的变化给予这个小建筑充分的内容与细部。在原来的规划中，书画馆的对面还有另一个新建的二层文化设施，与书画馆一道围合出一个小广场，成为村里为数不多的公共空间。这样一个核心文化设施，自然更受"重视"，最终只有书画馆得以建成，总体格局仍然遵循原有设计，但是细部的调整，如青石板墙裙、披檐门斗等"典型"做法的加入剥夺了原设计中微妙的不寻常之处，而这本是设计策略中所依赖的催化剂。与景坞村类似，原设计的"正常"化修正剥离了不少建筑师精心考虑的细节，这种结局同样来自两个世界的碰撞，一个奉行"上帝在细部之中"的毫厘雕琢，另一个是"官方常规"的名正言顺。

现在回看贺勇的巴拉干式厕所，最初的疑虑甚至可以转化为某种程度上的同情，只有在这最为私密的角落，建筑师的意图才能得到最大的保全。而越外向、地位越高的地方，主导权也越多地受到村庄业主的节制。考虑到社区中心与书画馆中，原有设计品质因为改动所遭受的影响，小厕所的"小题大做"变得多少可以接受。不管将它视为遗存还是补偿，在总体图景之下，它从另一个侧面体现了郭吴村乡建中建筑师与村庄业主的关系。建筑师不再独自站立在舞台中心，另一位主角——乡村的身影甚至更为强大。

2. 垃圾站与小卖店

接受村庄成为主角的价值之一，是主角们都会有兴趣把对手戏继续下去，获得机会的建筑师也有可能将剧情带向不同的方向。贺勇的另外两个项目，郭吴村垃圾处理站和无蚊村月亮湾小卖店就是这样的剧情转折。

相比于车站、社区中心与书画馆，垃圾处理站与小卖部的"关注度"要低很多。按照此前总结的规律，村庄业主的干预会小很多，建筑师的自主性相应增加。实际情况也的确是这样，贺勇的设计基本能够较为完整地实施下去。而在建筑师这一面，经典建筑语汇仍在出现，但也不同于车站厕所中那样的强烈反差。这两个项目展现了主角之间不同的相处方式，以及随之而来的不同结果。

鄣吴村垃圾处理站位于村外的小山坡上。原有垃圾房仅仅起到临时堆放的作用，此后垃圾站增加了分拣处理功能，厨余垃圾进入发酵处理器被转化为农用肥料，剩余的生活垃圾经过机器压缩装入垃圾箱中运走。垃圾站因此扩建了一座二层小楼。新旧建筑的布局完全由生产序列所决定，新建筑挖入山坡之中，二层地面与原有垃圾房齐平，便于通过传送带将生活垃圾传输到埋置于垃圾房地面下的压缩机中。一楼则放置厨余垃圾处理器，这样食物残渣可以从二楼地面的孔洞直接倒入处理器（图4）。

上下两层的不同功能直接导向了不同的建筑处理。新建筑上层体量更大，垃圾分拣时的臭味需要及时疏散，因此建筑师采用了空心砖、屋顶开缝等元素，并且将混凝土结构与灰砖砌块墙体直接暴露在外，意料之中的是村里没有再要求给予白色粉刷和灰色饰带的优待。下层完全是另外一种氛围，房间内铺有地砖，墙面白色粉刷，一台整洁的不锈钢处理器占据了半间屋的面积，竖条窗和木板门都在提示这是一个房间，不同于楼上的车间。上下层功能与气质上的差异性也体现在室外。与上层粗糙和直白的灰色形成对比的是，建筑师在下层采用了红色黏土砖与面砖来铺砌地面、墙面、坡道与台阶。江南的雨水很快就在砖砌踏步的砌缝间培育出翠绿的青苔，让建筑师的意图一览无余，以红砖的温暖和拙朴营造一个亲切和平静的角落，旁边的竹林与门前的池塘也是这个景观设计的一部分。

不难理解这种差异所传达的讯息。上层的分拣、传送、压缩属于机械流程，建筑师相应地把结构与材料最直接的样貌暴露出来，效率与合理性是核心的诉求。下层处理器实现一种特殊的转化，厨余垃圾被转化成肥料，最终又回到村里的土地中去。确实没有什么材料比红砖更有利于陈述这种有机循环的理念，我们不难在阿尔瓦·阿尔托的作品中找到建筑师所期望的场景。象征性诠释的延伸是这所小建筑鼓励人们去感受和解读的。

这个小建筑之所以值得专门讨论，在于它的"功能"实现超乎想象。我们去参观时，刚刚完成了垃圾的压缩，整个垃圾站竟然看不到一点裸露的垃圾，地面、墙面与机械也都保持洁净，这与我们平常对乡村卫生条件的不满形成了强烈的反差。垃圾分拣是另外一个意外，在北京这样的城市，垃圾分类宣传了很多年，仍然停留在口号与摆设。但是在鄣吴，我们亲眼看到村里各家各户收集的厨余垃圾被转化为一袋一袋肥料。一个小小的垃圾站，足以修正对乡村管理与生活状态的某些偏见。

除去实用效能之外，对"功用"（purpose）的"意义"（meaning）诠释则要归功于建筑师。贺勇的处理很容易让人联想起围绕"功能主义"的种种争论。早在 20 世纪初期，阿道夫·贝恩（Adolf Behne）就将这种蕴含了意义诉求的"功能性"（functionalist）与单纯追求效用的"功利性"（utilitarian）区别开来。[1] 贝恩所支持的当然是前者，通过效用与意义的结合与延伸，一个功能性的建筑可以与文化、哲学，甚至是对人的塑造相关联，这当然意味着建筑师更广阔的操作空间以及更丰厚的内涵来源。而对于后者，功能被缩减为量度的计算，枯燥与单一成为不可避免的宿命。遗憾的是，贝恩的精确分析并没有被大多数的人接受，"功能主义"几乎成为现代主义的原罪。

在贺勇的小房子中，上下两层可以被视为对"功利性"与"功能性"的分别呈现。沿着这条思路，我们甚至可以将垃圾处理站与有机建筑传统，与表现主义建筑，甚至更早的浪漫主义思想联系起来。但这样显然会引发将"精英化"的理论体系强加于一个普通建筑的质疑，就像巴拉干厕位的例子一样。但换一个角度看，为何要坚持"精英"与日常的割裂？这些体系之所以成为精英，恰恰是因为它们能够提供普遍性的、具有深度的解释，如果你不在自己的脑海中把它们当作"精英"而敬而远之，那么没有任何障碍将它们与一个垃圾站或者是厕所联系在一起。精英与日常之间的差距或许不在理论与实践中，而是在人们自身划定的等级观念中。赫拉克利特在自己厨房中所说的话在今天仍然发人深省："进来，进来！神也在这里。"[2]

需要我们软化精英与日常二元对立的情况，也出现在无蚊村月亮湾小卖店的设计中。这个小店原来是村民搭的违建，因为处在村里特别打造的水景旁边，所以要进行改造，兼顾小卖店的原有功能以及景观作用（图5）。贺勇的设计基本都得到了实现，唯一的改动是小卖店的天窗因为"麻烦"被包工头省掉，使得店里即使是白天也需要开灯补充照明。在贺勇的几个乡建作品中，小卖店的位置最为优越，这里是无蚊村中心3条山谷的交汇地带，从山里流下来的泉水被3道石堤拦住，原来的乱石滩由此变身为山光水色的月亮湾。小卖店就位于两条溪流的交角处，地势高出水面不少，两边都被水面环绕，一道石梯可以从小卖店旁边下到水边，村里的妇人常常在此用山泉洗衣。

图4 鄣吴镇垃圾处理站外观（图片：贺勇）　　　图5 无蚊村小卖店原状（图片：贺勇）

此处原有3栋小房子，错落布局，倒是很接近贺勇景坞村社区中心的格局。这几栋小房子最大的不足在于面向月亮湾水面过于封闭，过去这里是乱石滩时这并不是问题，但现在这里已经是月亮湾，做出改变也就理所应当了。贺勇的新小卖店仍然保留了3个房子原有的平面格局，由呈丁字形相交的两个房间组成。坡顶元素也得到保留，在这里变成了平缓的单坡，从两端向中心汇聚。建筑师最大的改动在于将临水的封闭房子打开，转变成开放的亭阁。靠道路的一面完全开放供人进入，侧面设置了传统的美人靠座凳，面向主要水面的墙体上挖出一个整圆的窗洞，呼应传统园林中的圆窗或者是月亮门（图6）。或许是吸取了社区中心与书画馆的经验，这里没有再采取容易被"修正"的白色粉刷，而是用竹竿支模现浇混凝土来铸造这个小房子。竹竿与竹节在墙体上留下了很深的印记，爬山虎正在攀援，一旁的翠竹与墙体上的凹槽形成巧妙的对话（图7）。

贺勇的处理显著地提升了小卖店的存在感。粗糙的墙面、统一的材质、连续的体量明白无误地呈现出房子的特殊性。圆窗则是最精妙的一笔，不仅给予亭子鲜明的江南文化属性，它位于正方形墙体正中央的位置渲染出一种含蓄的纪念性，无论是在东方还是西方，方和圆都被赋予和谐与永恒的寓意，贺勇再一次将一种经典理论传统固化于小卖部的混凝土墙壁中。

这两种不同的内涵，可以解释我们面对这个简单的小房子时并不简单的体验。一方面是依山傍水的临泉小榭带来的惬意，另一方面是高居水面之上几何象征的纪念性，前者将我们引向山水之中隐现的亭阁，后者则让人联想起西方古典时代的神庙。将两种相对异质的传统并置在一起并不是第一次在贺勇的设计中出现，但在小卖店应该是最为微妙的。如果从远处走近，最终进入亭子里面，就能清晰感受到两种内涵的转换。远观时水面开阔、地形凸显，"神庙"的纪念性更为强烈。走近一些，房子与周围草木石渠的关系展现开来，开始变得更为亲切。最后进入亭子内，透过圆窗看到对面的山水农宅，最终意识到你原来身处月亮湾，身处江南，身处自然园林之中。与垃圾处理站类似，这个小房子中也蕴含着两种话语体系的交融，只是在这里更为细腻与含蓄。

对于村庄来说，贺勇的小卖店完成了两种作用，补充了景观元素还在其次，更有价值的是，原来的小卖店仅仅是在地点上位于村子的中心，而现在的小卖店才是整个村子空间结构、场所氛围、活动交流的中心（图8）。亭子里的八仙桌与儿童游戏的摇摇乐透露出公共活动的频率。贺勇曾经希望景坞村社区中心与鄣吴村书画馆能够成为乡村生活的中心，但我们去参观的时候，这两个建筑中几乎空无一人，反而是在无蚊村的小卖店，4 位村民正兴致勃勃地玩着麻将，另外几位站在一旁围观。

3. 乌托邦与乡村

上面讨论的 5 个项目并不是贺勇在鄣吴镇的全部作品，但是也足以传递一段值得关注的讯息：它们作为整体展现了一种特定的乡建模式，

图6 无蚊村小卖店改造现状（图片：贺勇）

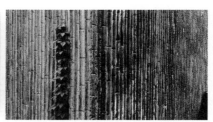

图7 无蚊村小卖店竹模版清水混凝土外观效果
（图片：贺勇）

虽然不同于当下的乡建主流，但或许是更为真实，也更为现实的乡建模式。真实不仅在于这些项目已经建成，还在于它们是由乡村投资、乡村建造，并且为乡村所使用。现实则是指从设计到建造以及使用整个过程会受到很多因素的影响，贺勇几个设计不同的遭遇就体现了现实的复杂性。这两种特征都来自乡村在这些项目中所扮演的角色，在鄣吴，乡村的立场更为强势，作为毋庸置疑的主角，乡村对项目的干预更为直接，它们更接近于我们通常所认知的"甲方"。

从这个角度来说，贺勇的设计所遭遇的其实是再正常不过的甲乙方拉锯，只是当这种拉锯发生在大学教授与乡村之间，发生当下的乡建热潮中，反而变得有些"非典型"。近年来在大众媒体中传播很广的许多乡建案例中，乡村主要是作为一种背景出现，为建筑师提供不同于城市的场所环境、自然条件。乡村既有的建筑品质，如本地材料、传统建构、空间秩序往往成为建筑师最为珍视的设计出发点，由此才会有多种多样的特色鲜明的乡建成果。与鄣吴的情况不同的是，这种"典型"乡建模式中，乡村被定格在沉默的"文脉"中，它以自己的传统为建筑师提供素材，而剩下的工作完全落入建筑师的手中。如何使用这些素材，用什么样的资源来完成建设，在大多数情况下，乡村的声音都是微弱的。因为主导了整个设计与建造过程，建筑师能够保证设计的品质能够贯彻始终，但潜藏的危险是项目虽然建造在乡村却并不真正属于乡村，无法与日常的乡村生活相互融合。

当乡村成为布景，而不是建筑的切实发起者和使用者时，它也就会滑向阿道夫·路斯（Adolf Loos）所描述的"波将金城"（Potemkin City）——一个刻意装扮起来的秀美村庄，其实只是为河对岸的女王观赏的假象。[3] 路斯以波将金城形容 20 世纪初的维也纳，那些被装扮成文艺复兴样式的建筑，仿佛能让建筑使用者瞬间变成贵族，实际上不过是自欺欺人。当下的一些乡建项目也在进行这种装扮，装扮的对象正是乡村，只不过是被"乌托邦化"的乡村。"乌托邦"往往是沉默的，因为一切已经完美，无法再予改动，也就不再需要不同的意见。在一些建筑师看来，乡村就是这样一个理想的"世外桃源"，它所拥有的自然条件、生活方式、建筑特色都是城市环境中所缺乏的，因此可以作为对城市生活缺陷的弥补，为那些对城市不满的人提供慰藉。这样的乡建作品，建立在对乡村社会的选择性描绘之上，会过滤出有利于填补城市缺陷的元素，而其他的东西则与乡村背景一道沉入寂静之中。就像波将金城市是为女王所准备的，这样的乡建作品实际上是为城市里的人所准备的。

这并不是否认为城里人服务的乡建的价值。即使是一种选择性的图像所提供的短暂抚慰也仍然是有益的。这里想要说明的是有必要将这种方式与另外一乡建区分开来，那就是为乡村所做的乡建。贺勇在鄣吴所完成的就属于后一类，在这些项目中乡村从背景中走向前台，并且发出不容拒绝的声音，从设计到使用，乡村始终占据着核心的位置。对于乡村来说，做别人的布景还是自己做主角差别当然是明显的。布景随别人的剧情所摆布，可被替换也可被舍弃；主角不仅能掌控剧情，更重要的是还能不断拓展新的剧目。从车站到小卖店，鄣吴在建筑师的帮助下改造乡村环境的举动持续不断，而实实在在获益的则是村民。为乡村所做的乡建不是城市生活的补药，而是乡村生活的自主延伸，这实际上是乡村聚落演化转变的主要方式，而不是依赖于城市建筑师的"点石成金"。

从另一个角度看，为乡村而做的乡建对城市人也有特殊的价值。在为城里人服务的乡建中，乡村被美化成对立于城市缺陷的"乌托邦"，但不应忘记，"乌托邦"并不存在，不去对身处的现实进行改变，"乌托邦"永远都是乌有之乡。这样的乡建，所能提供的帮助始终是有限的，而如果仅满足于此，我们甚至会错失真正改善的动机与机会。与之相反，由乡村主导的乡建始终是积极参与性的，恰恰是因为村民们不认为自己所处的是"乌托邦"，所以才需要不断的修正和改进。他们心目中也有一个理想的图景，并且愿意为这一图景付诸行动。罗伯托·昂格尔（Roberto Unger）将这种愿景称之为前瞻性思想（visionary thought），它"并不是完美主义或者乌托邦式的。它并不常常展现一幅完美社会的图像。但它却要求我们有意识地重新绘制地图，来呈现可能的或者值得期待的人类关系，去发明人类关联的新模式，并且去设计体现它们的新实践安排"。[4]大卫·哈维（David Harvey）的话也意味着一种辩证关系："只有改变机制世界，我们才能改变自己。同时，只有基于改变自己的意愿，机构的改变才有可能。"[5]这种实践性的前瞻性思想与静态的乌托邦幻想之间的区别，也是为乡村服务和为城市服务的两种乡建之间根本立场的不同。它们导向的结果也不同，一种状况下乌托邦滑向空想领域越来越远，而另一种情况下现实在辩证的改变中有可能越来越接近乌托邦。郙吴的案例具有很好的说服力，无论是建筑师还是村里，都没有一幅整体的理想图景，项目的推进也充满波折，但是在不断磨合与调整中，也还有垃圾处理站和小卖店这种更为成功的进展。如果一个村庄能完善地运行垃圾分类，有效地改善公共环境，城市的社区为何不能效仿，成为一个更为理想的"城市村庄"？

这或许是来自郙吴镇的消息中最有价值的部分。这个措辞当然是在模拟威廉·莫里斯（William Morris）的小说《来自乌有乡的消息》，莫里斯描绘了一个并不存在的乌托邦，来对现实进行批判，但是对于从批判到乌托邦的道路却无人知晓。中国的乡村并不缺乏被"乌托邦"式计划所摆布的经历，而中国40年来的改革之路就起源于小岗村所发起的自我组织。郙吴镇的消息是关于前瞻性改进，关于建筑师与村庄的共同演出，关于在接受与改变中不断积累的经验与教训，关于出人意料的遗憾

图8 无蚊村小卖店凉亭（图片：贺勇）

和出人意料的惊喜的讯息。这当然距离乌托邦的理想图景很远，但是与消息一同而来的是村庄一点一点的改变，乡建没有被定格于一两个项目，而是作为进程，不断到来。

在贺勇这几个项目上，我们看到的是这一进程的多变剧情，这提示我们对城市与乡村、经典与乡土、精英与日常之间的关系做出不同的思考。其实在郭吴村的传统中早已蕴含着促使我们颠覆这些二元划分的因素，这个村里所出产的竹扇，从选材、色泽、形态到结构无不精雕细琢，文人雅致耐人寻味，如果认同这样的精英制扇传统，又为何不能接受巴拉干或者是阿尔托的精英建筑传统？又为何一定要在东方与西方、精英与乡土之间划上不可逾越的分割线？当我们谈到乡村时，不应忘记爱德华·萨义德（Edward Said）对东方主义的批评，我们想要面对的是一个真实的乡村还是一个根据二元对立的需要"反向"（negative）定义出来的"异类"（alien）乡村？[6] 一种潜在的"乡村主义"可能带来的危害也是类似的，它会让人们忽视乡村中的能动性，忽视它"能真实感受到的，体验到的力量"。[7]

郭吴镇的消息所提示的不仅是对我们理解乡村、切入乡村的反思。

它也可以拓展到其他与常规的二元对立概念结构相关的建筑讨论中，比如传统、本体、阶层等话题。无论是"尊重"还是"批判"，一种动态的、参与性的辩证互动，都比"乌托邦"布景更有利于建筑实践的可能性拓展。从这个角度看来，鄣吴村头车站的巴拉干式厕所可以被视为一个标志，它的冲突与张力喻示了干涉与对抗，这也意味着拥有更多可能性的未来。

鄣吴仍然在践行这样的策略。在镇卫生院工地，我们看到建筑师仍然与甲方代表在现场讨论这里是否要增加一个房间，那里的影壁是否仍然需要。又是一个典型的贺勇式乡建作品，或许不能再称之为乡建，因为它的体量已经扩大到数千平米。经历过这么多剧情起伏，我们有浓厚的兴趣期待鄣吴镇所传来的新的讯息。

（本文原载于《建筑学报》2016 年第 8 期）

注释

1. Adolf Behne. The modern functional building [M]. Santa Monica, Calif.: Getty Research Institute for the History of Art and the Humanities, 1996: 123.

2. Ortega y Gasset. Meditations on Quixote [M]. New York ; London: Norton, 1963, 1961: 46.

3. Adolf Loos. Spoken into the void : collected essays 1897-1900 [M]. Cambridge, Mass.; London: Published for the Graham Foundation for Advanced Studies in the Fine Arts and The Institute for Architecture and Urban Studies by MIT Press, 1982: 95-96.

4. David Harvey. Spaces of Hope [M]. Edinburgh: Edinburgh University Press, 2000: 186.

5. 同上 .

6. Edward W. Said. Orientalism [M]. London: Penguin Books, 1995: 301.

7. 同上 ： 202.

14

有龙则灵
五龙庙环境整治设计"批判性复盘"

周榕

1. 复盘·后博弈

"复盘",这一源自围棋的术语,精髓在于博弈之后的再博弈:一局手谈终了,或独自、或邀二三同道中人,逐一复演对局招法,回到战时情境中衡估利钝得失,并探讨既成盘面之外的其他可能性。复盘抽离了实战搏杀中的速度感与功利性关切,通过关键节点的招式拆解及假想型的思维推演,不仅使对弈过程的取舍优劣清晰呈现,更让一纸固定的棋谱幻化为无数局可能的流变。离开复盘,围棋不过是寻常的胜负游戏,而对博弈过程进行复盘的再博弈操练,则让围棋晋身为一种思维的艺术。

从博弈的角度观察,建筑实践亦如枰对——从筹谋、设计到施工、落成,乃至媒体刊布及社会反馈,每一步都可能出现意想不到的条件限制与问题挑战,需要建筑师放弃定式套路而拆招应对。若论博弈空间的错综宽广,建筑实践远逾棋道之上,其中蕴藏的博弈智慧更是可供持续开掘的思想富矿。然而遗憾的是,由于建筑专业领域缺少后博弈的"复盘文化",使得"建筑评论"常变质为总结性、断言式、概念化的"建筑评价",从而失去了本应通过在复现情境中层层辩难、对拆而显影出的批判性思维价值,导致建筑实践无法真正从建筑评论中获取智慧养分。未经深度博弈化的头脑交锋与心智砥砺,建筑评论和建筑实践难免隔山打牛、南辕北辙；而只有经由回溯、拆解、诘问关键节点博弈招式的"批判性复盘"，建筑评论才能更真实、有效地切进建筑实践的思想内核并对其发挥智识作用（图1）。

来自文保专业领域的争议，让山西芮城五龙庙环境整治工程在完工后，被动地进入了一个复杂而激烈的"后博弈"状态。由于事关全国重点文物保护单位——存世第二古老的唐代木构建筑，被命名为"龙·计划"的这一项目甫一进入传播语境，便吸引了文保领域的专家和大批文物建筑爱好者的高度关注，随后来自这一群体部分成员的非议之声更不绝于耳。非议的焦点所在，是这个严重偏离了文保建筑周边常规处理范式的设计，是否具有令人信服的"合法性"？

在专业的建筑设计领域，"合法性"从来不曾成为一个问题，受过严格职业训练并有着丰富从业经验的建筑师，似乎天然得到了对其设计的"合法性授权"。而围绕"龙·计划"项目展开的跨界争议，却突然在"文化合法性"问题上将论辩双方拖入了相互质疑的意见漩涡——文保专家高举保护历史"真实性"的行业大旗，批评建筑师破坏了历史环境的整体一致性信息；而建筑师则以"时代性""社会性""日常性"等观念针锋相对，直指建筑遗产保护领域的固步自封。在这个"双向批判"的博弈格局中，博弈双方都不自觉地以己之长攻彼之短，试图一战而夺取"文化合法性"问题的话语权高地。然而，这种各执一端的利益化博弈状态，远不能充分兑现"后博弈"这一难得的批判性契机所可能揭示的思想价值。因此，本文试图采用"批判性复盘"的方式，回到五龙庙环境整治设计的关键性思考节点，分别围绕设计态度、设计策略和设计形式这3个不同维度，将该设计引发的思想博弈导向更为深化的层面。

2. 态度·如有神

建筑师王辉第一眼看到的五龙庙，周围环境较为恶劣。这个千余年来一直庇佑龙泉村风调雨顺的精神高地，其原有的"神性"在很多年前就已经黯然消逝，仅余下凋敝的人工躯壳。与中华大地上许许多多曾有"神灵"栖居的传统信仰空间一样，五龙庙的颓败始于现代世界的"祛魅"——机井灌溉技术的普及，令祈雨仪式变成不折不扣的迷信，而祈雨功能的丧失，又让这一场所逐渐失去了对乡村日常生活的精神凝聚力。随着地下水位的下降，原本风景如画的五龙泉干涸枯裂，天长日久竟沦为村里的垃圾堆场。从曾经的精神制高点跌落凡尘贱地，五龙庙的遭遇，仿佛古老农耕文明在现代社会衰微命运的缩影（图 2）。

如果说，与神的"失联"让五龙庙地区开始丧失尊严的话，那么，与人的区隔则让五龙庙的整体环境彻底失去了"活性"。2013 年末至2015 年初，国家文物部门对五龙庙及戏台进行重新修复之后，四围红墙和一道门锁，把五龙庙与周遭环境决绝地切割开来。这种在中国建筑文保领域极为通行的常规做法，实际上是把围墙内的空间，视为一具将历史遗存当作僵尸"封印"起来的水晶棺，以此来保护所谓的物质"真实性"尽可能少地受到时代变化因素的干扰，从而能近乎恒定地留存下去。不得不说，这种将文保建筑置于"灭活"的、"非人化"空间中的思路和做法，在当下的国内文保领域仍然占居主流，而其理据却极少受到批判性的质疑与拷问。"存其形、丧其神、逐其人"，是国内大多数文物建筑经过标准文保整修流程"保护"后所遭受的普遍命运，如果没有"龙·计划"的介入，五龙庙不过是尘封的物质遗产库存单上所记录的一个名号而已。

面对彼时的五龙庙这块事实上"人神两亡"之地，王辉在开始设计

图1 改造前的五龙庙环境（图片：都市实践）　　　　图2 改造前的庙院（图片：都市实践）

之初的价值目标简单而明确——要引人、更要"通神"。引人，是建筑师设计公共空间的看家本领；而"通神"，则显非一件易事。所谓"通神"，可以理解为对现代"祛魅"空间某种特殊的"复魅"（re-enchantment）过程，而这种"复魅"的最终目标，是为场所营造一种非功利、超越性的"神性氛围"。正如美国著名政治学家本尼迪克特·安德森在《想象的共同体》一书中所言，宗教式微后的现代社会，反而更需要一种作为宗教替代物的新神话，从而"通过世俗的形式，重新将宿命转化为连续，将偶然转化为意义"。[1]10 事实上，神话作为一个虚构的意义框架，对人类个体短暂而偶然的存在给予一种意义性的解释和定位，这个有关人类存在终极价值的解释与定位功能，是包括科学在内的一切演化论／进步论的思想形态所无法取代的。因此可以说，一切文明的价值内核必然是"神话"，而"神性空间"也标志着一种文明在空间想象上能够达到的巅峰。在"人格神"神话日趋破灭之后，重塑"文化之神"的相关叙事成为现代社会的重要使命。随着现代文明的深化演进，现代建筑也走出了一条从功能性到人性、再从人性到神性探索的历史轨迹。而在终极关切的价值意义上探索空间"神性"，在中国当代建筑实践中尚处于一片幽暗的空白。五龙庙环境整治设计，或许可以算作中国建筑师小心翼翼迈向"通神"

之路的一小步。

如何在不采用任何传统宗教性空间手段的前提下，用世俗的形式重新凝聚乡土精神、萃取文化意义，使五龙庙再度返魅为一个新的"神性场所"？复盘至此，我们基本可以理解王辉要将五龙庙的周边环境设定为一个整体露天博物馆的初衷所在。事实上，在现代建筑体系中，可供建筑师使用的与"神性"相关的思想资源和形式资源极为匮乏，而博物馆作为从最早的缪斯神庙发展、转化而来的"现代知识神殿"，也的确是最符合将五龙庙打造成新神性场所的当代建筑类型选择。"博物馆和博物馆化的想象（museumizing imagination）都具有深刻的政治性"，[1]67 因为这意味着通过高度体系化的知识收集与陈列，而虚拟性地拥有了这些知识的产地空间，以及支配空间的合法性权力。博物馆所代表的"知识权力"辐射出的抽象的神圣气场，正是王辉所试图借取、调用的场所复魅工具。在笼盖全域的"博物馆化"神性氛围基调下，博物馆具体的展陈内容，及其与五龙庙本身是否贴切都已无关大局。

恰如在精卵相遇的刹那，就已然决定了其所孕育的生命本质；建筑师价值态度的确立，即已铺就了一个设计的本底调性。"通神"，是五龙庙环境整治设计所昭示的统摄性文化态度，其后无论是建筑学的取势赋形，还是社会学与经济学的附加值动作，都莫不围绕此一根本性人文观照而展开。从本质上看，五龙庙环境设计的价值目标既非功能性，甚至也非形式性，而是精神性的。继前所述，神话，也即精神性的意义归宿是"文化乡愁"的价值内核，建筑师在该项目上的雄心，是通过营造一个"传统"与"现代"并置勾连的新神性场所，来凸显某种古今延绵、新旧生息的"连续性"意义归属——寄寓于日常生活从而斩之不断并挥之不去、有关精神故里的"文化乡愁"。在这一被重新定义的当代"文化乡愁"中，五龙庙被标准文保流程所"脱水"的"标本化历史"，重新被接续上时间的水源和生态的血脉。

在中国传统的文保观念中，现代生活被刻板地视为对古代遗产富有侵蚀性的"有毒环境"，因此需要在文物建筑和周边的人居场所之间做严密的"无菌化隔离"，哪怕文保对象就此成为僵尸化的"死文物"也在所不惜。从这个角度看，"龙·计划"对于五龙庙文物本体最富于创造性的贡献，是将其原本"无菌化"的"隔离环境"，置换为一个"过滤性"的"缓冲环境"，让当代生活与历史遗存之间保持某种低烈度但却具有日常性的无缝交接。即便不考虑"龙·计划"通过拓展旅游市场为五龙庙所增加的经济吸引力，通过再造精神性公共空间为龙泉村所提升的社群凝聚力，以及通过广泛的媒体传播而得到极大跃迁的社会知名度，仅从其通过神性贯注和人性滋养，令"僵尸态"的文物本体"活化"为综合性的人文生态核心这一条来评判，五龙庙环境整治设计就无疑获取了比寻常文保项目更丰富、更贴身、更具生命力的"文化合法性"。假如说人文态度和价值取向决定了一个设计"评分系数"的话，那么"龙·计划"项目的"评分系数"显然获得了更高的整体难度加权（图3）。

尽管在王辉和都市实践的所有作品中，五龙庙环境设计当属精神格调最高的一个，但过于强调"神性氛围"的营造，也限制了建筑师在设计的多样性和灵动性方面的发挥。例如，相较于高台上五龙庙周边为乡土"安心"的神性之地，坎下五龙泉旁为村民"安身"的公共广场则不免稍逊人意。由于两者采用了相近基调的神性氛围设定，导致为人服务的村民广场略显呆板和萧索。实际上，似此乡野小庙，在民间传统中本为人神杂处互娱之所，坎顶神性空间的端庄凝肃，理应用坎下世俗空间的生息灵动予以对偶均衡，方收人神相谐、水火既济之妙。而现下的村民广场采用强化平行式空间切分节奏的景观布局套路，仿佛仅仅是坎上神性序列一个匆忙的前导与过渡，其在对"在地性"的照料和"日常性"

的入微方面显有缺失。上下并观，神思有余而人虑欠足，以致整体环境设计功成半阙、未竟全曲。想必，"通神"而不"远人"，是需要在更多经验积累之上才能逐渐领悟并运用平衡的设计辩证法。

3. 策略·再虚构

神话，无非是一场"有意义的虚构"。尽管一切设计本质上都是"虚构"，但对"龙·计划"这一有预谋的空间新神话来说，设计的策略难点在于，如何调动资源把空间的"虚构"组织成为精神性的"意义结构"，同时又不能对文物本体的真实性产生侵害。

事实上，五龙庙在 2013 年落架大修后，无论是文物本体还是周边环境都已沾染了浓厚的"虚构"色彩。特别是被红墙包围的空荡庙院空间，完全是五龙庙申请文保单位后才出现的"虚构"产物，而此前五龙庙主体一直被当作乡村小学来使用，其原初状态的庙墙界域和形制已不可考。因此，王辉在开始"龙·计划"设计时即已清醒地意识到，这次设计在本质上，就是对文保部门所"虚构"出来的五龙庙既存环境的"再虚构"。

被文保专家所集体默认的五龙庙披檐红墙，在某种程度上反映了国内文保领域对环境"虚构"的两个认识误区：其一，是用"类型化"的普泛方式处理"虚构"。一般而论，文保领域内的"遗产"概念，其关联对象必然是一个文化的"想象的共同体"。因此出自文保专家之手的环境"虚构"，往往与文物本体的独特状态无关，而更多地考虑其是否符合文化共同体对"历史风格"的普遍化想象；其二，是混淆了"虚构"与"伪造"的界限，将文物本体以外的周边环境统一进行仿古式处理，以达到"拟真"甚至"乱真"的和谐效果，但其结果，却往往使文物本体的"真实性"遭到文物环境"虚假性"的强烈破坏，从而将文保对象置于一个真伪难辨的可疑历史状态。五龙庙的"文保院墙"，集中展现了低品质的"类型化环境伪造"对文物本体的伤害——不仅其色彩与五龙庙古朴的形式外观毫不协调，其规制更是破坏了五龙庙作为唐构遗存的可信度。

为校正上述两个误区所带来的偏差，针对五龙庙即存"虚构"环境的"再虚构"，就需要用"创造性虚构"来代替原有的"伪造性虚构"，用"个性化虚构"来代替原有的"类型化虚构"，力求做到"虚而不假、幻而不空"。为此，王辉在五龙庙环境整治设计中精心铺陈了三重"虚构"策略：

第一重策略，是"定位虚构"——通过使整体环境"博物馆化"，而将五龙庙本体从原有的宗教定位转化为世俗的知识定位。建筑师巧妙而娴熟地把庙宇主体建筑组织进一条博物馆参观流线，位处展陈"中国古代建筑史时间轴"东侧的"序庭"与西侧的"晋南古建展廊"之间，从而令文物本体化身为巨大的实物展品。而入口"序庭"地面上雕刻的五龙庙足尺纵剖面图及附录其上的文字信息，把五龙庙实体反衬得更像是一个三维空间的知识投影。"定位虚构"让文保空间"再知识化"，把文物本体从被"封印"而对现实无效的"遗产状态"解放出来，成为鲜活的当代知识系统中的有机一环。

第二重策略，是"空间虚构"——经过纵横墙体穿插的"夹壁"处理，五龙庙原本"中心—边界"式的单一空间结构，变成院落层叠互见，但又以庙宇主体为核心的多重环绕式空间聚落。聚落化空间结构增加了五龙庙环境的复杂性和多义性，平添了供人停留、盘桓的多样场所，非匀质的空间内容与形式使五龙庙整体环境变得生机勃勃并气息流转。

第三重策略，是"仪式虚构"——对建筑师来说，在繁复的传统祭仪消失之后如何还能保持五龙庙的神圣感，是一个棘手的形式问题。事实上，传统的祭仪之所以繁复，无非是为了通过冗余的仪式感拉开与凡俗生活的距离，深谙此理的王辉因此特意在前导空间形式中着重强调了"仪式感"和"冗余性"：五龙庙原本的进入方式，是经过一道斜向陡坡直抵高坎上戏台一侧的庙门，然后开门见山地将庙宇主体一览无余。而在王辉的新设计中，不仅把从坎下到台顶的 6m 高程拆解为两段绕树而行的台阶，并且充分调动东侧空间的横跨与纵深，尽最大可能延展参观五龙庙的前序路径的长度。如果留心观察，从坎下的村民广场入口出发，直到第一眼看到庙宇主体的山墙面，前后共需要经历 5 次空间的转折。这 5 次空间转折，正是通过不知不觉的、强制性和重复性身体转向，来达到烘托冗余化的空间的目的，最终，这一新"虚构"出来、不断被叠加累进的"类祭仪化"行进过程，通过一条正对五龙庙山墙中轴线的狭长夹道而达到仪式感的高潮——五龙庙以一个相对陌生的"新"面向，成为"知识祭仪"的朝圣终点。

经此三重全新的"再虚构"——"定位虚构"布设出提纯、抽象、精英化的知识结界；"空间虚构"生产出转折、剔透、变幻的多重景深层次；"仪式虚构"炮制出"三翻四抖"的戏剧化节点与逐渐聚焦的精神序列——建筑师在关系紧张的古典形式传统与当代乡村生活之间，植入了一个与两者都迥异殊隔的现代乌托邦空间"垫层"，整体设计由此散发出某种超现实的"致幻"感：一方面，非真实的"幻觉化"围合环境，强有力地反衬、烘托出五龙庙"真实性"文物本体的崇高价值感；另一方面，这一"超现实"缓冲层，极好地遮挡了周遭无序翻建的"新民居"给五龙庙造成的"现实性"视觉伤害，同时通过超现实空间序列的层层过滤，弱化了喧闹的世俗生活对神性领地的袭扰。尽管为都市实践所习用的以统一、抽象、纯粹为特征的乌托邦化空间设计手段，在复杂的现实环境中常显得"不接地气"，但用于此设计中的整体超现实氛围的营造，却堪称妙手偶得——"去时间化"的衬底环境越纯净虚幻，五龙庙作为历史子遗的"真实性"和沧桑感反而越强烈。似乎证明了"诸法空相"的逆命题，或许是"空相皆法"。

4. 形式·结法缘

王辉最初、也最中意的一张草图是粗糙的两面平行墙体夹峙形成强烈的一点透视框景，堪将五龙庙山墙立面涵纳其中。这张最终完美变现的草图集中体现了建筑师在整个设计中的形式追求——"有法度的视觉"。

与绝大多数中国传统庙宇一样，五龙庙正殿的中轴线位处正南北向，其南面建一座用于娱神的清代戏台。但仔细观察，这个戏台并非位于五龙庙正殿的中轴线上，而是略微偏西坐落，也就是说，五龙庙主体的空间中轴线，并未通过连接戏台与正殿的中央甬路铺砌而被正确地标示出来。同样，五龙庙原来的入口偏居戏台东侧，与主体建筑的中轴线之间也没有任何对位关系。类似的不精确情形在制形较低的乡土建筑中极为常见，生动反映了民间营造的自由风貌，但却偏离了王辉为五龙庙所预设的精准知识状态。于是，建筑师就借助一系列的空间再造，来重新规定参观者对五龙庙"正确"的观看方式，并通过高度理性和精密的视觉对位控制，把原本带有几分"野气"的五龙庙整合进一个按照抽象的知识观念组织起来的、严格的理性关系结构，是谓"结法缘"。

首先，确保坎顶平台上所有的新建墙体，都处于严格平行于五龙庙正殿的正交体系中，以此简明的标准参照系来保证古典透视法的有效性和统一性；其次，依托该正交体系，抽取对五龙庙正殿之东、西、北三个立面中轴形成一点透视的精确角度，通过建筑处理来设置对位轴线的引导性看点。东侧两墙夹道形成的轴线感最强，西侧单墙破缺形成的轴线感弱之，而北侧以凸出观景台的方式形成的轴线感最弱，尽管如此，在这三条被精心定义了观看方式的轴线上，都可以清晰"凝视"透视变形最小、甚至逼近绝对知识状态的建筑立面，很大程度上校正了传统上对五龙庙形象较为散漫的乡土化认知；再次，在正殿的东南、西南、西北、东北四个角向上，或利用悬挑正交的框景、或利用坐凳及景窗洞口，同样精心安排了四个两点透视的经典角度。如是，三个一点透视、四个两点透视的周密视角预设，确保了对五龙庙正殿的观看，并非随意、偶然和连续，而是在一个法度谨严的知识格局中精准地定位展开的。

之所以选择对文物本体预设如此定点化、绝对化的观看方式，显然是建筑师迫于无奈的变通之举。由于五龙庙主体建筑的规制不高，其"耐看"程度，远低于佛光寺、南禅寺这样堂皇而精美的唐构，因此建筑师不得不运用空间手段，让人更愿滞留在精选视角的远观区域，被"法相庄严"所摄而无意抵近亵玩。但也正因对"法度视觉"的严格追求、甚至过度设计，导致东侧次轴线被太过强调表现，同时在流线安排上也缺乏对顺畅进入正殿大门的转折引导，以至于在相当程度上影响了五龙庙传统中轴的统率性认知地位。另一方面，过于严谨的"法度空间"缺乏

图3 改造前庙院下的空间（图片：都市实践）

图4 改造后庙院下的村民广场（摄影：杨超英）

偶然的趣味性，而设计者对静态对位视觉的偏爱，则让建筑少了几分适意的身体自在感，令人对这一设计的最终形式难免产生"巧而不妙、神而未灵"的些许遗憾（图4）。

5. 棋谱·新典范

对五龙庙环境整治设计进行批判性复盘，无异于一次智识的探险。设身处地，照谱拆解犹自目眩神伤；换位思考，可知建筑师处于高度紧张的真实博弈状态下原创性工作之艰难。实际上，在规矩森严的建筑文保领域，贸然闯入的建筑师若想探索全新的创作道路，不仅须小心翼翼地应对文物本体严格的保护限制，更要有极大勇气直面担当来自体制内部的范式化压力。

中国具有漫长"官修正史"的传统，历史叙事的"文化合法性"往往取决于叙事者的"身份合法性"。体制内的建筑文保工作，在很大程度上是"官修正史"这一传统的当代延续与拓展。而这种对"历史叙事资质"的变相垄断，导致长期以来对中国建筑历史的文化叙事很难在更具批判性和多样性的意义上深入展开。在如此逼仄的叙事语境下，"龙·计划"借助民间资本的力量，以令人耳目一新的人文态度、运筹策略和空间形式，成为全面突破既有历史空间"官式记忆"模式的一次文化创新，堪称中国建筑文保领域一个难能可贵的"新典范"。

从历史发展的角度看，"新典范"的价值并非在于完美无缺，而在于能够率先打破惯性化的文化平衡态，并通过模式创新对整个生态系统的演进起到示范和带动作用。五龙庙环境整治设计，不仅为龙泉村的村民创造了一个欣欣向荣的社会新生境，更在建筑师不敢轻易涉足的传统文保领域进行了颠覆性的创新实验。尽管实验的结果对中国建筑固有的文保观念产生了极大的冲击，但社会各界对这一创新实验的广泛欢迎和赞誉让我们有理由相信：越来越多富于原创精神的设计师，会由于"五龙庙实验"的启发和感召，跨界进入一向封闭的建筑文保领域。而随着他们的加入，一种前所未有的当代文物建筑保护模式，或将在五龙庙的创新实验基础上孕育、生成。

庙不在大，有龙则灵。

（本文原载于《建筑学报》2016年第8期）

参考文献

[1] 本尼迪克特·安德森. 想象的共同体：民族主义的起源与散布 [M]. 吴叡人，译. 上海：上海人民出版社，2005.

15

考古建筑学与人工情境
对五龙庙环境整治设计的思考

鲁安东

　　由 URBANUS 都市实践的王辉对全国重点文物保护单位唐代建筑五龙庙所作的环境整治设计引起了巨大的理论争议。这个项目坚定地对原有的场地进行了重新组织和定义。它带来的改变并非发生在对象物的层面，而是重塑了物所置身其中的境。它挑战了我们对于历史场地的整体性和一致性的预设，而引入了一种新的空间价值观——一种呈现当代与历史、整体意义与独立片段之间的差异性的设计思路。借用曼弗雷多·塔夫里（Manfredo Tafuri）对卡洛·斯卡帕（Carlo Scarpa）的评论，这种空间价值观体现了"在对形式的赞美和对其片段的散布之间固执的辩证。"[1]笔者将这样一种设计思路称为"考古建筑学"，它的主要特征是材料的叙事和空间的沉浸式体验：

　　（1）并置：承认并加强材料的多元性和差异性；经常使用并置和对比的方式凸显差异性并作为叙述的媒介。

　　（2）沉浸式体验：利用沉浸式的空间（经常是内向的）对并置的片段进行整合，但并不试图削弱片段的独立性；空间常常带有历史性或特定记忆。

　　（3）层积：考古学的地层或堆积的概念被用在对材料或建构的设计中；层积是历时的空间，也是物质对记忆的呈现；层积经常以材料的组合、剖面的揭示等方式呈现。

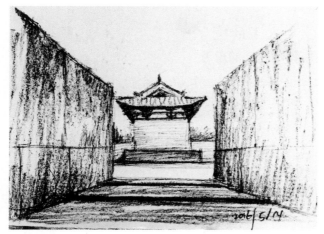

图1 方案草图

　　（4）真实性：真实性是对片段处理和空间营造的判断标准；真实性既是指物质性也是指历时性。[2]

　　本文将在考古建筑学的视野下来解读五龙庙的环境整治设计。

1. 场所性的转变

　　建筑师王辉最初面对五龙庙时绘制的意象草图中，唐代庙宇的山面——一个很少被如此凝视的角度——被前景的粗糙墙体构成的框景所定义（图1）。两侧夹峙的墙体和逐级上升的台阶将访客的视线引向这座古建筑，它优雅的屋檐曲线与朴素的前景建筑形成了一种对话。草图体现了建筑师清晰的设计决心——用一种质朴但迥异的当代建筑语言来彰显这座唐代木构。这一决心贯穿在整个项目之中并得到了充分的实现。

图2 草图实现后的现场照片（摄影：鲁安东）（左上）
图3 从北侧麦田看五龙庙（摄影：阴杰）（右上）
图4 墙与框景（摄影：鲁安东）（左）

另一方面，这个画面表现出强烈的如画主义（picturesque），它发生在游历路径的关键点上——五龙庙第一次完整地呈现在访客面前，在狭长的通道上发生了惊喜（图2）。然而在另一张从五龙庙北侧麦田拍摄的照片中，庙宇浑厚的轮廓安静地漂浮在麦浪之上，新建的庙墙呈现为水平的深色条带并在庙宇轴线上转化为一个前突的观景台。在画面中，田野与庙宇以一种松散的方式并存着，新建筑成为二者之间的协调者（图3）。

倘若进一步审视这两幅画面，可以发现庙宇在其中有着不太一样的存在。在被精心设计的建筑图景中，这座庙宇更多被视作一件珍贵的唐代木构遗存，它的意义来源于其作为知识的物质载体。此时普遍性的知识是现场漂浮着的幽灵，而现场成为对知识的物质具现和空间注解（图

4）。然而在以麦田为前景的照片中，古建筑似乎回归了原先作为庙宇的状态，它的意义来源于现场的使用和经验，场所性因而浮现出来。

与大多数文物建筑的境况相似，五龙庙的这两种性质之间隐含着冲突：不在场的知识（例如文物的"价值"）寻求着在现场的物质呈现，而本地的场所性——作为日常空间使用的庙宇——则由于传统乡村社会的解体而被消解。然而一个普遍现实是，试图在本地重建场所性的努力大多只产生表演性的奇观；而保护性的做法又常常仅从边界（围墙）向内建构出一个纯粹的"知识的现场"，从而剥夺了场地原有的本地意义的场所性。

因此五龙庙的环境整治项目可以被视作一种新途径的尝试：一方面，设计试图通过对知识的现场化产生新的空间情境；另一方面，它试图通过引入新的空间类型（例如入口广场和展览庭院）和空间情境（例如北侧的观景平台）来重新形成与本地的联系。然而无论如何，这一途径的起点是在普遍性知识的基础上创造新的场所性，它在事实上替换了原有的本地场所性，虽然后者常常已经被消解。

2. 人工情境

对于知识的现场化而言，情境是一个必要又不确定的概念。它在物与环境氛围（ambience）之间建立起解释性的关联，将知识与体验整合起来。五龙庙的环境整治项目属于以对象为中心的再现式情境，"空间被赋予主题，从而为特定的物品或地标提供恰当的语境。我们通过与对象的关联来理解空间，同时我们也能够通过对象在空间中的存在方式来更好地理解对象。"[3] 以纽约大都会博物馆的分馆修道院博物馆（The Cloisters）为例，这座 1938 年面向公众开放的建筑在博物馆设计史中有

图5 修道院博物馆圣吉扬廊院（图片：www.wikipedia.com）

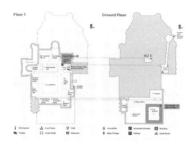

图6 修道院博物馆平面图（图片：www.metmuseum.org）

着特殊的地位，它用一系列修道院式的回廊院落（cloister）将展览流线组织起来，并将来自欧洲中世纪的艺术品与建筑构件用符合其原先状态的方式进行陈列（图5、图6）。这样的展陈方式获得了巨大的成功，正如艺术评论家加尔文·汤姆金斯（Calvin Tomkins）所观察的："许多游客表达了他们获得的愉悦感以及他们如何被场所的气氛和'魔咒'（spell）所打动，它更像是一个中世纪的发掘现场而不是博物馆。"[4] 场所的"魔咒"显然来自情境的现场感以及它将人带入想象领域的能力，即我们通常所说的身临其境——通过假想为真实（make-believe）以获得愉悦感的心理过程。[5][6]

在五龙庙环境整治项目中，古建筑（大型展品）被精心放置在新的

图7 挂板墙形成的景框（摄影：杨超英）　　　　　图8 整治后的五龙庙现场照片（摄影：鲁安东）

形式语境中：一系列庭院和夹道组织起了展览的流线，仿生土的混凝土挂板墙与青砖墙交替出现，大量使用的框景、穿插等现代建筑语言则提供了丰富的视觉经验（图7）。它一方面对"展品"进行着多角度的重新审视和框定，另一方面则提供了一个涵盖性的总体人工情境，"展品"被视作片段而在这个新的解释之场中被重新配置。这个人工情境无疑是当代的，它作用于当代的体验者，为他们进入展品所承载或者象征的领域提供一个合适的空间契机。正如在修道院博物馆中，空间以一种类似修道院的方式被布置，然而它的秩序不再来源于仪式和使用，而是顺序的游览路径（见图6）。在五龙庙项目中，原先静态的空间格局同样被动态的游览路径所重组。场地被转译为一个开放、流动的当代展览空间。（图8）

　　利用情境的"摄人"能力来重组片段之物进而经营意义并非新做法。18世纪的建筑制图家皮拉内西（Giovanni Battista Piranesi）通过透视、光线和尺度的游戏将古典建筑元素重组为一个想象的考古现场（图9），[7]英国新古典主义建筑师约翰·索恩（Sir John Soane）则在自宅中将收藏品按照它们在古典建筑中曾经的位置拼组为一个理想的建筑世界，用于给无力前往意大利访学的建筑学生一个直观的情境（图10、图11）[8][9]，而现代建筑师如卡洛·斯卡帕和大卫·契波菲尔德则大胆地利用异质材料和元素的并置来创造出混合的情境（图12、图13）。[10]-[12] 情境为展品提供了一个解释之场，而建筑师可以通过设计来经营这个解释之场的叙事。

3. 叙事

环境整治后的五龙庙有着多重的空间叙事。庙前的五龙泉被清理出来，保留的残垣断壁，从临近黄河边移植来的芦苇，以及用传统的夯土建造方式加以修复的窑洞，共同赋予庙前的公共空间一种历史沧桑感（图14）。进入五龙庙的路径被尽可能地拉长了，并制造出曲折丰富的空间序列，礼仪式的行进（procession）被空间漫游（promenade）所替代，后者显然带给访客一种当代的体验。空间序列从引导台阶的设计开始，台阶从保留树木间穿过，折而向东，入口开在尽端处的院墙上，低调而神秘。进入院门抵达了序庭，仿生土的混凝土挂板墙首次出现，地面上刻着五龙庙足尺的剖面图，墙上则刻有中国古建筑时间轴，明确地将这

图9 皮拉内西的蚀刻画（约1750—1758年）（图片：wikimedia.org）

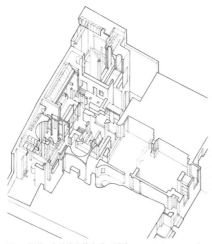

图 10 约翰·索恩博物馆内景（图片：www.behance.net）　　图 11 约翰·索恩博物馆内景（摄影：Lewis Bush）

图 12 卡洛·斯卡帕设计的维罗纳城堡博物馆（摄影：鲁安东）

图 13 大卫·奇普菲尔德设计的柏林新博物馆内景（摄影：鲁安东）

图14 五龙庙前的公共空间（摄影：鲁安东）
图15 序厅内的时间轴与地刻剖面（摄影：鲁安东）

个庭院表达为一处露天的展室（图15）。继续前行，抵达将五龙庙首次完整呈现的狭长通道，强化的一点透视关系聚焦在五龙庙优雅的侧立面，给访客带来强烈的视觉冲击和惊喜。在主殿和戏台之间，扩大了硬质铺地的面积，形成一个公共活动的场地。而在主殿北侧新设了一处观景台，可以眺望近处的古魏国城墙遗址和远处的中条山。围绕着中心庙院设计了一系列周边空间（展室），访客在游览这些空间时可以通过各种景框观赏五龙庙。多样的视觉体验——新与旧、开与合、行与转、近查与远观、图文与实物——在行走中展开。

　　五龙庙环境整治设计所精心建构的无疑是一种如画式的现代空间体验，正如英国理论家戈登·卡南（Gordon Cullen）提出的"一种关系的艺术，它将所有参与创造环境的元素编织在一起，房屋、树木、自然、水体、交通、广告，等等"，"我们的目标是通过操控这些元素以获得情感的效果……人的心灵对元素间的对比和差别作出回应，它通过一种并置的戏剧而变得鲜活"。[13]

4. 人工情境的质询

　　这个项目实践了一种新的干预方式：它暂时搁置了对场地的整体性和一致性的预设，尝试呈现片段之间的对比和差异并将它们转化为"并置的戏剧"而获得"情感的效果"。"人工情境"替代了"场地"统一了片段之物。这个新的情境提供了对物不一样的阅读方式，并通过精心设计的空间漫游组织起来。然而回到从北侧麦田所见的图景，田野与庙宇之间的松散并存产生了一种自然生成的情境，它的叙事是模糊的，也会触发或悲或喜的不同情感。与之相对，人工情境的目的是对知识的现场化，它需要更为清晰的表意来提供一个解释之场，也因而失去了意境的开放性。

　　（本文原载于《时代建筑》2016 年第 4 期）

参考文献

[1]Manfredo Tafuri. Les 'muses inquiétantes' ou le dessin d'une génération de Maîtres [J]. L'Architecture d'Aujourd'hui, 1975, 181: 14-33.

[2] 鲁安东. 考古建筑学——南京金陵美术馆设计 [J]. 时代建筑，2014（1）: 108-113.

[3]Lu Andong. Narrative Space: a Theory of Narrative Environment and its Architecture [D]. PhD dissertation, University of Cambridge, 2009.

[4]Tomkins, Calvin. 1970. Cloisters . The Cloisters .. The Cloisters. The Metropolitan Museum of Art Bulletin. 28(7).

[5]Kendall Walton.. Mimesis as make-believe: on the foundations of the representational arts. Harvard University Press, 1990.

[6]Kendall Walton. Précis of mimesis as make-believe: on the foundations of the representational arts. Philosophy and Phenomenological Research. 1991, 51(2):379-382.

[7]Luigi Ficacci. Piranesi: The Complete Etchings. Taschen, 2016.

[8]Tim Knox and Derry Moore. Sir John Soane's Museum, London. Merrell, 2009.

[9]Margaret Richardson and Maryanne Stevens. John Soane, Architect: Master of Space and Light. Royal Academy Books, 2015.

[10]Guido Guidi, Nicholas Olsberg, eds. Carlo Scarpa, Architect: Intervening with History.

Canadian Centre For Architecture, 1999.

[11]Kerstin Barndt. Working through Ruins: Berlin's Neues Museum [J]. The Germanic Review: Literature, Culture, Theory, 2011, 86(4): 294-307.

[12]Kerstin Barndt. Layers of Time: Industrial Ruins and Exhibitionary Temporalities [J]. PMLA, 2010, 125: 134-141.

[13]Cullen, Gordon. The concise townscape. Architectural Press, 1971 [1961].

16

"微更新"与延续
"水箱之家"改造项目的启示

刘涤宇

1. 改造前的"水箱之家"

改造之前的"水箱之家"有以下几个突出特点：非正式性、与高密度相关的复杂性，以及空间与身体的紧密相关性。

"水箱之家"最早是里弄社区里已经废弃的水箱。在最初建造时，无论其形状、尺度乃至空间的特质，都完全没有考虑有朝一日被用于居住的可能性，其尺度的设定自然也与人的身体尺度并无关联。但当其丧失作为水箱的功能时，被"占据"为居所，而且持续了大半个世纪之后，居住者已经过多次的变动，空间也为了适应各种居住需求而一次次更改。

但"水箱之家"的非正式性不仅来源于其建造过程。"水箱之家"位于上海一个典型的新式里弄社区的偏僻角落。从外观上看，它没有社区内其他里弄住宅的坡屋顶、清水红砖墙等标志性的材质。窗子的开设也大小不一，有很强的随机性。在改造之前，它像临时构筑物一样孤立在里弄社区的一角，与社区的整体环境缺乏有机关联，这是其使人产生非正式性感觉的更重要原因（图1—图3）。

一次次搭建的过程导致了高密度和与之相关的复杂性。藤本壮介用"巢穴"和"洞窟"来比喻两种空间塑造的方式，其中后者与对既存空间的利用和改造有关。他说："（洞窟）无论居者是否存在，它就在那里，

图1 改造前的室外公共楼梯　　　图2 改造前　　　　　图3 改造前

而居者可以从中发现无限的可能。"[1] 藤本的本意在于解释自己工程实践中的一些选择，属于借题发挥，但这段话用来形容"水箱之家"改造之前的居住状态，却非常贴切。

在改造前的"水箱之家"这个屡经变动、被隔出 4 个楼层、但户内面积仍然不足 70 ㎡的空间里面，要容纳大半个世纪以来的各种物品，并满足 3 代人的生活需要，不是一件容易的事情。况且，每一次出于特定目的而加建和改造的痕迹，也不会因为这些特定目的的退隐而消失。于是，陡峭的木梯在每一层都位于不同的位置，各种生活的空间需求之间最大限度地混杂、交融，当然也免不了冲突。

有限的空间、多次的改建，以及复杂的空间和生活形态，使居住空间与人的身体发生越来越紧密的关联。这在很大程度上体现为房屋现实空间形态对人的身体习惯的塑造，经由这种塑造，身体的尺度与这个本来与居住需求无关的空间被改造后的尺度获得被动的一致性，但也远远算不上舒适。然而对"水箱之家"进行改造需要面对的是户内几位生活习惯被房屋现实空间长期塑造的家庭成员的身体。传统人体工学的基础是将各种不同文化、不同体格和不同性情的人化约为一个抽象存在，建筑史学家里克沃特曾对其进行批判，[2] 按此要求重塑居住空间，在现有条件下并无可行性，也无必要性。

这 3 个特点不仅仅是给改造前"水箱之家"带来各种问题的麻烦制造者，也是其最重要的特征和识别性。建筑师将"水箱之家"的改造定位于"对于上海一角的'微更新'的项目研究和建造"，¹ 这种"微更新"的核心在于对上述 3 个特点的回应（图 4）。

2. 重新定位非正式性——"水箱之家"与里弄社区在形态上的连接

摆脱改造前孤立于社区一隅的状态，与社区的整体环境建立恰当关联，是"水箱之家"获得其恰当身份的一个必要条件。那么，如何做到这一点呢？

如果采用坡屋顶、清水红砖外墙等周围里弄社区房屋的基本要素来改造其外观，确实可以使其看上去与里弄社区其他住宅融为一体。但这样相当于通过额外的附加装饰，扭曲甚至伪造了其身份和来历，有违真实性原则，并且使作为历史风貌保护区的花园坊里弄结构和形态的历史信息紊乱，因此并不可取。

但与社区中的众多里弄住宅共同经历了大半个世纪相似的生活状态，早已让"水箱之家"和周边里弄住宅之间出现各种相同或相似的元素。这些里弄住宅在大半个世纪里面经历过很多改变，而最近的一次整饬距今只有几年。在这次整饬中，里弄住宅的大部分混水墙被饰以一种浅蓝灰色的涂料，与住宅的另一种材质——清水红砖墙形成一种强烈的反差。置身于里弄社区，浅蓝灰色部分恍如加建。这种色彩无论对于里弄住宅

图4 鸟瞰（摄影：苏圣亮）

的清水红砖墙还是"水箱之家"的涂料墙面，都呈现出一种漂浮和游离的感觉。也许，这些浅蓝灰色涂料的逐渐老化终究会让这些里弄住宅重归协调，但至少目前，这些后添加在里弄社区上的颜色使其也带有一定程度上"非正式性"的特征，与"水箱之家"的"非正式性"暗合。

于是，建筑师以浅蓝灰色作为将"水箱之家"与里弄社区在形态上进行连接的主要形式要素。在改造后的"水箱之家"中，浅蓝灰色主要以金属构件的形式，在窗外的花架中出现。而窗外的花架绿化是"水箱之家"受面积所限的局促居住环境向室外视野的自然延伸，也是"水箱之家"室内环境改造的主要策略之一。建筑师通过对"非正式性"的重新定位实现"水箱之家"与里弄社区的关联。改造后，两者之间既形成了一致性，也并未掩饰它们在历史上的巨大差异。

建筑师在本来没有窗户的楼上水箱层的南面开了一个小方窗，而东北角和北侧面向改造后的两个小天井，各开了两组面积不大的洞口，其中东立面采用的花瓣形洞口，事实上，原设计为圆形洞口，因在施工中呈现出花瓣形而被建筑师保留。虽然可以将其看作对施工痕迹产生的意外效果的尊重，但从立面构成来看，花瓣形被选择的关键原因还在于它既与原设计的圆形有相同的点状、独立性，也可以形成立面上的视觉焦点，而且相比圆形，花瓣形可以进一步强化上述设计目的。这个视觉焦点正好与配合原结构桁架形态的三角形窗的视觉动势相呼应，在保留原有立面形态混杂活力的基础上对整体形态构图做有限但恰当的整饬。因此，整个改造设计中增加了一个花瓣形母题，在室内的楼梯间上使用。

这样，通过寻找社区中其他里弄住宅常见的"非正式性"要素，并将之作为"水箱之家"外观改造的重要母题，同时对原来未刻意设计的立面做适当整饬，使改造前"水箱之家"体现出的非正式性不再伴随原有的孤立和边缘化等负面意义，成为与周边社区有效连接并清晰定位自己的形态以及在社区中位置的积极因素（图5）。

3. 应对复杂——"水箱之家"对原有空间关系的整饬

若是把改造前的"水箱之家"内部空间比作假山，[3] 那么可比之处主要在假山内部贯穿的山洞。这个比喻不是从审美意义上说的，而是与改造前的"水箱之家"空间无法以惯常认知规律去把握、充满意料之外的复杂性特征有关。这种由多次改建而自发形成的复杂性，固然会到处充满着令人惊奇之处，但带来的生活不便之处也是显而易见的。作为应对，建筑师的选择是：通过空间整饬，在原有空间基础上增强其秩序感和可识别性。楼梯的处理是室内空间关系整饬的核心所在。

如果不再使用原来陡峭的木爬梯，代之以角度在45°以内、住宅户内使用的相对舒适的楼梯，那么，像原来那样楼梯上下不对位就不只是使用上的不便，同时也会大幅降低室内空间的利用效率。所以，楼梯的新位置和设计是"水箱之家"室内空间关系改造的关键所在。鉴于"水箱之家"室内每层平面都不相同，所以楼梯位置的选择非常有限，室内东南隅几乎是安放楼梯唯一可行的位置。然而，在现实的局促条件下，

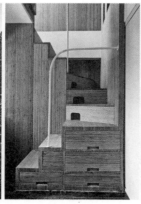

图5 改造后的建筑外观　　图6 玄关（摄影：朱海）　　图7 从餐厅向楼梯看
（摄影：苏圣亮）　　　　　　　　　　　　　　　　　　　（摄影：朱海）

将楼梯设置在此处也有颇多棘手的问题需要解决：首先，户内唯一的阳台位于楼梯附近，而且标高无法改变；其次，这会使二层与邻居间不规则分隔墙以南的小空间无法与同层其他空间建立同标高的方便联系，但若是抬高这一空间的标高且仍旧维持原有楼层高度，空间净高又不足；第三，因为房间内混凝土梁的存在，建筑师必须在楼梯碰头、楼梯过于陡峭和改变基本结构构件三者间做出选择。

　　经过多方案的比较和艰难的选择，最终的处理结果是：楼梯从东侧起步，并在转折处做扇形踏面，保证二层其他位置可以方便进入原有阳台，同时以花架等构件改善原有阳台的环境质量；二层不规则分隔墙以南的小空间作为卫生间使用，将楼梯踏步加宽为准平台作为入口，顺应踏步的设计，卫生间标高相应比二层其他房间抬高超过 1m，三层此部位楼面同样抬高，作为爷爷的工作台或未来的儿童床铺使用；改造房屋的结构以避免楼梯碰头或过于陡峭的状况。

楼梯的设计奠定了改造后室内空间关系的基础。楼梯的木质材料、色彩和突出的形式特征成为室内空间关系的焦点所在。室内的整体色调，除了从里弄社区的现状中提炼出来并在外观改造中得以应用的浅蓝灰色外，主要是基于楼梯材质确定的木色和墙面的白色。原来家中老家具和旧木地板作为一种保持与过去生活联系的记忆点缀其中（图6、图7）。

整饬室内空间关系的基本思路是使之秩序化和清晰化，但因木质楼梯对原有室内条件众多问题的回应，以及以之为枢纽组织室内空间的方式，使其形式本身具有复杂性。改造后室内空间关系虽然与改造前大为不同，但层高和空间形状等基本要素仍是在原有空间要素基础上进行改良，所以对室内空间关系的改造在很多方面仍继承了改造前的复杂性。

改造不是以预设的理想模式对现实"削足适履"，而是在去除原有居住条件不便之处的同时，发现其优点并使之在改造设计中作为其突出个性呈现出来。正如主持建筑师柳亦春所说："假山终究是令人愉快的，这是我从这个家中学到的，我要做的就是让这个穿行，变得安全、方便、愉悦，那便是真正假山一样的家。"[3]（图8—图15）

4. 身体度量——改造后"水箱之家"的空间尺度

如前文所述，置身于小尺度空间，空间的边界不可避免地会与身体产生紧密的关系。空间塑造着身体，同时身体也在度量并适应着空间。这种相互关系通过身体的触知觉——包括皮肤直接接触的触觉和因触觉经验而对视觉信息做出的反应——得以建立。[4] 这种关系有时偏重静态，有时则是在运动中体验到的，楼梯是后者中最典型的例子。

楼梯首层踏步下面不足一人高的空间作为储物柜，在扇形踏步的踏面过窄处的踢面上增加踏洞。这种以使用功能为出发点的设计意外地创

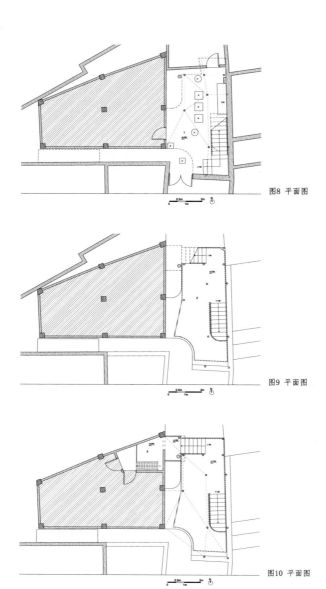

图8 平面图

图9 平面图

图10 平面图

1. 院子
2. 世外平台
3. 公共门厅

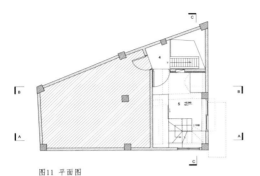

4. 公共走道
5. 玄关
6. 餐厅
7. 厨房
8. 阳台
9. 卫生间01
10. 爷爷奶奶卧室
11. 儿童床 / 工作台
12. 室外屋顶
13. 爸爸妈妈卧室
14. 起居兼儿女我是
15. 卫生间02
16. 天井01
17. 天井02
18. 屋顶平台

图11 平面图

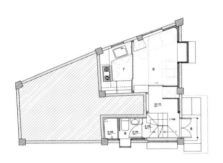

图12 平面图

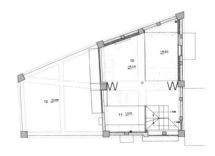

图13 平面图

图14 平面图

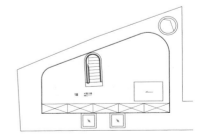

图15 平面图

造了空间之间复杂的视觉关系。楼梯侧面添加的花瓣形洞口与外观上的花瓣形窗洞相呼应，更是强化了这种体验，走上楼梯便可通过洞口在仅稍高于地面的视点看到二楼起居室的一鳞半爪。

二层的起居空间受制于现实条件，显得低矮而局促。于是建筑师采用了一些处理方式以改变空间给人的体验。

首先是把三层老人卧室床下的空间让给起居室，接近路斯（Adolf Loos）"容积规划"（Raumplan）的处理方式。这是唯一与空间物理形状有关的处理。

其次是处理因分户界限的不规整而留给二层空间的复杂形状。其中，起居室西南隅突出部分的处理方式最具典型性——转角以北做 0.3m 深的壁柜，其侧面延伸至楼梯间。侧面稍突出于分户墙面，并以浅龛减弱其实体感。经过这种处理，原来足以改变空间整体性的转角给人以在完整空间中放置一个家具的感受。另外，壁柜的北侧与起居室东南隅放置冰箱处对齐，同时，因三层床下空间的让渡而局部抬高的南面边缘也与之对齐。南向因这两个介于家具和墙体之间的设施的限定而相对完整，但不封闭，更南面的楼梯以及上下两个花瓣形洞口也在视线之内，并通过视觉的延续增加空间的开阔感。

第三个处理要点是垂直方向的分层。东南隅的冰箱／吊柜和西北隅的小柜／微波炉自然形成垂直方向"白色—木色"的分层，西南隅的柜子和浅龛也与之呼应，做垂直方向的"白色—木色"两段处理。这样的两段处理，使站与坐两种姿势的视平线分别对应不同段落，而这两种姿势在起居室的日常活动中一般会交替出现，因此看似简单的两段处理与身体便有了若有若无的关系。三层让渡的床下空间采用木色，并与白色顶棚之间留下一条水平线分隔，形成起居室在垂直方向的第三个层次（图16—图18）。

　　相比于二层的处理方式，三层主要使用活动隔断使日常生活的空间
形态可变。四层在去除十字拉梁后，空间尺度不算局促，建筑师通过将
卫生间与楼梯边缘对齐，两个小天井和家具的设置细分了空间，并削弱
因梯形平面造成的室内空间形状的不规则。虽然天窗和小天井基本可以
满足四层房间的采光要求，但建筑师仍然在小天井靠外墙处开设了一些

图16 餐厅和厨房（摄影：苏圣亮）

图17 爷爷奶奶的卧室与工作台
（摄影：苏圣亮）

图18 爸爸妈妈的卧室（摄影：苏圣亮）

图19 从起居室和女儿房看天井（摄影：朱海）

图20 从屋顶看天井（摄影：朱海）

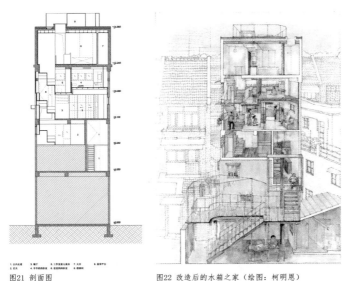

1. 公共走道　　3. 餐厅　　　5. 工作室婴儿房间　7. 天井
2. 卧室　　　　4. 卫生间婴儿房室　6. 衣帽间婴儿室　8. 楼梯间

图21 剖面图　　　　　　　　　图22 改造后的水箱之家（绘图：柯明恩）

洞口，以加强与室外的视线联系。其中一个小天井中的踏步通向屋顶，在那里整个里弄社区以及远处的高楼大厦都映入眼帘（图19、图20）。

虽然室内所用材料一致，且作为垂直交通枢纽的木楼梯对空间形态的影响贯穿始终，但每层对于尺度的处理都有不同的侧重。无论哪种处理方式，都可以看到建筑师对空间与人的身体互动方式的考虑。

结语

"水箱之家"改造之后，其居住条件和舒适性较改造前都实现了质的飞跃，但其在基本特质上却不同程度延续了改造前"水箱之家"的非正式性、与高密度相关的复杂性和空间与身体的紧密相关性，并使这些特征摆脱改造前麻烦制造者的角色，展现出其积极的活力。如"水箱之家"这样的城市"微更新"项目，重要的不是将设计师心目中的理想形态强加于城市空间，而是发现原有空间特质中的一些值得注意的个性，并在对原有空间缺陷进行改造后使这些个性得以进一步延续。这种有意识的延续实际上是对城市空间多样性的尊重（图21、图22）。

（本文原载于《时代建筑》2016年第3期）

注释
1. 见 2015 上海城市空间艺术季展览中"上海城市更新板块"关于此案例的介绍。

参考文献
[1] 藤本壮介. 建筑诞生的时刻 [M]. 桂林：广西师范大学出版社，2013：84.
[2] Rykwert, Joseph. The Sitting Position: A Question of Method [G] // Rykwert, Joseph. The Necessity of Artifice: Ideas in Architecture. NY: Rizzoli international Publications, 1982: 23-31.
[3] 李莎. 《梦想改造家》史上最奇葩房型：设计师柳亦春的"移山之作" [EB/OL]. [2016-03-31]. http://home.163.com/15/0930/09/B4OIR2AH-00104JLD.html.
[4] 常青. 建筑学的人类学视野 [J]. 建筑师，2008，136(6)：95-101.
[5] 卢建松. 自发性建造视野下建筑的地域性 [D]. 博士学位论文. 北京：清华大学建筑学院，2009.
[6] 张琴. 从点到点：上海民间自发的旧建筑改造与利用 [J]. 时代建筑，2006(02)：54-57.
[7] 季晓丹. 上海老城厢空间的身体理论解读 [D]. 硕士学位论文. 苏州：苏州大学艺术学院，2013.

17

从[超胡同]到"西海边的院子"

王飞

1. 西海边的院子

当代中国的发展急速推进着此起彼伏的新城建设，也伴随着大量历史街区的消失，并且充斥着大量的假古董历史新区。老北京胡同消逝之快令人始料未及。据统计，1949年北京老城区的胡同总数为3250条，1965年为2380条，1980年为2290条，1990年为2257条，2003年为1571条，[1]现在已不足500条。[2]令人意外的是，雷姆·库哈斯在Cronocaos巡回展中指出，目前地球上12%的面积（包括建筑、街区和自然特征）被指由官方所保护，而且这个数字还在增加。"保护"是空间中的宣言，同时有着政治、经济和社会的相关性。保护应当是建筑思考和创新的工具，"进步是我们所知的唯一的出路，尽管在这一点上我们足够聪明地知道真正的进步是不可能的。"[1]对胡同的介入应当是基于对生活和文化的理解，而非对胡同实体的单一保护。而胡同最真实的是如本雅明指出的"从一开始就可以传递的那种精华，包括从物质的延续到它所经历的历史的证明"。[2]（图1—图3）

过去的几年间，北京涌现出了一系列中国建筑师的极具批判性的胡同宣言。马岩松的"泡泡宅"、华黎的"四分院"和朱培的"蔡国强的家"都是对新的胡同居住模式的反思。"泡泡宅"通过引入强烈反差的异质化的物完成转变；"四分院"的初衷是，之所以过去的空间变成一

图1 庭院（摄影：陈溯）

图2 定位图

个大杂院并且衰败，是因为现在人们的生活方式跟过去不一样了——原本的一户一院已转变为现在的很多户共用一院，人们对公共与私密性的理解也已相去甚远，所以建筑师反过来将一个院切成了四个院，每户有一个卧室、一个单独的小院，并非原本的模式，但是从外面看，又呈现出一个像是老合院的形式；"蔡国强的家"依然保持了四合院独户的方式，将反射性极强的铝板以隐形的方式进行介入。张轲的"微杂院"对胡同中的生活及社区功能进行重新定义，实际是改造了大杂院的一部分，

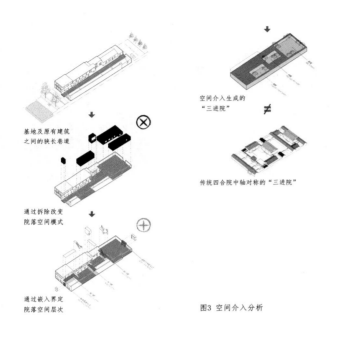

空间介入生成的
"三进院"

≠

传统四合院中轴对称的"三进院"

基地及原有建筑
之间的狭长巷道

通过拆除改变
院落空间模式

通过嵌入界定
院落空间层次

图3 空间介入分析

作为儿童的图书馆,通过植入一个新的东西,与原有机体共生,让它以一个新的方式运转,好似果树的嫁接。建筑营设计工作室的"胡同茶舍曲廊院"和刘宇扬的"北京官书院胡同18号陶瓷展示会所"对胡同中的新功能进行延伸,将原有的居住以及私密空间与公共空间的对比与分割模糊化,前者将原有四合院填实,并引申出若干分庭院;后者利用新材料的介入使得新的展示功能更为外向与流通。另外,也有外国建筑师对胡同进行了深度思考,包括荷兰事务所MVRDV的"下一个胡同"(Next Hutong),通过类型学对未来胡同进行想象与展望。这些项目都在为胡同寻求未来的、多方位的设想,并以自下而上的"针灸"和"拼贴法"进行实践。柯林·罗在《拼贴城市》中指出:"事实上,城市规划从来就不是在一张白纸上进行的，而是在历史的记忆和渐进的城市积淀中所产生出来的城市背景上进行。所以，我们的城市是不同时代的、地方的、功能的、生物的东西叠加起来的。"[3] 如果我们的建筑师和规划师是在已有城市结构背景下做设计，那么我们都是在"拼贴"城市，如同电影中的蒙太奇。当然，"拼贴"是一种城市设计方法，它寻求把过去与未来统一在现实之中（图4、图5）。

建筑师在设计项目里都会引入针对项目的特定模式，META- 工作室（META-Project）的两个胡同项目便尝试了差异的模式，"西海边的院子"用的是空间叙事的介入性改造，"箭厂胡同厂房空间改造"则在其中嵌入了很多激活的装置。"西海边的院子"位于什刹海西海东沿与德胜门内大街之间的一个狭长基地，在德胜门城楼正南方不到400m（图6—图8）。面朝西海一侧的两排砖混结构的厂房建筑，前身就是什刹海地区久负盛名的蓝莲花酒吧，基地东侧则是20世纪七八十年代搭建的几间矮小破旧的临时性房屋，没有保护价值。院子的主人希望能将这一贯通西海与德胜门内大街的地块改造成具有北京胡同文化特质的空间，同时又能满足一系列非常当代的混合使用功能需求，包括茶室、正餐、聚会、办公、会议，以及居住和娱乐。

在对基地现有构筑物进行详细梳理后，META- 工作室展开了审慎的

图4 瓦-远景（摄影：陈溯）

图5 瓦-中景（摄影：陈溯）

图6 改造前（摄影：陈溯）

图7 改造前（摄影：陈溯）

图8 改造前（摄影：陈溯）

改造与介入。首先，将两排东西向厂房之间形成的狭窄压抑的巷道空间转化成与胡同院落模式相符的空间类型——选择将东侧破旧的房屋以及南侧厂房中段拆除，并对一些临时性构筑物进行清理，为贯穿整个60m长地块中间的宽3m的狭长走道引入几处剖面宽度上的收放变化。另外，在扩展后的凹凸空间衔接处引入3个不同形式的悬挑门廊，半室外的廊下转喻传统院落中"月亮门"——界定了纵深方向的层次，形成了空间意义上的"三进院"（图9）。

这里的"三进院"，并非是对传统四合院中轴对称院落格局的模仿，却力图通过错落有致、移步换景的空间层次，以当代的语言重新阐释多重院落这一概念在进深变化上的可能。同时，它也构建出房主期待中的胡同文化生活的内涵：每天下午沿着幽静而不失市井生活乐趣的西海散步之后，由面朝西海正中的大门进入前门廊，一旁便是茶室，一盏茶之后步入联系着主要的办公空间和会议室的前院，工作之余可通过楼梯上到二层的正餐室，这里6m宽的朝西大窗是观赏西海落日的绝佳之处。由正餐室迈步即到露台，也可由二层廊道方便地通向后面的居住娱乐空间；中院周围是各类后勤功能房间；再绕过后门廊，则是更为开敞的活动空间以及平日的停车场。三进充满树木植被的院落将房主需要的各种混杂功能合理归纳划分，并使整个基地内的日常行走成为一种连续而又充满节奏变化的空间体验。这些都是改造过程中的可以去发现的很有意思的模式，而最终这些模式一定要跟生活结合起来。

为了使室内空间延续庭院的胡同日常体验，建筑师在室内引用了"金砖"地面和灰砖墙面，并用深色的木质栅格屏风和内嵌家具对空间进行流动化的界定，整个室内透过当代的空间语言解说着厚重质朴的故事。对室内体验而言，很重要的一点是与外部环境的关系，因而不论面朝西海6m宽的大窗，还是面向内院的窄长竖条窗，或是正对着玉兰树的通高玻璃，以及楸木栅格开启扇，半透的窗帘——室内体验的营造都围绕着对室外自然（西海或庭院）的取景。不同的"窗"成为连通内外环境、使之互相渗透的"转换器"。在这个项目里，每个窗的高低位置都作过精心的处理，茶室的窗落下来的高度是为了引导里面的人坐下来，观察窗外所发生的事情，而窗外走过的人也会透过这个大落地窗观察屋内的情形，好似阿道夫·路斯的穆勒住宅中，窗、楼板和家具的尺寸与位置都是由人的活动所决定一般，在这种相互之间的观察与被观察的过程中，人与人的关系就可以展开。院子的主人从小在西海的胡同长大，他童年时每天都和长辈们在门口嘘寒问暖，所以一层的茶室也依然保留内外交

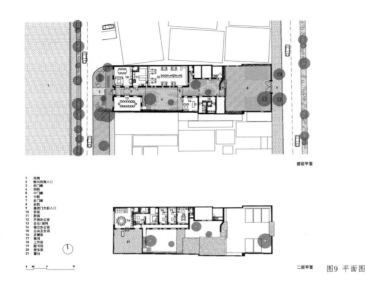

首层平面

1 西海
2 朝向西海入口
3 前门廊
4 前厅
5 书房
6 中门廊
7 中庭
8 后院
9 朝后门大奈入口
10 茶室
11 厨房
12 开放办公室
13 会议／接待
14 独立办公室
15 公共会客间
16 楼梯
17 正前厅
18 工作室
19 影视间
20 娱乐室
21 露台

二层平面   图9 平面图

流的特质。二层的长窗则"飘"在了树顶，以凝视西海。

西海边的院子，在原本狭长拥挤的基地内，通过空间的疏理和院落的介入，营造出具有多重层次与虚实节奏的空间体验；通过火山岩、楸木与筒瓦的精心构造搭接，在庭院内部引入有如行走在胡同中的丰富材质感受；同时还进一步让这种感受通过变化的窗景渗透到室内空间中。在不断牵引外部城市与内部营造之间的对话中，寻找并阐述北京胡同在当代的生活特质。

关于改造，META- 事务所更感兴趣的是这样的设计策略：怎么能够恰如其分地减少建设量，利用胡同原有的基地大小去建造小尺度的构筑物。使用木材、石材、瓦等本地的材料，通过本地已有的工艺，但通过一些新的搭接方式的实验，在日常生活的尺度和本地的层面来面对这些问题，建造一些尺度更合适的小型构筑物，适合现实中使用者的日常生活在其中自然展开。

与传统四合院完全"内向性"的居住状态不同，好客的房主提出的种种公共功能需要在内院里呈现出"外向性"的姿态，从而引发更加开放的人为活动，这使得我们必须打破一般对院落空间围合边界的理解，将近乎于行走在"胡同"中的空间感受引入到院落中来，而这一点是通过不同的材料及其特殊的搭接方式来实现的。内立面和西立面使用打磨成五种深浅度的火山岩，在尺度和色差上都与胡同中府第深宅的外围高墙相近，而在纹理上却体现了更为精确细致的变化。通过复杂构造实现的大小比例各异的楸木室外门窗则为院子内部各个观察视点带来了变化丰富的表情，并最大程度上实现了由内向外的观景（图10—图12）。

在最东边的较为开敞的后院中，墙面好似随风波动的绸缎，但实则

图10 西立面（摄影：陈溯）

图11 建筑内立面（摄影：陈溯）

图12 窗与西海（摄影：陈溯）

竖置的灰色筒瓦。这些陶瓦沿长轴竖直放置并相互扣住，每片较之上下左右各水平旋转 15°，中心由一根钢索贯穿，起固定作用，但并未与瓦片相碰触。对于建筑师而言，瓦乃是"中国元素"，承载了太多修辞的意义，正如最新建成的隈研吾的中国美术学院民俗博物馆，其立面使用了大量的水平悬置的瓦片，每片瓦片由布满外立面的斜交钢索交点处的螺丝所拴住。与之不同，该项目中，这几片瓦绸墙利用了筒瓦本身的结构相扣，并由自身重力和旋转之后的向心力所固定，同时它采用传统工艺的灰泥砌筑，好似戈特弗里德·森佩尔（Gottfried Semper）所描述的材料（织物、泥土、木和石材）与加工方式（编织、制陶、木工和切石术）之间的转换。[4] 在《建构文化研究》一书中，弗兰姆普敦指出"再现的场景（scenario of representation）与本体的建造（Ontology of Construction）"之间的分野，并表现出对后者的偏好。[5] 其实设计之初，院子的主人说他对瓦有特殊的感情——他要的是一个场景的再现，最终这些瓦绸墙在功能性与修辞性上得到了完美的结合（图 13—图 15）。

2. ［超胡同］

有许许多多的城市，而我们选择了北京。作为世界上最大最古老的城市地域，不难去想象北京城——一个有着三千年历史的人类聚居地，一个拥有深厚历史并以光速推向未来的城市——非常重视它的传统。但北京却是一个不遵从任何逻辑的城市，一个以令人难以想象的速度生长和变化的城市。眨眼间，几秒钟之前存在着的事物就会突然消失，甚至被遗忘。

我们自以为了解整个故事的情节。无数的文章都在描述全球范围内的互联网交易、不断增强的物流、跨国贸易以及服务业的扩展是如何使得城市空间超负荷地扩张。"速度"统领着全球化的 21 世纪——人和事物都以前所未有的速度跨越现有的边界。无论我们是否想要去探究全部、局部，亦或是忽视这些事实和数据，这种扩张的有力证据仍然是显而易见的。北京城的拥堵和污染众人皆知，伴随每张交通堵塞或是拥挤的地铁的照片，都能看到另一张整个城市被厚厚的雾霾笼罩着的照片。这便是我们城市未来的图景，无论我们是居住在纽约、伦敦、吉隆坡、墨西哥城还是孟买，它是我们共同面临的问题。

现实的情况和我们在世界各大报纸和网站上看到的故事并不完全相同。当然，这种史无前例的城市增长速度和尺度会剧烈地改变城市的面貌。但仍然，北京不仅仅是这样。想想那些连接着四合院的狭窄巷道——胡同，这是从北京成为元大都时就形成了的城市特征。胡同给大量的评论家和作家提供了批判城市急速增长和对传统都市肌理带来破坏的素材。我们经常听到胡同被夹裹在现代化的造城运动中被蚕食。但事实上北京是一个曾停滞于"假死"状态的城市，也是一个曾经历过大量政治和社会动荡的城市。直到 1990 年代，一个标志着国际资金大量涌入的时期，北京才真正开始产生空间形态上的改变。而胡同持续地在城市空间中扮演着重要的角色。它们不仅定义了行政区划，而且成为了社会文化生活的联结点。尤其是为 2008 年奥运会的筹备而减缓了拆除改造旧城的步伐时，胡同进一步证明了它的顽强。很多胡同都被政府和其他"单位"使用着——这些单位可能是国有的、地方的或军方的产权。总之，胡同留了下来。它提醒我们北京的城市现实过于多样和复杂，足以颠覆任何试图就传统与现代将其进行定义的尝试。今天的胡同，不仅使人们能对北京悠久的而带有预示性的历史得以一窥，并且作为一种文化与物质的存在，它们也为人们提供了一把开启都市未来的钥匙。

［超胡同］认识到胡同在与北京一起发生着改变。我们发现关于城

图13 瓦细部 (摄影: 陈溯)   图14 瓦细部 (摄影: 陈溯)

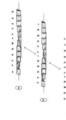

图15 筒瓦

市的讨论陷入对立观点的僵局中, 一方面公众舆论导向乌托邦式的保护, 文保主义者津津乐道于北京古建保护的历史价值, 并且倡导对业已"死去"的虚伪形式进行商业再开发。而另一方面激进的开发商却在极力拥护反乌托邦式的"推倒重来", 并且认为这是接纳新增长的必要手段。我们需要一个不一样的声音, 一个介乎乌托邦和反乌托邦之间的面对现实的声音。一种替代性的城市再生模型正在涌现, 它将从此时此地的观察出发, 关注当下现实。这一非传统的模型将胡同当作一个城市创新改造的实验场地，为当下喧嚣涌动的北京城寻找出路。这一模型不带有任何预设的立场，既不与保护主义者结盟也不与破坏者为伍。我们不希望唤醒怀旧乌托邦式的幻想，也不希望苛责现实的压力与冲动。[超胡同]所寻找的就是这样的模型：通过跨学科的调查和研究，营造一种探索性的氛围，以创造新的理解方式为目标，来发扬胡同文化的特质，并通向未来的种种可能。

听起来似乎是矛盾的，但即使是近十年来最著名的城市研究学者所提出的思考模式，却也成为对我们学科近一个世纪以来试图建立的方法论的反对。现今的建筑师和城市学者只关注于眼前。我们寻找各种技术、工具和理论，让我们能够在当代城市空间的"模糊地带"进行有效的干预。从城市学的角度来说，高度现代化的规划并没有为城市带来一个理想的模型。相反地，直到今天为止，城市现状仍处于一种无法被定义的状态。当前，北京城中心的胡同俨然成了这座城市创新改造的实验场地。这里将产生允许我们更深入地介入城市现状所需的知识，这一现状凝聚了胡同的内部空间，那些窄巷、邂逅、观察、体验，共同创造出了一个充满活力的生命体。简言之，胡同变成了另一种产物，一种在巨大的城市中生存并繁荣的"城市土著"。

在美国、欧洲，尤其是亚洲产生的种种"城市涌现"，其特征是狂野的城市变异。阻碍、拥堵以及猛烈地爆发，在日常生活的诸多层面中出现、消失，然后又出现。对于我们来说，这些"城市涌现"是一种对现实的隐喻，它们间接体现了城市发展的原动力——即秩序（或无序）背后的运行机制。

为了检验这个演化模型能够在多大程度上解释和印证城市的物理变异过程——这是理解当代建筑和大都市关系的基础——我们建议将"城市"理解成一个多种行为共同作用的场地：并置、交错、断裂和喷发；

简言之，就是一系列动态层级共同作用以达到一种超活跃的城市状态。

进化实际上是一种多层级的自反馈系统。在这个循环的过程中，某些趋势将进化加速提升到一种更高的复杂性层级，而后其进化的结果反过来又作用于进化自身的轨迹——这就是"超进化"：生命过程中的进化机制的进化。[3]

——［超胡同］概述

这是历时两年（2011—2013 年）是由 META- 工作室的王硕和美国建筑师安德鲁·布莱恩发起的［超胡同］（Meta-Hutongs）宣言。不同于一次性的提议或简化的策略，［超胡同］起点是多学科的交流与跨学科的合作。它汇聚了多位建筑师、研究者、媒体艺术家、策展人、历史学家、社会人类学家以及多所大学，围绕着与胡同现实相联的关键问题，展开一系列工作坊、公共活动以及相关的出版活动。这些调查研究的结果通过介入选定的胡同区域来进行测试，介入的方式包括互动装置、社会层面的干涉以及城市投射模型。这种干预的目标是引发人们对当地现状的思考和对话，以揭示这一城市现状独特的潜力。

［超胡同］项目游走于不确定性与特定性之间，寻找能够代表"地方特色"的城市涌现。他们试图去解译胡同超进化的遗传密码，在破解当今城市文化这种"混乱现状"的同时找到一条通向另一种现实的道路。更长远的目标是以一种新的方式，将对这种城市涌现及其未来的理解和传播展现出来。通过积极的本土介入，以及促使当地居民的有效参与，形成一个能够重新考虑城市未来可能性的对话。[4]［超胡同］于 2013 年参加"北京设计周"，并在 2014 年在威尼斯双年展展出，都引起了非常积极的反响。与［超胡同］的研究相平行，META- 工作室的若干四合院实践从另一方面将"超胡同"又向前推进了一步。

对于建筑师而言，做研究的时候都是通过接触活生生的现实，通过长时间的积累把城市观、历史观、设计观搞清楚，把它放在设计实践的并行线上。所有的研究都是为了做好知识生产，做好之后才能确保在正确的时间地点以正确的方式去做一件事情。对 META- 工作室来说，如果不通过研究就直接实践，就不能很好地把握城市和生活的关系与脉络，更不能确定怎样做才能把项目向一个好的方向推进。如果面对一个项目时只能用以前攒下来的设计形式手法和既有模式，在面对实际项目时可能已经过期了。即使有很强的建造能力、细节处理的手法，有很丰富的资源，也可能一出手就做了一个在现实中非常错误的决定。现实究竟是怎样的，这些人究竟是怎么生活的，这些问题没有时间在做项目的时候重新去挖掘，所以必须有一套并行于实践的研究机制，始终在追问现实到底是怎样的，然后对于当下现状的回应才能做好。正如都市实践事务所多年前的深圳城中村研究，起初政府法规和规划对城中村都没有一个很清晰的界定。在持续很多年研究之后，事务所做了一些理论与研究性的模式和探讨，再去和政府讨论，政府发现这是非常有深度和有意义的成果，最后就制定了很多法律和条文来支持城中村的改造和发展，产生了积极的效果。这也为他们后来一系列城中村的成功实践打下了深厚的基础。正是因为他们做了研究，这些研究对政府起到了很大的推动作用，也使很多建筑师意识到做研究是非常有用的。在当下中国，这才应当是建筑与城市研究中最重要的态度，这也是［超胡同］的研究与实践对当代中国建筑师和中国城市的启迪。

（本文原载于《时代建筑》2016 年第 1 期）

注释

1. 历史文化名城保护中外媒体信息参考[C]. 北京历史文化名城保护委员会办公室,2012(11)(12).
2. 陈红梅,宗春启. 北京现存胡同四百多. http://www.oldbj.com/html-580/
3. 王硕,Andrew Bryant. [超胡同]概述. http://meta-hutongs.org/?page_id=112 ,2013.
4. [超胡同]由四个阶段组成:第一阶段(映象):其组成部分是基于可见的或不可见的层叠信息创建的视觉呈现。通过一系列现场的数据记录,建立一个胡同空间完整的映象,将空间的物理和社会属性以及这些环境中的日常行为进行可视化表达。此阶段的目标是理解不同层级之间的相互关联及影响。

第二阶段(协作平台):项目将建立一个胡同维基网站作为合作研究的平台。网站既是一个基于之前的胡同研究或想法的资料库,也是一个未来产生对话的媒介。第三阶段(模拟):项目将会充分利用与学校及其他学术机构的合作,拓展出多个跨学科的工作坊。在这些工作坊中,将会产生理解"城市涌现"过程的动态模型,并进行模拟测试。第四阶段(投射):将前三个阶段积累的知识在现实中进行展开。项目将邀请关键参与者共同协作,发展出投射胡同未来的概念场景。随后,将会在选定的胡同空间中运用多媒体装置和艺术作品等方式进行积极的介入。

参考文献

[1] Bill Millard, Rem Koolhaas. Preservation, Politics and Progress[EB/OL]. http://www.designbuild-network.com/features/featurerem-koolhaas-preservation-politics-and-progress/ 2011-09-02.

[2] Walter Benjamin. The Work of Art in the Age of Mechanical Reproduction[M]. CreateSpace Independent Publishing Platform, 2010.

[3] Colin Rowe, Fred Koetter. Collage City[M]. MIT Press, 1983.

[4] Gottfried Semper, Harry Mallgrave, Michael Robinson. Style in the Technical and Tectonic Arts: Or, Practical Aesthetics[M]. Los Angeles: Getty Research Institute, 2004.

[5] Kenneth Frampton. Studies in Tectonic Culture: The Poetics of Construction in Nineteenth and Twentieth Century Architecture [M]. Reprint edition. Cambridge, Mass. ; London: The MIT Press, 2001.

[6] Rem Koolhaas, Bruce Mau, Hans Werlemann. S M L XL[M]. New York: Monacelli Press, 1997.

[7] Aldo Rossi, Peter Eisenman. The Architecture of the City[M]. MIT Press, 1982.

[8] Jean Baudrillard. Simulacra and Simulation[M]. Ann Arbor: University of Michigan Press, 1995.

[9] Ignasi de Solà - Morales. Differences: Topographies of Contemporary Architecture[M]. Cambridge, Mass.: The MIT Press, 1996.

[10] Cohen, Preston Scott. Contested Symmetries and Other Predicaments in Architecture[M]. New York: Princeton Architectural Press, 2001.

[11] 都市实践. 都市实践:村城·城村 [M]. 北京:中国电力出版社,2006.

18

北京四分院的七对建筑矛盾

鲍威

引言

迹·建筑事务所在北京白塔寺片区新建成的四分院位于宫门口四条胡同，是金融街集团对白塔寺历史片区的先行开发项目之一。对旧城片区进行开发的项目不少见，如南锣鼓巷、南池子、五道营胡同、大栅栏等。一般性的开发模式为，甲方将土地或房子租赁给运营商，由运营商作为使用者委托建筑师进行设计。这样一来，建筑师设计的对象并非最终使用者，对项目功能以及将来如何使用需要作出预期，也就要求设计有相应的适应性以及灵活性。然而与大多数的开发模式不同，四分院直接由业主委托建筑师进行设计，甲方为最终运营负责。四分院周围还有其他建筑师设计的院子正在施工，以此为先导，逐步辐射到整个片区。届时无论是对前边说到的一般性的开发模式，还是对原住民自己居住空间的改造，都有很重要的影响。四分院基地十米见方，功能定位为由 4 个年轻人住在一起的合租公寓（图 1、图 2）。

1. 矛盾一："院"与"屋"

传统四合院先进入院子再进入房间，意味着院子是公共的，房间是私密的。在四分院里，顺序是先房间后院子，院子成为最私密的地方。空间序列

图1 北京旧城中的四分院   图2 风车状布局

的转变对应集体生活到个人生活的转变。然而没有改变的是，院子始终是生活的核心，这顺应了中国人在生活中对自然的热爱。

　　从进入各房间的流线进行分析，传统四合院的组织方式为：前院—主院—各房间；四分院的组织方式为：门厅小院—客厅／餐厅—各房间。这三个空间和传统四合院的流线组织拓扑关系是一致的。只是在传统四合院中，组织交通的核心为院子；而在四分院中，这一任务是由客厅／餐厅完成的。也就是说，传统四合院主院对应四分院的客厅／餐厅。院子对应屋子，四分院可以理解为与传统四合院对应的"四合屋"。虽然建筑师的初衷是为院子赋予新的意义，但空间的组织方式依旧是传统的四合院的原型。在此基础上，四分院的院子隶属于各房间的下一个层次，为空间序列最末端的环节。由此可见，四分院的"院"和传统四合院的"院"有着本质的不同（图3、图4）。

2.矛盾二：建筑形制与生活模式

　　传统四合院里位于中间的院子是当之无愧的中心，所有的房间都朝向它。这种空间布局对应着传统的家庭生活，而不再契合今天青年人的个人生活模式。个人生活的核心是私密性，所以建筑师的想法是将场地分为 4 组空间，每组包含一个房间和一个私人小院，它们各自朝向不同的方向，最终共同构成一个风车状布局。通过这种方式，每个房间和院子的私密性都得到了保护。对比于传统四合院，本项目以四分院命名。从"合"到"分"的变化揭示出社会结构和生活模式在住宅中的转变。

传统的四合院形制是否不再适合现在的生活模式？现代的生活模式是否必须通过新的建筑形制来体现？无论何种建筑形制，通过设计，都可以满足现代的生活模式。传统四合院形制在先，建筑师不去质疑，而是通过改造等方法使其适应现代的生活模式。如四合院中的加建，将院子封起来成为房间，在满足交通组织核心空间功能的同时，赋予其新的功能。而四分院面临的问题不是对现有形制院子的改扩建，而是重建。这意味着功能先于形制，对生活模式有着重新定义的机会。从合租公寓这一功能出发，衍生出来的院子从属于各出租的房间，因而直接服务于创造私密的个人空间这一具体要求。四分院创造出的使用者和自然交流的精神性空间更加纯粹，这和传统四合院的院子形成了鲜明对比，后者承担的公共属性使其更具世俗性（图 5—图 8）。

3. 矛盾三：平面的特异性与完型性

从开始的草图可以看到，设计的出发点仍旧为 4 个独立的房子与院子，但是房子体量的组织方式具备特异性：两个平行的房子中间夹成的院子成为最为特别的空间，以合院为中心的形制依旧可辨。剩下的两个房子各围合出独立的小院。4 个房子中，其中一个房子为客厅 / 厨房，其余 3 间房间为居住房间（见图 3）。

作为新建项目，这种试图创造特异性空间的出发点是最直接的。然而，最终的方案平面为典型的风车平面，以旋转对称的形式展开。特异的院子消

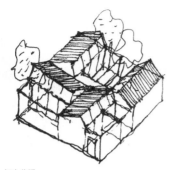

IN-BTW ZONE /
BUFFER AREA

VIEW TO
ROOF

OUTSIDE   INSIDE

A HOME UNIT FOR INDIVIDUAL.
A LITTLE BIT EVERYTHING :
SHELTERER INSIDE / LIVE. SLEEP. EAT. BATH
SKY / COURTYARD / TREE & PLANTS.
NATURAL LIGHT. / WIND.
TERRACE / LOOK OUT.

图3 概念草图   图4 概念草图

图5 入口   图6 享有天光的客厅空间

失了，取而代之的为 4 个小尺度的私密院子。原因是功能发生了变化：为了降低单位租金，三间出租的房屋改为四间。原来用作客厅／厨房的房子不得不改为第四间居住房间，客厅／厨房又不得不由新的空间来承担。于是就有了 4 间房子分别把住场地的 4 边，客厅／厨房在中心形成交通空间的这一原型。可以说这是方案在功能的促使下进行的蜕变，从特质的空间，回归至均质、对称的完型。平面虽然看上去如此"异教"，但其完型与对称的本质却与传统平面一致（图9—图11）。

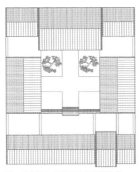

图7 四分院与传统四合院尺度比较

图8 四分院与传统四合院空间顺序比较

图9 首层平面图

图10 整体模型（不带屋顶）

图11 整体模型（带屋顶）

4.矛盾四：密度与尺度

　　基地尺寸为 10m 见方，而完整的传统四合院尺度比基地大得多：基地尺寸基本上是传统四合院中主院子的尺度。这一限制性的尺度是传统四合院的院子空间所不具备的，相反，倒是私搭乱建产生的空间感觉更加适合场地。自然生长的私搭乱建在密度增大的促使下自发形成，其形成的空间尺度和四分院十分相似。

面对这一高密度造成的特殊尺度，四分院进行了剖面上标高的两个重要变化：一是下沉的客厅／餐厅，二是架高的卧室。下沉的客厅将连接空间的檐口降低，凸显4个单体房间的体量；而卧室地面升起，将工作区层高较高的室内空间相对降低，缓解了小尺度平面带来的空间狭窄感。另外，叠加起来的床与厕所又利用了房间单元的层高，充分节省了空间。四分院平面上房间尺度的"袖珍"，由剖面上的这些变化进行协调，控制了室内空间的比例。四分院的空间处理方式无疑对北京历史片区高密度居住空间问题作出了一个有趣解答（图12—图15）。

5. 矛盾五：光与景

作为室内室外交流的界面，四分院的窗分为三种：天窗、落地窗以及磨砂洞窗。卧室与院子采取完全无遮拦的落地窗，将室外光线和院子的景色引入室内，床上方的天窗将光线引入室内。这两种窗的作用很好理解，而最有意思的是客厅／餐厅的天窗，以及磨砂玻璃窗。

客厅／餐厅虽然和四个院子都有接触，但既然院子为私密的，属于每个客房，那么公共的客厅／餐厅就不能够借景。具象的洞窗加磨砂玻璃既是纯功能性的采光界面，又不将景引入室内。在第五立面的天光，就是唯一和自然进行交流的机会了。然而，0.6m×0.6m的天窗不能称得上是观景界面，只是采光而已。当然，如果这里天窗变大，或者是玻璃顶，自然会使客厅／餐厅的景观引向天空，会使客厅／餐厅空间更加宽敞。然而如果天窗开大，便会弱化客厅／餐厅房间的概念；更重要的是，景窗开向院子成为自然的暗示，这样客厅／餐厅将会有第五个院子的暗示，而非概念所强调的四分院。因而，客厅／餐厅的天窗只是功能性的采光，而非与院子产生流动性的空间装置。由此看来，作为公共中心的客厅／餐厅牺牲掉

图12 使用现代材料的客厅空间　　　　　　　　　图13 小院与功能齐全的卧室

了景观，将人们的视线最大限度地限制在了室内，这样也保证了私密院子成为唯一与自然接触的机会（图 16）。

6. 矛盾六：材料的表现与去材料性

　　四分院室外与室内的材料态度极具反差。室外与历史片区灰色风貌统一，使用灰色涂料、灰砖、灰瓦等灰色系材料。虽然克制，但材料的质感极具表现力。然而室内则统一成白色系，尤以客厅／餐厅为极端：墙面白色抹灰、厨房区的白色瓷砖、白色家具、白色屋顶以及白色的大理石地面，甚至白色磨砂洞窗。室内更像一个装置，尝试去材料性的空间营造方式。

　　室外的材料表现与室内的去材料性的反差也正回应了本案所面临的最根本的挑战：如何在保持历史风貌的前提下创造现代生活。室外的灰色系材料是对历史进行的参照：无论是传统灰砖与灰瓦等材料，还是坡屋顶等建筑形式。材料与形式的表现是一致的。室内的白色通过去材料性消解了历史参照，力图创造纯功能性的现代室内。然而，有趣的是，4 个符号化的洞窗在形式上又将这一去材料性的纯粹打破，自相矛盾，带来了概念解读上的复杂性。

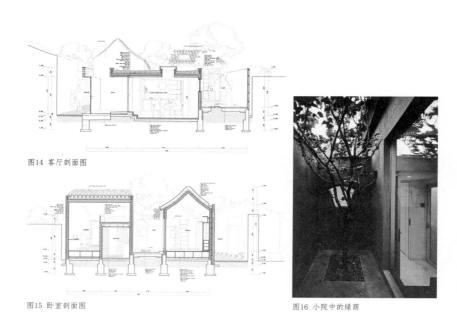

图14 客厅剖面图

图15 卧室剖面图

图16 小院中的绿荫

7.矛盾七：建筑个体与建筑群像

当从城市接近四分院时，完全不会注意到房子本身。这不同于人们去看建筑师设计的房子的经历：一般在进入场地之前，就已经注意到设计的与众不同。然而，四分院的屋顶和外墙都和周边的民居融为一体，不仔细观察很难发现其存在。

仔细观察，建筑与胡同的界面采用灰砖砌筑的墙体，屋顶采用传统的瓦片，甚至连举架的曲线都有着相应的表达。当然，作为新建建筑，建筑立面表达是否可以尝试新的材料与形式？比如采用平屋顶，而不是坡屋顶？即便是坡屋顶，如果不是曲线，而是直线？如果屋面材料不是瓦片，而是金属等现代材料？这是建筑师的立场问题。当设计最大程度上沿袭了传统，其对历史片区的辐射意义才会更大，而以表现为目的的设计只能成为特例。即便沿袭了传统，我们还可以看到建筑师对传统材料与形式的现代表达：比如沿胡同面的立面，并没有将屋顶挑檐暴露，而是退在墙体后边，采用天沟进行有组织排水。另外，建造的结构也采用了具备快速建造以及场地施工便捷性等特点的现代材料木塑板。虽然最后这技术性的创新被历史性的饰面材料覆盖，但其厚度所造成的尺度也在某种程度上呼应了传统的建造传统。也许，在旧城更新中，建筑师只有放弃对一些固有的现代表达的执念，才能获得更大的自由，看到更大的景观。

结语

七对建筑"矛盾"的解读框架虽然是片面的，但可以由此折射出建筑师在这些矛盾冲突发生时所做的设计决定，无论是理性指导，抑或直觉使然。有时建筑师只需要站在矛盾一方，用设计语言清晰表达自己的立场。但很多时候，当矛盾双方不可调和时，建筑师必须做出两者兼顾的选择。如同文丘里在他的《建筑的复杂性与矛盾性》一书中提到的，这种并非黑白分明的矛盾体是最具活力的。尤其是在像四分院这类地处北京历史片区的更新项目中，这种矛盾的模糊性更加突出：历史文脉的限制反而催生出更加生动的作品。也正是这种诸多因素作用下产生的建筑的复杂性才更加真实，也更加动人。

（本文原载于《时代建筑》2015 年第 6 期）

19

老白渡码头煤仓改造
一次介于未建成与建成之间的"临时建造"

李颖春

现代西方艺术史的奠基人之一李格尔（Alois Riegl，1858—1905）在他写于 1903 年的名篇《纪念物的现代崇拜》一文中，描述了纪念物（monument）中可能包含的三种价值：一是因年代久远而形成的"年代价值"（age value），二是因代表过去某个特定历史瞬间而拥有的"历史价值"（historical value），三是为永远警示后人而有意识地营造出的"纪念价值"（deliberate commemorative value）。[1]72-78

李格尔认为，"历史价值"和"纪念价值"来自人为因素，往往需要对相关的历史风格、历史事件或者专业知识有所了解，才能与这种价值的物质载体产生共鸣。而"年代价值"则来自自然因素，自然力所产生的材料的腐朽、色彩的褪去、外观的残缺，是简单明白的，它"可以对所有的人产生影响，无论他们信仰何种宗教、是否受过教育、是专家还是门外汉，都可以绝无例外地感受到这种年代价值的存在"。1[1]74

李格尔进一步解释说，这种由自然力创造出来的"所有人"（everyone without exception）都能感受得到的"年代价值"，事实上是一件艺术品自身的"时间性"发展到某一个特定阶段时所具有的特质。在这个特定阶段中，时间对外观所产生的改变足够明显，同时也尚未完全抹去它的形式或风格特征。

由大舍改造的上海浦东老白渡码头煤仓，在 2015 年 10 月 23 日至 11

图1 城市环境中的老白渡码头煤仓，2015年（摄影：陈颢）

月 22 日的"重新装载"展览期间所呈现出来的，正是这种恰如其分的"时间性"（图1）。进入到煤仓的内部，无处不在的斑驳的墙体、锈蚀的铁件和不完整的外观，都唤起了人们对于这座建筑的过去的想象。而在煤仓所处的上海浦东陆家嘴地区，经过 20 余年快速的城市建设，处处是速灭之后速生的新物。"变动"和"新"，因为过于频繁和剧烈，而失去了吸引力，退后为一种晦暗的"日常性"。在这样的城市环境中，煤仓所表现出来的瑕疵、残缺、变形、褪色，显得尤为鲜明而珍贵。

1. 去除

　　与李格尔所说的"年代价值"不同的是，老白渡码头煤仓在"重新装载"展览期间所呈现的"时间性"，并不完全是"自然因素"造成的，而是它在过去 30 年的城市变迁中经历的一系列状态叠加形成的产物，也是建筑师柳亦春和他的团队在改造中对这些状态进行有意识的保存和强化的结果。

　　老白渡码头煤仓建造于 1984 年，是煤炭上岸、储存和装载上车并送入市区的一个节点。黄浦江上船运而来的煤炭，通过沿江长长的高架运煤廊道，进入位于煤仓顶层的储煤仓，再经过 8 个巨大的煤料斗落到车上，被送到上海的四面八方（图 2）。

2009 年，世博会之前，老白渡码头所在的上海港煤炭装卸公司码头和上海第二十七棉纺厂搬迁。沿江北至张杨路，南至塘桥新路，总占地面积 8.9 万㎡的地块改建成"老白渡滨江绿地"，并将 25 年前建造的煤仓改造成一座观景台。

2009 年的这次改造，采用的是"去除"的方法。煤仓所有的非混凝土墙体都被拆除，仅保留承重的钢筋混凝土框架结构和沿江一片混凝土剪力墙，露出了原先被外墙包住的 8 个煤料斗。方案设计中的煤料斗被涂成砖红色，"把建筑中巨大的储煤斗展现出来，供游客参观"。位于煤仓北侧的传煤通道被改建成一座钢结构人行天桥。天桥直通位于煤仓顶部的储煤仓房，以作"登高揽胜"之用。

2012 年初，滨江大道和观景台向公众免费开放。[2] 登高揽胜，对岸可见十六铺码头和外滩的历史建筑群，向南可以远望徐浦大桥和 2010 年上海世博会中国馆，向北则是直扑眼前的陆家嘴摩天大楼群（图 3）。

2012 年 7 月，翡翠画廊（Halcyon Gallery）落户上海浦东陆家嘴。老白渡滨江绿地由于"改建后一直鲜有人问津，参观市民寥寥无几"，而被重新策划为一个"集艺术文化、时尚休闲为一体的翡翠滨江艺术区"。两年前改造成观景台的煤仓，在这一次策划中将被拆除，并在原地新建一座"翡翠画廊"。

2015 年，煤仓的"人"字形屋顶连同三角形钢屋架被拆除，随后又决定保留。在新的功能落定之前的空置期，煤仓暂时作为 2015 年上海城市公共空间艺术季"上海优秀工业建筑改造案例展"的展场，展出包括老白渡码头煤仓改造在内的 8 个上海本地近年的生产性建筑改造案例（图 4）。

2. 嵌入

　　建筑师在 2015 年所遇到的这座老白渡码头煤仓，经过了 2009 至 2011 年间景观台改造期间的外墙去除，和 2013 至 2015 年的险些全部拆除，剩下的是一个从各个方向都可以一眼看穿的裸露钢筋混凝土结构框架。

　　在水平方向上，这个框架由 6m×7.5m 的钢筋混凝土柱网均匀地分为长向 7 间、纵向 2 间。在垂直方向上，则分为 5 层，每一层的高度各不相同。一层为 5.5m 高的运煤车停放空间；二层高 2.8m，三、四层高 3.2m，2—4 层的框架中填充

图2 2008年的老白渡码头煤仓（图片：大舍）（左上）
图3 2011年的老白渡码头煤仓（图片：大舍）（右上）
图4 2015年的老白渡码头煤仓（摄影：陈颢）（下图）

了8个巨大的混凝土煤料斗；五层原为8.8m高的储煤仓，因为屋架被拆除，只剩下两排7m多高的柱子。在混凝土框架的两端，各有一座连通各层的楼梯。

这个有点斑驳和残破的结构框架，被原原本本地保留下来。与此同时，建筑师通过"填充"和"围合"两个动作，在其中嵌入了5个"空间"。从改造设计的长向剖面图上可以看到，每一个空间都采用了不同的形状（图5）。第一个空间是位于五层平台南端的一座单层双坡顶小房子，宽11.5m、深6.9m、高5.6m，作为展览的"序厅"（图6）。

第二个空间位于三层，形状如一只倒扣的漏斗，在平面上占据一个6m×7.5m的框架，垂直方向则贯通三、四层，并在五层探出天窗，总高度超过10m。这个高耸的空间是展览的"专题展厅"，展示了大舍建筑设计事务所对老白渡码头煤仓和廊道未来永久性改造的一个构想（图7）。

第三个空间位于二层，通过阳光板填充煤料斗之间的空隙，将原来的煤料斗夹层围合成一个"主展厅"。8个煤料斗分成2排4列穿过这个空间，限定出一个平面为鱼骨形、断面为等腰梯形的狭小空间。主轴空间净高仅为2.9m，地面宽度4m，在视线高度的空间宽不足2m，且中间被一列混凝土柱穿过。在这里展示了8个工业建筑改造作品的模型，以及在建筑中拍摄的舞蹈片段（图8、图9）。

第四个空间是位于底层北端的3.4m见方的立方体小盒子，作为出口的门厅。另外，通过用细木工板围合原有楼梯的扶手，在建筑中形成了两个封闭的楼梯间。

"序厅""主题展厅"和"门厅"这三个新增的空间，被小心地嵌入到既有的钢筋混凝土框架之内，从外观上看，除了两个暖色的"楼梯间"以外，很难发现这个构筑物所发生的其他改变。

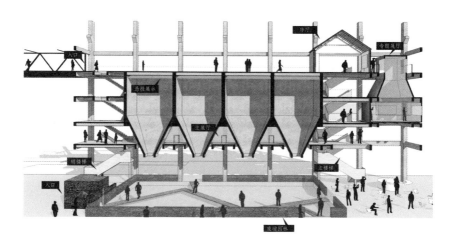

图5 总体剖面图（图片：大舍）。参观者从顶层平台进入，通过序厅，从南侧楼梯下行至三层专题展厅和二层主展厅。可由二层通过南北两侧楼梯到达底层废墟园林，完成整个参观流线

3. 穿行

　　建筑师在剖面上通过"填充"和"围合"对煤仓的结构框架所作的改变，借助于一条唯一的观展路线，转化为参观者的一次空间体验。

　　观展路线设定为一个自上而下的过程。参观者顺着一座巨大的单跑楼梯，一路向上，首先遇见的是位于五层的屋顶平台。拆除屋顶时留下的高耸的混凝土方柱均匀地列于两侧，未经清理的锈蚀的钢筋从柱子中冒出，唤起人们对古代希腊神庙废墟的联想。柱列产生的强烈的透视感将人的视线引向位于平台尽端的"序厅"，并带动身体前行。露天平台和"序厅"之间一大一小，一深一浅，一个开敞，一个封闭，形成了观展路线上的第一次空间对比（图10、图11）。

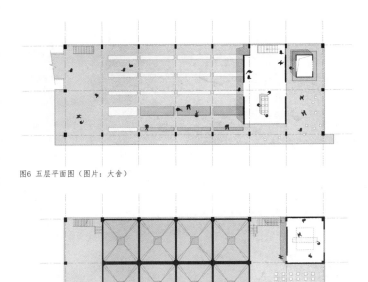

图6 五层平面图（图片：大舍）

图7 三层平面图（图片：大舍）

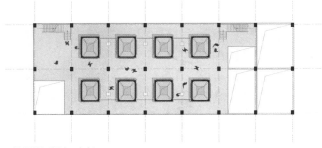

图8 二层平面图（图片：大舍）

走出序厅下到四层，是一个没有外墙围合的纪录片影像厅（图12）。再向下进入三层的"专题展厅"。"专题展厅"高耸的空间，明亮的天光，与"序厅"和"影像厅"的低空间形成第二次强烈的对比（图13）。

从三层"专题展厅"下到二层，参观者经历的是从高耸明亮到低矮昏暗的空间转换。穿行其间，展厅昏暗的光线使眼睛失去了一部分感知空间的能力。而身体与煤料斗表面粗糙的混凝土不时发生着碰撞，却清晰地提示着空间的存在。这个好像远古洞穴一样的地方，事实上是由原来的煤料斗夹层改建而成的"主展厅"（图14—图16）。

从"主展厅"中挤出来，经过一个室外平台的过渡，下到底层，这是整个参观路线中的最后一个节点。底层空间的上部悬着8个倒四棱台形状的煤料斗出口（图17、图18）。观者的脚步在这里不再受到观展路线的限制，可以在各个煤料斗之间自由地穿行。站在出料口下，通过煤料斗的空腔向上仰望，可以看到五层入口平台上人们的活动，由此，观展过程中一系列的室内／室外转换、空间的开合、光线的变化，都被重新唤起，建立起参观者对于整个空间体验过程的完整记忆。

图9 二层主展厅主轴剖面图（图片：大舍）

图10 从入口处看屋顶平台及序厅（摄影：陈颢）

图12 四层的开敞式纪录片影像厅（摄影：陈颢）

图11 序厅室内（摄影：陈颢）

4. 叠加

由煤料斗夹层改建而成的"主展厅"的处理是这次改造中特别值得关注的。事实上，早在龙美术馆（西岸馆）的设计构思阶段，柳亦春已经开始思索煤料斗这样的工业构筑物对建筑设计可能具有的启发。在《介入场所的结构》一文中，柳亦春写到，在踏勘基地的时候，"唯一提神的是基地中间留下的原北票码头长约110m、宽约10m、高约9m的煤料斗卸载桥，毫不迟疑地矗立在那里……在时过数十年之后，这一段煤料斗卸载桥在丧失了它的原本功能之后，却变为一个纯视觉与空间的景观物——一个'美'的物体"[3]。在进一步的思考中，建筑师认为"在煤料斗卸载桥的构筑物中，作为力学的结构并不重要，重要的是一个结构为了形成将煤炭从传送带上卸到煤料斗下的火车车厢里的这个功能而形成'架构'"。[3] 这些思考，随后转化为龙美术馆（西岸馆）设计中独特的伞形结构。

此后，建筑师在原来的上海毛巾十六厂污水处理站改造而成的雅昌（上海）艺术中心"丁乙楼"中，尝试了对工业构筑物"美"的挖掘。建筑师将一个咖啡厅放置在污水处理斗的下方，由倒四棱台形状的漏斗塑造出咖啡厅的空间，并将艺术家丁乙设计的图案烧制在瓷砖上，随机粘贴在漏斗的表面。通过对污水处理斗外表面的设计，建筑师将其改造成人们可以在下方远远欣赏的一个实体。

而在老白渡码头煤仓的改造中，对工业构筑物实体的欣赏转换成了对空间的体验。在建筑师的计划中，煤料斗之间的缝隙是整个展览的"主展厅"，参观者必须在缝隙内穿行，并观看整个展览中最重要的展品。

从二层改造之前的现场照片中可以看到，这种转换的困难在于煤料斗过于强烈的体积感（图19）。这种体积感诚然会因为与日常经验的不同而引起参观者的注意，但人们未必会因此而产生对空间的欣赏，而过于狭小的空

图13 三层的专题展厅（摄影：陈颢）　图14 改造之后的二层主展厅主轴空间（摄影：陈颢）

图15 改造后的二层主展厅次轴空间（东向）（摄影：陈颢）
图16 改造后的二层主展厅次轴空间（西向）（摄影：陈颢）

间也不利于展品的展示和观赏。

在最终完成的"主展厅"现场，建筑师通过"光线"这一十分关键的元素，溶解了煤料斗的体积感，进而消除了煤料斗的缝隙对视觉的压迫感，同时产生一种极其细腻、丰富而带着质感的空间。在展厅的主轴空间，投影仪将8段舞蹈片段投射在两侧煤料斗的倾斜表面。强烈的光线照射在未经覆盖和修缮的裸露混凝土上，将每一处微弱的粗糙感都放大了数倍。而投影中舞者的身体和动作，则在被强化的粗糙中叠加了一层轻快柔软的质感。而在次轴空间，自然光线透过空间尽端的阳光板，从煤料斗之间的梯形缝隙中渗透进来，将空间均匀地照亮，成为放置建筑模型的"壁龛"（图20）。

5. 临时的意义

老白渡码头煤仓为"重新装载"展览所做的改造，是一次"临时"但是真实的建造和使用。在这个作品中，可以看到建筑师柳亦春一以贯之的对于结构／空间表现力的追求。在早年对张永和作品的解读中，柳亦春已经流露出对建筑的基本元素"窗"和"墙"的兴趣。[4] 近几年通过对坂本一成、石上纯也等当代建筑师作品的观察和思考，建筑师对于结构、材料和空间无需依附任何具体的功能、类型和象征性的"自洽的表现力"产生了极大兴趣。[5] 而在对龙美术馆（西岸馆）的设计和建造过程的反思中，柳亦春对于单个要素表现力的关注，似乎正在转变为对于结构与空间、空间与人的复杂关系的思辨，并试图在实践中追求一种经过相互约束和消解之后而达成的内在平衡。[6]-[9]

这种建筑师个人的抽象思辨，经过社会性的建造过程，往往在建成作品

图17 底层改造前（摄影：陈颢）

图18 底层改造后（摄影：陈颢）

图19 二层改造前（图片：大舍）

图20 老白渡码头煤仓的煤料斗空间处理
（摄影：苏圣亮）

中变得模糊。但是在老白渡码头煤仓的改造中，建筑师的意图却是十分清晰的。与此同时，这个作品呈现了一种在大舍以往作品中不多见的、外在的、易读的丰富性，将一个普通参观者对建筑空间的感知能力激发出来，从而使建筑师个人的思考和探索具有了更为明确的公共性。

这种丰富性和公共性，在很大程度上是煤仓固有的"时间性"与建筑师对结构／空间表现力的追求两者叠加的结果。有一部分"叠加"是参观者可以感知的。比如均质的钢筋混凝土结构框架与一张一弛的观展路线，屋顶平台上露着钢筋的残破柱列与视线尽头精致的"序厅"，主展厅内煤料斗斑驳的表面与投影其上的舞者柔软的身体……而另一些"叠加"则是参观者不一定可以感知的。比如参观者被要求先登上五层平台，然后拾级而下，这条路线既是当年煤炭在煤仓中运输的轨迹，也是市民当年使用观景台的流线；嵌入钢筋混凝土框架中的3个黑色的盒子，则与煤仓的过去有着某种关联；屋顶上加建的双坡顶"序厅"与顶层储煤仓未拆除之前的人字形屋架，似乎也存在某种构图上的相似。这些时间向度上的叠加，使煤仓的这次临时改造建立起了与历史的关联性。

事实上，这次改造的"临时性"在一定程度上促成了这种"叠加"。"临时建筑"意味着更短的设计和施工周期、更少的资金投入和更有限的建造方式。与此同时，"临时"也使建筑更少地受到规范的限制，并在一定程度上摆脱了功能的束缚，使建筑师获得更多的设计自由度。在这次改造中，建筑师对屋顶平台裸露钢筋的保留，底层架空的保留，以及参观路线中不断的室内外空间转化等做法，在一个"永久"建筑中都是不容易实现的。因此，在这次"临时建造"中呈现出的自由度和可能性，提示了临时建筑不仅可以是城市更新的一种策略，也可以成为一种有别于纸上建筑与建成作品的批判性建筑实践。

（本文原载于《时代建筑》2016年第2期）

注释

1. 原文"Age value, as indicated earlier, has one advantage over all other ideal values of the work of art: it claims to address everyone, to be valid for everyone without exception. It claims not only to be above all religious differences, but also to be above differences between the educated and the un-educated, art experts and laymen."参见参考文献[1]74.

2. 引自"E18地块滨江绿地及公共环境工程设计方案"说明文字,文本由大舍建筑设计事务所提供。
3. 同上。
4. 老白渡煤炭码头改造将变沪上"维多利亚港",http://www.kankanews.com/a/2014-03-05/0014342705.shtml

参考文献

[1] Alois Riegl.. The Modern Cult of Monuments: Its Essence and Its Development. [M]// Nicholas Stanley Price, Mansfield Kirby Talley , Alessandra Melucco Vaccaro,eds. Historical and Philosophical Issues in the Conservation of Cultural Heritage. Los Angeles: Getty Conservation Institute, 1996.

[2] 顾卓敏 . "煤炭码头"变身老白渡滨江公园 [N]. 新闻晚报, 2012-03-29.

[3] 柳亦春 . 介入场所的结构——龙美术馆西岸馆的设计思考 [J]. 建筑学报, 2014 (6): 34.

[4] 柳亦春 . 窗非窗、墙非墙——张永和的建造与思辩 [J]. 时代建筑, 2002 (5): 40-42.

[5] 柳亦春 . 像鸟儿那样轻——从石上纯也设计的桌子说起 [J]. 建筑技艺, 2013 (2): 36-45.

[6] 柳亦春 . 介入场所的结构——龙美术馆西岸馆的设计思考 [J]. 建筑学报, 2014 (6): 34-37.

[7] 冯路, 柳亦春 . 关于西岸龙美术馆形式与空间的对谈 [J]. 建筑学报, 2014 (6): 37-41.

[8] 章明, 柳亦春, 袁烽 . 龙美术馆西岸馆的建造与思辨——章明、袁烽与柳亦春对谈 [J]. 建筑技艺, 2014 (7): 36-49.

[9] 柳亦春 . 结构为何? [J]. 建筑师, 2015 (2): 44-51.

理　论　探　讨

20

建筑工艺水平地域差异
现象、成因与对策

李海清

苏北某小学项目一直萦绕笔者心头，并不仅仅因为笔者设计了它，而更多是由于结结实实体验了一次建筑工艺完成度的显著地域差异，这种显著简直到了让人痛心疾首的程度。应当说，动工之前，对于当地的建筑工艺水平，还是有足够的专业认知和心理预期的，但面对最终成品时，仍觉出乎意料、不可思议。这其中，撇开技术设计和方案设计衔接的体制性壁垒，以及方案设计者难以驻场等因素，在此之外，当地建筑工艺水平之低下，也是必须正视的根本性主因。

建筑师有时不得不面对这样的困惑：同样是自己主持的项目，为什么完成度的差别如此之大？若将这诱因在理论上简单地归结为建筑工艺水平之地域差异的话，只要粗略梳理就会发现，如此有趣的现象，居然从未有专门的系统研究——建筑工艺水平地域差异究竟是不是客观存在的事实？如果是，这种地域差异究竟是如何形成的？人的群体性格特征是否存在地域差异？它和建筑工艺水平地域差异之间是什么关系？进而，针对这些差异，在建筑实践中究竟应采取何种对策？其背后可能隐含着怎样的价值观讨论？

1.“完成度”困惑：建筑工艺水平地区差异之客观存在

耐人寻味的是，建筑师普遍关心的“完成度”问题，并不是只有无名小辈才会遭遇，即使是著名建筑师，也难免遇到针对建筑工艺水平的、殚精竭虑的控制所带来的烦恼。同样是清水混凝土，成都鹿野苑石刻艺术博物馆一期的完成度就无法与南京"缝之宅"相比（图1—图4），这一点连建筑师本人都不得不承认。[1] 或许有人会认为，鹿野苑石刻博物馆混凝土墙表面肌理之粗糙，甚至于大面积外墙污染（"尿墙"），都是对"低技策略"的刻意追求所致，是设计意图的精确达成。但若仔细比较建筑师更早时期完美呈现"低技策略"的诸多案例，就会对这种揣测产生怀疑——其理想状况，应是对低度工业化生产条件的合理利用，表现的底限至多是经过控制的"粗野"，正如罗中立描绘的《父亲》那样，是"粗粮细作"之"粗"，而非粗鲁甚至是粗陋。

不仅是经过建筑师刻意控制的设计作品，大批"没有建筑师的建筑"也普遍存在类似问题。我们对中国各地"霍夫曼窑"[1] 的持续调研所获第一手资料可以证实：建筑工艺水平的地域差异是客观存在的。诚实地报道这一调查结论，或许有在感情上伤害别人的嫌疑（尽管与"地域歧视"毫无关系），但事实的确如此：关于建筑工艺水平，大体而言，南方普遍优于北方，东部普遍优于中西部，发达地区普遍优于欠发达地区，政治中心地区普遍优于非政治中心尤其是偏远地区。有关于此，建筑工程管理方面的研究也从特定视角给出了有趣的数据比较，以及意味深长的结论——"空间依赖性"。[2]

通过运用面板数据的空间计量方法，对1997—2007年中国31个省级单位建筑业的空间依赖性和发展差异的影响因素进行分析，结果证实：在建筑业省域差距日益扩大的背景下，中国建筑业发展存在空间依赖性，建筑业发达（落后）的地区和总体经济发达（落后）的地区趋于相邻。地区经济发展水平、追加的固定资产投资、建筑业集聚程度、城市化、建筑业资产和人力资本、技术支持、对外开放均是显著影响省域建筑业发展差异

图1 南京"缝之宅"庭院内景
图2 南京"缝之宅"精准的转角

图3 成都鹿野苑石刻艺术博物馆一期外景
图4 成都鹿野苑石刻艺术博物馆一期外墙局部

的因素,而政府基建支出、基础设施发展水平和建筑业市场化程度则无助于解释省域建筑业发展的差异。[2]

　　具体到建筑业规模效率上,中国大多数省份规模效率值都很高,处在规模效率前沿面上的省份有上海和江苏,而天津、内蒙古、安徽、福建、江西、广西和甘肃等省份都特别接近前沿面。其余省份规模效率水平都处于比较高的水平,而海南和广东最低。2

　　可见,无论是从建筑设计项目完成度考量,还是对建筑业发达程度及建筑业规模效率的统计分析,都表明对中国这样一个大国而言,地域差异是普遍存在的。与此相应,建筑设计实践中,建筑工艺水平地域差异是无法否认和回避的事实,建筑师的要务是找准相应对策,而这必然要求应针对此差异之成因展开分析与研究，人文地理学自然是首当其冲的进路，而医学和光学的交叉研究则提供了不可多得的探索性启发。

2. "性格地图"及其他：建筑工艺水平地域差异之成因分析

"（刘）家琨过来看过之后，夸这个房子是极品，因为他比较了一下他做的混凝土房子（笑），觉得他们那里工人跟这里的没法比。"[1]建筑师的率真确实反映出一个问题：建筑工艺水平之所以存在地域差异，首先是因为生产主体即施工操作的人存在差异。那么人的差异究竟有多大才会导致如此令人印象深刻的结果？一个颇具幽默感的故事或许可从侧面给出回答："欧洲人生来就是不一样的。在体型上，一个意大利人、芬兰人和英国人在他们开口说话之前，有六成把握可以将其准确分辨出来。不但如此，个头的差异有时会引来戏剧性的后果。在布鲁塞尔，许多意大利人承担着欧盟机构的建筑工作。在安门把手时，工头们只是笼统地告诉工人们把门把手安在手的自然高度。结果十来年里，由于门把手太低，导致芬兰人的肩膀变了形。"[3]

非但是生理条件存在显著地域差异，人的群体性格也同样存在这类差异。"在欧洲大陆，人们对语言的使用呈金字塔形分布：越往北话越少。对拉丁语系的人来说，最大的困难就是怎么让他们闭上嘴巴，而对于北欧人来说最大的困难就是怎样才能让他们开口说话。"[3]甚至意大利、西班牙、葡萄牙、希腊等南欧国度的烹饪方式也更为丰富多变，冷食不像北欧那么多，钟情于味觉享受，故更易于为中国人接受。是否可以这样来概括：纬度较低，则性格外向程度即易于沟通的程度较高，但通常也就意味着容忍力（tolerance）较高，而相对缺乏严谨求精的精神——当然，这只是具有某种相近的倾向。具体到个人，由于性格特征存在着复杂的个体差异，并不存在南方人一定比北方人更为温和而缺乏严谨精神的铁律。

再回到中国，我们常说"一方水土养育一方人"，人的群体性格特征与一个地方的地理环境、历史文化积淀、气候与饮食习惯和生活方式等密不可分。即使是因受教育程度较高而获取共识机率较高的知识阶层，其群体性格特征也一直存在着显著的地域差异。著名历史文化地理学家卢云指出："早在先秦时代，随着知识阶层地区分布的扩展，其历史面貌就呈现出最初的地域分异，而不同类型地域性格的会聚、交流、撞击、整合，塑造了中国知识阶层的群体性格。在此后漫长的历史时期，由于自然环境、文化传统、社会风气、经济状况等众多因素的差异，各地知识阶层的发展极不平衡，性格上更展示出迥然相异、丰富多彩的区域特征。"如西汉时期，"鲁地士人好儒尚学，恪守礼义；齐地士人豁达开放，变诈多智；梁宋士人淳厚质朴，节俭重农；关中士人雅好礼文，混杂奢侈；燕赵士人悲歌慷慨，尚气任侠；楚地士人文思机敏，躁急果敢；巴蜀士人柔弱多才，狭隘轻易"。[4]

知识阶层的群体性格之地域差异居然在先秦至西汉时期既已形成，则万不可忽视。因为掌握建筑工艺的生产主体虽主要是工匠，但领头者却不乏知识人，更不必论及地位更高的技术官僚，如李诚。目前虽尚未掌握有关史实作为证据，但就此做一大胆假设亦未尝不可：知识阶层的群体性格差异其实只是社会人之群体性格差异的缩影，不同地区的工匠势必也存在群体性格差异。再加上知识人在工程建设中的领导地位，二者可能对工艺精度和工程质量产生着至关重要的影响。因而，标准化（定量）和规范化（定式）——如《营造法式》——正是对这种可能由群体性格地域差异造成的工艺精度和工程质量的缺陷做出的回应。但是，这种回应却也不一定真正、完全有效。标准、规范等制度是由人制订的，也是由人来执行。现在有关建筑、道路、桥梁、水利等工程方面的各类技术标准、规范和制度不计其数，但还是该炸的炸了，该烧的烧了，该塌的塌了，该漏的漏了……作为诱因，人性的弱点应是根本的和决定性的——诚如各类文化学反思（比如《丑陋的 XX 人》）指出的那样，基于身体、语言、饮食以及行事方式等各种习惯之上的区域性的文化传统应是根本原因。

那么，人的群体性格究竟为什么会有诸多差异？基于现代意义上的实证科学理念，不同的地形、气候、物产、交通以及经济水平等客观性因素乃是回答这一问题的关键，这其中，地理条件（纬度、地形、气候等）应是最基本诱因。卢云也认为中国知识阶层鲜明的地域性格是各种地理因素、社会因素与历史因素共同作用的结果，并将自然环境的影响排在首位。[3][4]而医学和建筑光学领域的深度交叉研究可从侧面提供佐证。如"季节性抑郁"，也称季节性情感障碍（SAD），于 1984 年由罗森塔尔（Rosenthal）首先提出。该病症的表现是每年秋冬抑郁症状反复发作，伴有睡眠增多、食欲增强及体重增加等非典型抑郁症状，而春夏症状则完全缓解或部分转为以躁狂发作为特征的一类情感性障碍，属情感障碍的一个特殊亚型。该类疾病的流行病学调查报导较少，汉森（Hasen）等曾对北极圈北纬 69°地区进行调查，调查人数达 7759 人，发现成年男性发病率为 14%，而女性为 19%。特曼（Terman）等调查显示健康群体在冬季或阴雨天气情绪受到影响的达 26%，而抑郁症病人则更显示出季节性，高达 38% 的抑郁症病人在秋冬季抑郁发作。据流行病学调查，在高纬度地区尤其在气候寒冷、冬季持续时间长的北欧地区患病率高，患者在移居低纬度地区后症状会缓解。罗森塔尔提出 SAD 发病与纬度有关。[5]有关医学研究还表明，日照时间减少是引起 SAD 的主因。[4]

上述研究是否可以间接说明：群体性格存在地域差异，与以地理条件为首的客观性因素存在直接关联，进而构成建筑工艺水平地区差异的基本成因，而这又是建筑活动无法回避的。试想，作为工匠，相对而言，脾性愈是急躁，对待工作的耐心细致程度就愈可存疑。谁不愿意用任劳任怨的能工巧匠呢？宋徽宗坐龙庭于汴梁，但为办"花石纲"，不仅从全国各地特别是江浙一带民间搜罗奇花异石，且其征调工匠的地区也是有选择的——"命宦者童贯置局于苏、杭，造作器用。……诸色匠日役数千"，为修建"艮岳"内的假山，还专门从吴兴征发大批"山匠"。[6] 虽然还缺乏针对不同地区建筑工艺水平的大样本量统计学研究，但依据人文地理学（中国历史地理学之历史文化地理研究）、医学和光学研究结论所给出的上述假说，应具有相当程度的逻辑合理性。

3. 对策：顺势而为的实践逻辑

既然建筑工艺水平存在地区差异是不争的事实，建筑工艺水平地域差异的直接成因在于群体性格的地域差异；而医学研究又发现"季节性抑郁"的发病机理与纬度和日照有关，间接支持了群体性格地域差异应该首先归因于地理条件（纬度、地形、气候等）这一客观性因素的假说。由于地理条件是建造模式之选择必须面对的最基本外部条件，那么，建筑工艺水平地域差异对建筑师、建筑设计和建筑活动而言，显然是无法回避的，并在某种意义上具有不可抗拒性。

之所以必须强调这一点，是因为本议题极易被简化为纯粹的技术和管理问题："该施工企业工艺水平不高，想点儿什么办法呢？"然而，作为建筑活动中的知识人的代表，对于建筑师而言，观念和态度的确立必须优先于施工技术和管理问题的考量。建筑师首先要解决怎样看的问题，其次才是怎么办。

在观念和态度上，必须承认和注意到：不同地域，甚至相同地域（可能是不同地点）的不同施工企业，其建筑工艺水平确实存在显著差异，甚至具有不可抗拒性。上述有关建筑工艺水平地域差异的现象描述和成因分析，恰恰说明了这一点。此不可抗拒性，是指就法理而言，特别是在中国的现状体制环境中，选择、确定施工单位，乃至于选材和确定工艺，只有业主才拥有终极裁定权，而建筑师只有建议权。业主选择、确定施工单位，不仅要考虑工艺水平等专业技术因素，还在根本上受制于经济因素——既包括宏观意义上的经济发达程度，也包括具体项目预算的松紧程度。而在中国的社会文化环境中，灰色收入和利益输送的恶劣影响也不可忽视。此类案例的具体情状形形色色，俯拾皆是，有些令人啼笑皆非。如某著名建筑师主持设计某市妇女儿童活动中心，业主为当地政府，项目指挥部负责人工作极其认真，在经济考量方面非常严格，却不懂专业。原先外墙干挂饰面板材的算量及订单，都已在建筑师协助下做出精确计算并留出合理余量。但该负责人为求俭省，自以为是地将余量部分删除，以此表明某种姿态。结果因运输、安装的合理损耗，至现场施工还差最后几块板材未安装时，材料却刚好用完了。而工期很紧，重新下单订货已来不及，这时他才慌了手脚，求助于建筑师。正焦头烂额之际，建筑师注意到发货用的包装材料本身与外墙饰面材料同质，至少是视觉特征高度相似，决定先用上再说，终解燃眉之急。

无论如何，主要出于对特殊体制环境中的经济因素的考量，大多由业主选择、确定的施工单位，建筑师惟有接受。如国内较知名的某白酒生产企业，其基建部门工作人员一再抱怨，"我们的工程项目招投标，从来都是最低价中标"。言下之意，最低价格是否就是最佳性价比呢？明眼人一看便知。但这不重要！重要的是最低价本身，是一种政治正确、姿态明确的安全选择。即使如 A-ZL 这样的著名设计机构，尽管南京"缝之宅"用了省内专业水平最高的施工企业，但在完成高淳"诗人住宅"和南京中国国际建筑艺术实践展 4 号住宅项目时，也不得不采用当地的农民施工队来建造。

但是，建筑师职业的主体性意味着：接受并不等于完全被动地逆来顺受，相反，还要在设计层面作出更为积极有力的回应——控制（包括"策略性的不控制"），如果还把确保一定的"完成度"作为工作目标的话。

怎么控制？必须从建造模式层面进行两方面的控制：技术模式和工程模式。尤其是在工程模式既已确定的情况下，须以特定的技术模式给出积极回应，做好设计。明知经济条件不佳，预算紧张，施工队伍素质不高，工艺水平较差，却仍坚持采用需要精确控制的技术模式和精度要求较高的工程模式，这就是"硬做"，无疑是自寻烦恼。所以，基于项目背景综合考量的精准预判是非常重要的。

从设计上看，"策略性的不控制"——一种被设计好的"不控制"，是非凡的智慧。理论研究和实践经验已证明，工业化程度越高的建造模式，如结构材料、饰面材料甚于施工结构所用材料（如模板）的标准化、预制化程度越高，其体系的封闭性就越强，尤其是对于建造模式自身的表现需求越多，则对施工误差的容忍度就越小，对"策略性的控制"要求就越高。"缝之宅"即属于此类典型案例：1cm 误差都难以接受。反之，情况就会截然不同。南京中国国际建筑艺术实践展 4 号住宅，其立面上动人的曲面和曲线看似复杂，其实对工艺精准度的要求反倒不是那么高，差 5cm、10cm 并不会产生颠覆性影响（图 5、图 6），专业化程度和工艺水平相对较低的农民施工队做这样的项目也不会太困难，至少在现浇工序完成之后，还可以打磨、刮腻子，作为一种补救措施。[1]

控制从何时开始？并不是只有在工地上的工作才是控制。关于建造模式的既有研究已清楚表明全程控制的重要性 [7]——在设计阶段，就要考虑好技术模式和工程模式的选择策略。以完成面控制为例，只要涉及工业化制造的材料模块（Modules）[8][9] 的裸露与表达，如机制砖之清水砖墙、各种机制饰面板材之干挂外墙、规格化木板条做模板并形成肌理的清水混凝土墙等，就普遍存在材料模块接缝的视觉呈现问题，对工艺精准度的要

图6 南京中国国际建筑艺术实践展4号住宅外廊

图5 南京中国国际建筑艺术实践展4号住宅外景

求自然比较高，对于容差的设计以及现场控制的力度和强度的要求也就比较高。同一个设计单位，完成面同样涉及规格化木板条，只不过一个是表现木模肌理的清水混凝土墙，另一个是木质地面和墙面，南京万景园小教堂台基部分的四角居然是4种状况（图7—图11），与"缝之宅"相比就显得力有不逮，这显然并非建筑师所愿，驻场人员的工作经验和成效值得考量。虽说"'轻'建造策略是建筑师在紧张工期和有限造价条件下的明智选择"，但对于这一平面"高度的完整性、对称性和向心性"而言，[10]尤其是从"理想形式"平面图（图12）的细节可以读出，四角地面板的安装精度也是极为重要的。

而更为重要的是在理念上，相当数量的成功案例都指向"顺势而为"的实践逻辑，避免"硬做"。即应立足现有条件，在充分利用所能获取资源的前提下，基于项目背景综合考量，做出精准预判，选择适于此时、此地、此情、此景的建造模式，其极致状态乃是"以毒攻毒"。

这种状态是将不利因素的有利一面或典型特征发挥至极致状态，出奇制胜，这在近来以竹构为代表的乡土建筑设计实践中屡见不鲜，如"最美

图7 南京万景园小教堂外景

图8 南京万景园小教堂台基四角之一
图9 南京万景园小教堂台基四角之二
图10 南京万景园小教堂台基四角之三
图11 南京万景园小教堂台基四角之四

猪圈"。之所以如此,首先是因为在技术层面,"势"的能量无法抗拒——地形、气候、物产、交通以及建材工业水平等条件的前置性无法轻易改变。而在商品社会,一切物质化产品(甚至包括海量的非物质化产品)均可采购,经济(预算)几乎成为"势"的决定性影响因子。再上升至制度层面,农耕文明的"匮乏经济"和"尚俭德"传统,与地方官员任期制、政绩考评制扭合在一起,诱发体制层面的短期行为流弊,缺乏周密的系统策划和有序安排。[11] 如此,则中国人普遍从事的是建筑活动,而非建筑行动。建筑行动与建筑活动之关键区别在于:是否有长期、稳定的战略目标。若没有,当事人除了"顺势而为",几乎没有其他更明智的选择。搞设计其实就是顺着如下线索,逐层次退至底限:挑客户-挑营造商和材料商-观念控制-技术精确性控制(充分考虑容差的技术设计和工程设计)。实际上,最后的专业控制还是依赖于设计:"粗粮细做"或"低技策略"之类。换言之,若完成度出了问题,首先应从设计上追究根由,虽然这并不排除在学理和法理上,最终究责到营造商或其他人头上的可能。

4. 结语:"控制"的意义不应仅限于工艺

由于具体项目地点的地理条件是建造模式选择必须面对的最基本外部条件,那么,建筑工艺水平地域差异对于建筑师、建筑设计、建筑活动而言,显然是无法回避的,并在某种意义上具有不可抗拒性。这时候,作为设计主体的建筑师,其专业"控制"能力的价值才被凸现出来。建筑师若无视建筑工艺水平地域差异之客观存在,不在意完成度,很难说是个好建筑师。但如何在意?这里面确实蕴藏着价值观的讨论。立场和观点,决定了将会采用什么样的方法和技术手段。这一讨论,势必指向以下三层进路:

手艺(Craftsmanship)——求精,技不厌精,意在成功谋生。作为

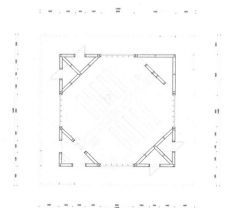

图12 南京万景园小教堂平面图

工作目标，确保一定的完成度，对于建筑师而言是天经地义，放弃这一条，等于自己砸饭碗。无论如何，控制是必须的，哪怕是策略性的不控制。这些都属于技术精确性控制。

运动家道德（Sportsmanship）——守矩，务本遵规，才好决出胜负。这是工作准则，即使是天经地义的事情，由于建筑是社会化生产，正像体育比赛一样，也必须有游戏规则，按契约和规则行事，不做小动作，不越位。这应该属于制度控制。

剑道（Swordsmanship）——尚简，一剑封喉，结果关乎生死。建筑学作为现代学科，其研究问题务求精深，不惧复杂化，设想到最坏可能。这是一种工作态度；但建筑术是要解决问题的，应力求用最简单、最直接的方法，提高效率。这代表了工作的水平和境界。这应该算是观念控制：效率高，意味着良好的性价比，简得有道理，才是真正的"俭"。

那么，在这个技术发展至似乎无所不能的时代，"俭"究竟还有什么

图13 浙江临安"太阳公社"茶亭　图14 浙江临安"太阳公　图15 浙江临安"太阳公　图16 浙江临安"太阳公
　　　　　　　　　　　　　　　社"鸡舍跳板之一　　　社"鸡舍跳板之二　　　社"鸡舍跳板之三

意义？如果检视各种原生型建筑（乡土住宅）与洛杰耶长老的原始茅屋，则不难知晓其中的直接关联：原生材料和最简单工具。只有创造性地利用自然的恩赐，才可能生存下去。这里的创造性，首先体现为效率——如何以最少质料、最少人工和最快速度营构最大有用空间？这样的工程思维经过长期实践锤炼，逐渐锻造出基于"匮乏经济"条件的"尚俭德"的建筑观：能用一根料，绝不用两根；能用两根，绝不用三根乃至更多（图13—图16）。这与废尽心机、处心积虑、拐弯抹角的"极简主义"，委实有着天壤之别。[12] 从这个意义上说，奢靡之风的盛行，应该始于生产力水平发展至阶级的出现，人的身份感、超量占有欲有条件被满足的那个时机。今天，中国社会充斥着声色犬马和歌舞升平，其实大家才吃几天饱饭？眼下的物质充裕，是以近40年经济高速发展、牺牲环境安全作为代价的："匮乏经济"既是历史，也是现实。在中国，在当下，顺势而为，意味着明势而有为。控制完成度，要从控制欲望做起。就此价值观本身而言，它无疑应获得公认，而无论所谓地域差异，更不应仅限于建筑工艺水平。

　　话又说回来，地域差异也不见得一定是什么坏事，世界本来就是丰富多彩的，关键看你如何体认它、对待它、处置它。"有些东西，自己尽可不吃，但不要反对旁人吃，不要以为自己不吃的东西，谁吃，就是岂有此理……一个人的口味要宽一点、杂一点，'南甜北咸东辣西酸'，都去尝尝，对食物如此，对文化也应该这样。"[13] 如果我们还愿意把建筑的终极问题看成是文化问题的话，汪曾祺的这番高论就的确是颇有深意了。

（本文原载于《时代建筑》2015 年第 6 期）

注释

1. 霍夫曼窑（Hoffmann Kiln），又译作八卦窑，最常见于烧制砖头及其他陶质制品。它是由德国人弗里德里希·霍夫曼（Friedrich Eduard Hoffmann）于 1856 年改良设计，1858 年 5 月 27 日获得专利的一种窑，所以以其姓氏为名。这种窑在霍夫曼获得专利后被用于烧石灰，并以"霍夫曼连续窑"（Hoffmann continuous Kiln）之称闻名——编者注。

2. 参见：戴永安. 中国省域建筑业发展差异及其经济影响 [D]. 东北师范大学博士学位论文：52.

3. "文化综合作用"是文化地理学研究的重要课题，即地理环境在文化发展中的作用。如探讨古文化中心的地理环境，近代文化发展与温带气候的关系等。有些学者过于强调自然环境对文化的作用，如 E. 亨廷顿强调人类文化进步主要取决于气候，温带气旋区远比地球上其他地区为"优越"，认为西欧和北美具有促进文化发达的理想气候。英国的 F. 马卡姆所著《气候与国力》（1947），认为地中海文化从埃及、希腊到罗马，是冰川后退以后几千年气候变迁的结果。这种环境决定论颇具"政治正确"嫌疑，也曾为地理学家所抛弃。但笔者认为，自然环境对社会经济发展有明确的推动或延缓作用，作为客观性影响因素的一个重要因子，还是值得研究的。

4. 该假说得到了以下两点支持：①纬度越向北的地区 SAD 发病率越高；②通过补充人工光照可使部分病人的症状得到缓解；Sakamoto 等从日本 53 所大学就诊的 5265 例抑郁症病人中筛选出 46 例 SAD 患者，并将所有病人按平均日照总时数分为 9 个组，按纬度分为 11 个组进行比较研究发现，DEF 发病率与日照总时数呈显著负相关，与纬度仅呈弱相关。由此说明日照时间在 SAD 的发病中起着主要作用。参见：杨春宇，等. 光照与季节性抑郁情绪研究 [J]. 灯与照明，2013(9)：1-4.

参考文献

[1] 张雷，冯仕达. 张雷访谈 [J]. 世界建筑，2013(2)：114-117.

[2] 戴永安. 中国省域建筑业发展差异的空间计量分析 [J]. 统计与信息论坛，2010（5）：53-58.

[3] 本内迪克特·拉佩尔. 话说欧洲民族性 [M]. 刘玉俐，译. 北京：中国人民大学出版社，2007：19-29.

[4] 卢云. 中国知识阶层的地域性格与政治冲突 [J]. 复旦学报（社会科学版），1990（3）：34-41，33.

[5] 杨春宇，等. 光照与季节性抑郁情绪研究 [J]. 灯与照明，2013（9）：1-4.

[6] 单远慕. 论北宋时期的花石纲 [J]. 史学月刊，1983(6)：22-29.

[7] 李海清. 砼：一种本土境况下的建造模式之深度观察 [J]. 时代建筑，2014（3）：45-49.

[8] Andrea Deplazes(Ed.).Constructing Architecture: Materials Processes Structures: A Handbook. Birkhäuser Basel, 2005.

[9] （瑞士）安德烈·德普拉泽斯. 建构建筑手册 [M]. 任铮钺，袁海贝贝，等译. 大连理工大学出版社，2007.

[10] 王铠，张雷. 理想形式：南京万景园小教堂设计概念解析 [J]. 时代建筑，2014（5）：69-75.

[11] 费孝通. 乡土重建 [M]. 长沙：岳麓书社，2012.

[12] 李海清. 从材料焦虑到情理建筑——略论近世中国建筑价值观念之变迁 [J]. 新建筑，2010（1）：31-39.

[13] 汪曾祺. 做饭 [M]. 凤凰出版传媒股份有限公司，江苏文艺出版社，2013.

21

从"Fab-Union Space"看数字化建筑
与传统建筑学的融合

王骏阳

在过去的十多年中，袁烽教授主持的创盟国际建筑设计有限公司（以下简称"创盟国际"）在数字化建筑方面的研究和成果在国内外学界产生了令人瞩目的影响。然而，本文旨在论述的并不是这些数字化研究和成果的技术内容本身，而是"Fab-Union Space"——一座由创盟国际设计的位于上海市徐汇滨江西岸文化艺术区的约 300 ㎡的多功能展厅建筑，并借由这个具体的建筑作品将我们对数字化建筑的讨论带回现代建筑学的学科语境之中。

1. 建筑

作为 2015 年度徐汇滨江着力打造的西岸文化艺术示范区（以下简称"示范区"）的一部分，"Fab-Union Space"与上海摄影艺术中心、香格纳西岸、"上海梦中心"规划展示馆、"例外"设计中心、乔空间、艺术家丁乙工作室、周铁海工作室、大舍、致正、童明、高目等建筑师工作室以及基地内原有的小尺度旧厂房形成一个相互联动又不无差异的整体。根据总体规划设计理念，这个规模不算太大的文化艺术示范区虽是新建，却仍然希望以类似于旧厂房的坡顶形式，以及轻钢结构、压型钢板、夹心保温板、薄型波纹镀铝锌钢板等工业材料，体现这个区域原有工业建筑的特点。同时，结合基地内现有的树木，以院落围合的方式形成错落有致的建筑聚落。[1] 这一点尤其在大舍、致正、高目工作室的建筑中得到贯彻，如果说童明工作室尽管具有坡顶和院落形式，但钢结构特点却不甚明了的话，对于大舍和致正工作室而言，轻钢结构、坡屋顶、廉价工业材料的使用甚至意味着一种从严谨的几何化体量空间和形式向更为平实、放松、非物质化、"轻"以及将建筑的内在结构和空间表现结合起来的建筑学趣味的转向。[1]

另外，尽管大舍、致正、高目、童明和创盟国际等五家建筑工作室曾经以各自在示范区的建筑加入 2015 西岸艺术与设计博览会设计板块的"工作室进行时"特展，但是创盟国际的"Fab-Union Space"最终却被定位为一个多功能展厅建筑，而非设计工作室。它的位置也与其他几个建筑脱开一定距离，反而与几个非建筑师工作室性质的建筑共同形成了一个从西岸艺术中心（由原上海飞机制造厂冲压车间改造而成）进入示范区的入口。在总平面关系上（图 1），"Fab-Union Space"通过一个从自身入口部位拖出的长廊也进一步强化了这一公共性入口姿态。一定意义上，正是这种"公共性"为"Fab-Union Space"使用更具"永久性"和"物质化"的混凝土材料（而非趋向临时性的工业材料）提供了理由。不过据建筑师自己讲，创盟国际选择使用混凝土材料是出于工期的考虑。确实，就时间而言，创盟国际是最后一个介入西岸文化聚合示范区项目的，整个建筑从设计到施工完成历时仅 4 个月，这种情况下就需要使用一个更为熟悉的建造体系，而之前创盟国际已经在其他一些项目中尝试了裸露混凝土，并且有固定合作的施工单位。

从概念上讲，这是一个在一定建筑高度控制范围之内充分利用基地面积并提供空间利用效率的方盒子建筑（图 2），只是在中间偏西的部分有一个异形突起物（实际为垂直的楼梯交通空间）将方盒子体量一分

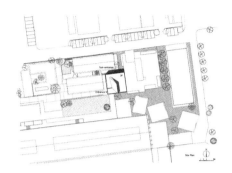

图1 总平面图

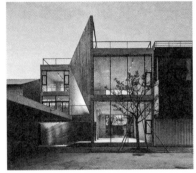

图2 Fab-Union Space南侧外观

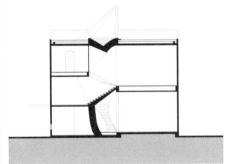

图3 剖面图

为二，同时由于入口处理的需要，西侧的体量向后减少了一部分，使得异形突起物与一层的入口门廊咬合在一起。进入内部（图3），整个建筑的横向跨度为14m，并在纵向被楼梯交通空间划分为东西两个部分，东侧为两层相对较高的展厅空间，西侧为三层普通展厅空间，两侧不同标高的楼板将可使用面积最大化的同时，为展览／办公等未来的可能使用情况提供相应的灵活性。东西两部分采取不同的空调系统，东侧较高空间的空调系统被置在一、二层之间厚度达600mm的楼板空腔之中，对一、二层上下送风，而西侧则是多联机，每层可单独控制。

如果整个建筑采用框架结构，那么它可以被理解为多米诺住宅（Maison Domino）（图4）的一个变体，只是它的横向宽度小于纵向进深，而不是标准的多米诺体系的相反情况。此外，横向14m的跨度通常会导致中间增设一排甚至两排柱子，以便与楼梯结构更好地结合在一起。更为重要的是，东西两部分的不同层高完全打破了多米诺住宅那种单一的被柯林·罗（Colin Rowe）形容为"三明治"式的楼层限定关系。然而，最终的结构体系是让结构荷载支撑在东西两侧150mm厚的混凝土墙上，同时在南侧形成大面玻璃，它似乎更可以看作是柯布在多米诺住宅问世6年之后的1920年提出的另一个具有原型意义的雪铁龙住宅（Maison Citrohan）的变体。在柯林·罗的论述中，雪铁龙住宅也被称为美加仑（megaron）（图5）模式，[2] 取自古希腊多立克神庙的原型。

在柯林·罗看来，三明治式的多米诺住宅和美加仑式的雪铁龙住宅是柯布对建筑学最为重要的两个概念性贡献——"'三明治'概念强调楼板，而'美加仑'概念则注重墙面。"[2] 在柯布的建筑中，如果说萨伏依别墅是"三明治"式的，雪铁龙住宅则是"美加仑"式的，那么这两种原型在拉图雷特修道院（Monastery of La Tourette）（图6）中得到了综合，其中的小教堂是"美加仑"的化身，而修道院本身则是"三明治"式的。当然柯林·罗也指出："如同一切过于简单的分类一样，上述区分一旦僵化，就很容易变得荒唐可笑，而且这种分类的奇特之处就在于它并非乍看起来的那么易如反掌。因为，当我们再次面对加歇别墅（图7）这样的建筑时，我们不禁心存疑虑：它是一个'三明治'吗？还是一个'美加仑'？我们感到的是楼板的压力，还是端头墙面的压力？"[2]

没有什么能够比这更好地说明柯林·罗超凡的形式感悟和思辨能力了。不过罗似乎从未论及柯布的这两种原型与现代建筑重回原始棚屋的

图 4　勒·柯布西耶：多米诺住宅

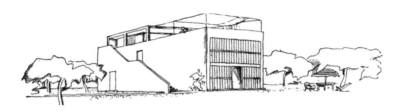

图 5　勒·柯布西耶：雪铁龙住宅

图 6　勒·柯布西耶：拉图雷特修道院

图 7　勒·柯布西耶：加歇别墅

 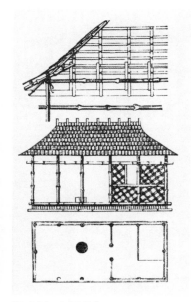

图8 洛吉耶:原始棚屋　　　　　　　　　图9 森佩尔:加勒比棚屋

本质诉求的关系。洛吉耶长老(Abbé Laugier)于 1753 年提出的原始棚屋(图 8)可以被视为一个起点。在肯尼斯·弗兰姆普敦(Kenneth Frampton)看来,洛吉耶的原始棚屋仍然带有强烈的西方古典建筑的原型色彩,而 1852 年由哥特弗里德·森佩尔(Gottfried Semper)提出的加勒比原始棚屋(图 9)则完全突破了西方古典建筑原型而更具有普遍意义。[3] 但是,这并非两者之间的唯一区别。在具体的建筑层面,森佩尔原始棚屋质疑和补充了洛吉耶将建筑剥离到只剩下结构的理论模型。他的观点不仅包含了基座和火炉这两个未曾在洛吉耶那里出现的建筑要素,而且将植根于基座的结构核心与轻型的围合表层相区分,前者与建筑的静力学相关，后者则无需这种相关性，从而为建筑的文化再现留下空间。

柯布的多米诺住宅可以被视为对森佩尔原始棚屋的某种回应。[4]21 它由结构性骨架和作为"新建筑五点"中的第四点"横向长窗"和第五点"自由立面"这两个具有强烈反差的内容组成。作为现代主义者，柯布对森佩尔意义上的文化再现性表层没有兴趣。如果说柯布的建筑还有什么文化再现的表达的话，那就是通过白色粉刷的光洁表面，将建筑（而不仅仅是表面修辞）打造成纯粹主义的"机械美学"隐喻。相比之下，尽管雪铁龙住宅也使用了白色粉刷的光洁表面，但是由于结构与建筑形式和空间的高度融合，它倒更像是对洛吉耶和森佩尔原始棚屋的某种反动。然而在柯布那里，纯粹主义的"机械美学"并没有持续很久，因为以1935年的周末住宅（Maison de Week-end）（图10）为标志，柯布开始转向一种更为粗糙和裸露的建筑表现，并以其晚年包括拉图雷特修道院在内的大量裸露混凝土作品而著称。可以说，虽然首先提出建筑中"粗野主义"（Brutalism）一词的是英国的史密森夫妇（Alison and Peter Smithson），但是如果没有柯布的裸露混凝土作品，"粗野艺术"（art brut）就不能真正转化为建筑，"粗野主义"也就没有如此动人的建筑魅力。很显然，这种魅力不是来自森佩尔意义上的并且被当代"表皮建筑学"（surface architecture）和数字化表皮建筑视为理论基础的"饰面"（Bekleidung），而是更为原初和基本——一种在结构性材料的施工过程中产生的固有魅力（图11）。

柯林·罗没有涉及的另一个问题与柯布建筑的非箱体或者说非立方发展有关。多米诺住宅和雪铁龙住宅都是立方性的，而一般意义上的现代建筑也常常有"方盒子建筑"之称。诚然，"风格派"（De Stijl）代表人物特奥·凡·杜斯堡（Theo van Doesburg）早在1924年提出的"时间—空间的建造"（Construction de L'Espace-Temps）的概念性绘画就已经体现了打破现代建筑的"立方"传统的愿望——在这里，正如凡·杜斯堡在"走向塑性建筑"（Towards a Plastic Architecture）（图 12）的宣言中所言："新建筑应是反立方体的（anti-cubic），也就是说，它不企图把不同的功能空间细胞冻结在一个封闭的立方体内。相反，它把功能空间细胞从立方体的核心离心式地甩开。"[5] 凡·杜斯堡对早期密斯（特别是 1924 年的砖宅方案和 1928 年的巴塞罗那德国馆）的影响不言而喻，然而晚年密斯向立方体（尽管常常是玻璃立方体）回归也是有目共睹的。与之不同，尽管多米诺住宅和雪铁龙住宅都具有强烈的立方性特点，但是柯布在纯粹主义绘画中发展起来的形式感却常常赋予他的建筑某种打破立方体及其直线组合的曲线特征。这一特征既不同于凡·杜斯堡的直线型"塑性"建筑，也不同于"表现主义"的"自由"曲线，而是一种两维或者三维的图形操作。无论是早期的萨伏伊别墅，还是晚年的拉图雷特修道院或者哈佛大学卡彭特艺术中心都说明了这一点。拉图雷特修道院小教堂一侧有着曲线形体量的祈祷室无疑也是一个有趣的案例。在昌迪加尔，柯布还将这种曲线操作转化为一种公共建筑需要的纪念性（图 13）。

　　然而，柯布有两个建筑突破了这一切，一个是 1955 年完成的朗香教堂，另一个则是 1958 年布鲁塞尔世博会飞利浦馆（La Pavillion Philips à l'exposition universelle de Bruxelles 1958）（图 14）。前者在当时的建筑界曾经引起轩然大波，被指责为"非理性主义"——尽管艾森曼曾经指出，该建筑仍然将柯布早期建筑中占主导地位的网格以地面图案的方式表现出来，成为柯布西耶比例模数系统的一部分，而且在建筑立面上，虚拟的或暗含的网格也清晰可辨；[6] 后者则仍然是一个符合"理性"原则的双曲抛物线帆状悬索张拉结构，通过将预制的挠曲混凝土固定在以强化的钢筋混凝土柱为基准线固定起来的间距 8 mm 的双层拉索构成的

图10 勒·柯布西耶：周末住宅

图11 勒·柯布西耶：拉图雷特修道院裸露混凝土墙面

图12 凡·杜斯堡：走向塑性建筑

图13 勒·柯布西耶：昌迪加尔议会大厦

钢网上面得以完成。这两个建筑都是柯林·罗的柯布研究从未论述过的，但是在笔者看来，它们在现代建筑发展史上的经典意义也许并不亚于多米诺住宅和雪铁龙住宅。事实上，20世纪以降，从"新艺术"运动（Art Nouveau）、安东尼·高迪（Antoni Gaudi）以及被史学家称为"表现主义者"的门德尔松（Erich Mendelshon）（图 15）和斯坦纳（Rudolf Steiner）对曲线以及非立方体形式的偏爱，到阿尔托为使现代建筑更加 "人性化"而进行的曲线和非立方体操作（图 16、图 17），再到奥斯卡·尼迈耶（Oscar Niemeyer）和汉斯·夏隆（Hans Scharoun）的"有机功能主义"建筑中的曲线化和异形化倾向（图 18），现代建筑意欲突破直线主导的立方建筑的诉求时隐时现，直到我们这个数字化时代一发不可收。区别在于，如果说朗香教堂和飞利浦馆还能引发"理性"与"非理性"形式的争论的话，那么借助于数字化技术，这一区别在当今已经失去意义，因为人们完全可以通过计算机软件将一个看似非理性的形式转化为数字理性，完成任意曲线和异形的建筑。

2. 点评

笔者愿意把对 "Fab-Union Space" 以及创盟国际的数字化建筑实践的认识置于上述建筑学语境中进行理解。首先，在笔者看来，"Fab-Union Space" 使用裸露混凝土的意义并不仅仅在于为加快建造进度而使用一个设计者已经较为熟悉的建造体系和固定合作的施工单位，甚至也不在于以一种更为"永久性"和"物质性"的材料塑造整个西岸文化艺术示范区入口的公共性（尽管事实上这一作用显而易见）。在当代建筑学尤其是数字化表皮日益泛滥的建筑学语境中，它体现的是一种"裸露的回归"（the return of nudity）。意大利建筑评论家莫斯戈（Valerio Paolo Mosco）曾经指出，尽管建筑中的裸露并非新的发明，而永远只能是一种回归，但是它的针对性却十分明确，即在过去数十年中愈演愈烈的"表层包裹建筑"（architecture of envelopes）。它们的共同特点是趋向于用一种与建筑主体结构相分离的盛装式的表层将建筑

图15 门德尔松：爱因斯坦天文台

图 14 勒·柯布西耶：布鲁塞尔世博会飞　图 16 阿尔托：赫尔辛基技术大学（现阿尔托大学）
　　　利浦馆

图 17 阿尔托：麻省理工学院　　　图 18 夏隆：柏林交响音乐厅
　　　学生宿舍

主体尽可能包裹起来，其中尤以弗兰克·盖里（Frank Gehry）于 1977
年完成的毕尔巴鄂古根海姆博物馆为甚（图 19）。[4]131 与此同时，从
"柔滑的"（smooth）到"图案的"（patterned）各式花样翻新的表
层装饰也在不同建筑类型中出现，大有演变成一种新的"装饰主义"
（ornamentalism）之势（图 20）。在笔者看来，如果说曾经使创盟国

图19 盖里：毕尔巴鄂博物馆

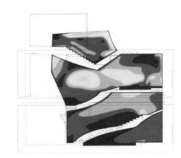

图21 风环境分析

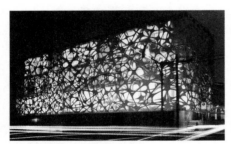

图20 汤姆·法德斯：东京建筑表层包裹

际声名鹊起的"绸墙"（Silk Wall）属于这样一种"装饰主义"的话（尽管它在另一个层面属于创盟国际通过实际建造进行数字化建筑研究的一种尝试，见以下第四点），那么"Fab-Union Space"的"裸露的回归"则是一种向"永恒的现在"的回归。

　　必须指出，作为一个预计使用期限为 5 年的建筑，"Fab-Union Space"的裸露混凝土是在规避当前建筑保温隔热规范的前提下得以实现的（满足规范的做法是在保温之外再做一层裸露混凝土，这势必增加造价）。作为弥补，设计者把建筑中间的楼梯交通空间作为一个利用空气动力学的拨风原理的装置进行考虑，以实现非空调季节整栋建筑的通风最大化（图21）。这令人想起当代热力学建筑理论对封闭的（isolated）现代主义保温隔热范式的质疑，以及向非封闭的（也是非现代的或者说前现代的）建筑热力学回归的诉求。[7]这一争论所涉及的问题无疑不是短时期能够得出结论的（当然这也不是本文能够讨论的），却可以为理解建筑中的能量问题提供一个新角度，有助于一种更为开放的和非平衡性的基于建筑与外界环境的能量、物质以及熵的交换的建筑学范式的形成。值得注意的是，这一思考已经以"环境性能图解"的方式（environmental performance diagram）出现在袁烽新近完成的著作《从图解思维到数字建造》之中。

第二，如果说"Fab-Union Space"的"裸露的回归"也是一种向"永恒的现在"的回归的话，那么正是在后面这一层意义上，笔者愿意将"Fab-Union Space"视为雪铁龙住宅和飞利浦馆这两种原型的叠加。一方面，正如前述已经指出过的，由于建筑在两侧的混凝土墙得到结构支撑，同时在南北两侧形成大玻璃窗，整个建筑可以被理解为一个雪铁龙住宅的变体；另一方面，建筑中部的竖向交通空间经过巧妙布局，对重力进行引导，以一种类飞利浦馆的方式实现了传统意义上的结构—交通核心体承担的功能。在这里，交通动线和重力的传导在空间和形体上互相制约而又彼此平衡，成为空间塑形的基础（尽管这个空间塑形的结果已经不能等同于飞利浦馆的双曲抛物面）（图22）。重要的是，与"表层包裹建筑"不同，"Fab-Union Space"这个异状的空间塑形是建筑主体结构的重要部分，而不是与主体结构相分离的自承重表层结构。在这里，曲面不仅将原本竖向的重力分散传导，而且通过不同的曲面相互支撑实现了整个建筑的中部结构，将力流传导、美学表现和交通功能融合为有机的整体。很显然，将空间塑形与建筑的主体结构结合起来，而不

是为建筑穿上一件非结构性的异形外衣，这是 "Fab-Union Space" 与
"表层包裹建筑" 的最大区别。就此而言，"结构性能图解"（structural
performance diagram）能够在《从图解思维到数字建造》中占据重要
的一席就是顺理成章的；而正在建设中的江苏省园艺博览会现代木结构
主题馆则致力于将空间、形式与结构融合在一个整体之中（图 23）。

　　第三，如同盖里曲线化的雕塑性建筑需要借助于有 "盖里技术"
（Gehry Technology）之称的 Catia 数字化三维软件系统才能得以完成
一样，"Fab-Union Space" 楼梯交通核心体的空间塑形设计也将双向
渐进优化法（BESO）作为概念设计阶段形式生成的重要依据，进而在
预设的荷载和支撑条件下，通过迭代衍生出最优的结构分布，并将这种
结构分布与交通空间的落点进行反馈，实现了交通功能、形式要求和结
构力学的有效平衡。此外，考虑到混凝土浇筑时模板搭建的经济性，
将结构体量几何化拟合为直纹曲线（ruled surface）同样至关重要。在
"Fab-Union Space"，整个混凝土浇筑除地下之外，地上部分共分三
次进行。由于设计者利用数字化软件将直纹曲面的比例提高到 85%，其
中每次浇筑的直纹模板有三分之二可以重复使用，从而有效加快了工程
进度，降低了工程造价（图 24）。有趣的是，尽管数字化技术已经在
很大程度上改变了建筑施工图的内容和表达方式，高度数字化的图纸却
可能是现阶段许多中国施工单位难以看懂的，至少不能为 "Fab-Union
Space" 的施工单位掌握。因此，除了数字化的施工图纸之外，实体模
型就成为一个重要的辅助手段（图 25）。

　　这与盖里建筑的设计和施工过程的情况有很大的差别。克里斯·亚伯
（Chris Abel）曾经这样描述盖里的设计过程：首先用特殊的激光切割机
根据建筑师的构思制作一个实体模型，再通过一系列数字化的点将曲面标
示在一个三维空间中，并将结果输入到计算机中。计算机将数据转化为一

图22 结构交通核心体　　图23 创盟国际：江苏省园艺博览会现代木结构主题馆

图24 混凝土浇筑中的直纹曲面　　图25 施工现场与实体模型
　　　与模板

　　个表皮模型，再根据设计者的需要修改或润色。接下来，通过快速成型技术，根据计算机模型制造出实体模型，由此对计算机模型做出进一步的细微调整，生成更多的实体模型，等等。一旦实体模型最终确定，一系列深入的计算机模型将被生成，用来进行结构和覆面的研究，甚至用来控制装配建筑本身部件的机器人和其他机器。同一模型还应用在提供覆面系统的精确造价，或者计算单个的曲面变形体。[8]换言之，在盖里那里，无论数字化模型还是实体模型都是设计的工具，即使与施工有关，也是机器人或者机器与计算机模型的衔接。但是在"Fab-Union Space"，设计者必须面对一个不那么具有技术含量的施工单位，数字化技术与非数字化工具和知识的结合同样非常重要。袁烽曾经用"参数化地域主义"（parametric regionalism）来表达他在这方面的思考，[9] 很显然，这样的"地域主义"关注的是一种适宜的施工和建筑生产技术，而非弗兰姆普敦意义上的"批判地域主义"在意识形态层面的诸多议题，[10]369-370 当然更不是弗兰姆普敦"批判地域主义"反对的"对地方乡土感情用事的模仿"（sentimental simulation of local vernacular）。[11]370

第四，按照笔者粗浅的理解，数字化建筑的发展在过去的数十年中呈现出两种基本趋势：形式生成和实质建造。形式生成的问题已经无需多言，它几乎已经成为数字化建筑的代名词，无论它涉及的是建筑体型、表皮效果还是其他什么建筑组合系统。与之不同，实质建造在建筑学传统比较深厚的欧洲大陆的建筑院校中更受重视，在他们看来，正如在苏黎世高工（ETH Zurich）建筑学院从事数字化建筑教学和研究的法比奥·格拉马修（Fabio Gramazio）和马提亚斯·科勒（Matthias Kohler）曾经指出的，对"数字化建筑"真正实质化的讨论只有通过物质性表达这一技术潜在逻辑的实际建造才会形成。2[12] 这意味着，如果形式生成不与实质建造结合起来，那么它要么只是"虚拟的"（virtual）纸上谈兵，要么是脱离建筑学在实际建造中终将面临的其他问题，而成为一个孤立的形式或者技术现象（图 26、图 27）。

回顾创盟国际在过去走过的"数字化建筑"历程，对实际建造的关注显然远远大于形式生成。事实上，无论是名噪一时的"绸墙"，还是正在建设中的江苏省园艺博览会现代木结构主题馆，无论是数字化与手工化混杂的施工操作，还是正在投入巨资的机械人建造项目，"数

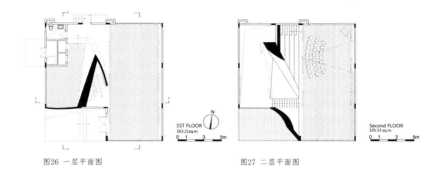

图26 一层平面图　　　　　　　　　　　　　　　图27 二层平面图

字化建造"（digital fabrication）一直是创盟国际研究型实践的重点。值得一提的是，在 2012 年同济大学出版社出版的由尼尔·里奇（Neil Leach）和袁烽共同编著的两本数字化建筑研究成果中，里奇为第一作者的是《建筑数字化编程》（*Scripting the Future*），而袁烽为第一作者的则是《建筑数字化建造》（*Fabricating the Future*），其兴趣和价值取向的差异可见一斑，它甚至表明了创盟国际从一开始就已经显露出来的通过数字化建筑研究重新找回建筑师在建筑工业和建造过程中逐步丧失的话语权的职业抱负。在这方面，虽然 "Fab-Union Space" 只是一个 300 多平方米的小型建筑，而且就其五年的使用合约而言，它还是一个临时建筑，但是这个建筑不仅是创盟国际数字化建造的又一次尝试，而且也足以引发诸多亟待当代建筑学关注和思考的问题（图28、图29）。

3. 结语

技术是建筑学的基本维度。尽管建筑学的发展会受到社会、政治、

图28 结构与交通核心体　　　　　图29 竖向交通空间

文化等诸多因素的影响，但是技术发展对建筑学的影响常常是巨大甚至是根本性的。如果后面这一点在 18 世纪之前还不是那么明显的话，那么此后的现代建筑历程则充分展现了工业革命下的技术发展对建筑学史无前例的影响和推动作用。然而，新技术本身并不能自动成为建筑学的内容，而是需要经由观念的转化才能实现。纵观现代建筑历史，人们对新技术既有热情拥抱，也有怀疑拒斥，本文在此不再赘述。更值得注意的也许是，即使在热情拥抱新技术的阵营中，也存在两种不同的基本态度。一种态度是单维度的和线性的，它将新技术视为唯一价值，将其作为衡量甚至决定未来一切发展的唯一标尺和力量。毫无疑问，没有其他什么能够比意大利未来主义的激进观点更能体现这一态度。

　　勒·柯布西耶的《走向建筑》（*Vers une architecture*[13]）表达的是另一种态度，它在热烈拥抱新技术的同时，并没有否定传统建筑学中真正有价值的内容。它将帕提农神庙与汽车并置就是这一态度的最好表达——某种意义上它也可以被视为吉迪恩"永恒的现在"的一种终极隐喻。当然，在秉持未来主义立场的建筑史学家雷纳·班纳姆（Reyner Banham）看来，这恰恰是勒·柯布西耶令人失望之处。班纳姆在《环境调控的建筑学》（*The Architecture of the Well-tempered Environment*）

一书中曾经这样写道："就在欧洲现代主义建筑师致力于寻求一种'使技术文明化'的风格之时，美国的工程师们则从技术上寻求使现代建筑更加适合人类生活。在这一过程中，他们……几乎将建筑学（至少是传统意义上的'建筑学'）扫进了文化的垃圾堆，而这种建筑学正是勒·柯布西耶的《走向建筑》所论述的。"[14]

今天看来，班纳姆将现代运动中的建筑现代主义仅仅归为一种风格或者"机械美学"的观点并不准确，而且他的未来主义立场也已经受到广泛质疑，[15] 但是历史似乎再次来到十字路口。在经历了数十年的飞速发展之后，数字计算化设计（digital computation）已经在全世界（包括中国）的大多数建筑院校成为"主流"，并且大有取代传统建筑学之势。大多数情况下，数字计算化教学和研究似乎可以脱离建筑学固有的一切，甚至朝着一种自动化生成的方向发展，年轻的学子们也常常难以将"数字化建筑"与自己通过其他途径获得的建筑学知识结合在一起。"传统建筑学"即将寿终正寝吗？我们对待数字化技术的态度应该是未来主义的，还是勒·柯布西耶式的？

笔者以为，面对这样的问题，"Fab-Union Space"的意义就在于它使我们看到了这样一个案例：其设计不仅综合了空间、结构、材料、数字化设计方法以及相关施工工艺等诸多问题，而且也说明从设计到施工，"数字化建筑"决非一个可以孤立看待的议题。通过本文，笔者更希望阐明，正如勒·柯布西耶《走向建筑》仍然能够给我们的启迪一样，数字化建筑应该而且也能够与传统（或者说非数字化）建筑学的学科内容相融合，而不是彼此分离。

（本文原载于《时代建筑》2016 年第 5 期）

注释

1. 上海西岸的日记，"柳亦春：西岸文化艺术示范区的设计理念"，http://site.douban.com/257020/widget/notes/190775516.

2. A truly substantial discussion on "digital architecture" can only arise from built projects that physically manifest the underlying logic of this technology.

3. 一般译为《走向新建筑》，尽管这个书名原本的字面意义只是"走向建筑"。关于这个问题的讨论，请见：参考文献 [13].

参考文献

[1] 柳亦春. 内在的结构与外在的风景 [J]. 时代建筑，2016（2）：62-69.

[2] Colin Rowe. La Tourette[M] // Colin Rowe. The Mathematics of the Ideal Villa and Other Essays.Cambridge: Harvard University Press, 1999: 15.

[3] 肯尼斯·弗兰姆普敦. 建构文化研究 [M]. 王骏阳，译. 北京：中国建筑工业出版社，2007：88.

[4] Valerio Paolo Mosco. Naked Architecture[M]. Milano: Skira, 2012.

[5] Theo van Doesburg. Towards a Plastic Architecture[M]// Ulrich Conrads(ed.).Programs and Manifestos on 20th-century Architecture. Cambridge, Mass.: The MIT Press, 1971:79.

[6] 彼得·艾森曼. 建筑经典1950—2000[M]. 范路，译. 北京：商务印书馆，2015：62.

[7] Kiel Moe. Insulating Modernism: Isolated and Non-Isolated Thermodynamics in Architecture[M].Basel: Birkhäuser, 2014.

[8] 克里斯·亚伯. 建筑·技术与方法 [M]. 项琳斐，项瑾斐，译. 北京：中国建筑工业出版社，2009：112-113.

[9] Philip Yuan.Parametric Regionalism[J].The Architectural Design, 2016(2): 92-99.

[10] 肯尼斯·弗兰姆普敦. 现代建筑：一部批判的历史 [M]. 张钦楠，译. 北京：生活·读书·新知三联书店，2004.

[11] Kenneth Frampton. Modern Architecture: A Critical History[M]. Third edition. London: Thames and Hudson, 1992: 327.

[12] Fabio Gramazio and Matthias Kohler, Gramazio & Kohler and ETH Zurich. Towards a Digital Materiality[M]//Branko Kolarevic, Kevin Klinger(ed.). Manufacturing Material Effects: Rethinking Design and Making in Architecture. New York and London: Routledge, 2008: 103-118,104.

[13] 王骏阳. 勒·柯布西耶 Vers une architecture 译名考 [J]. 新建筑，2014（2）：8-13.

[14] Reyner Banham. The Architecture of the Well-tempered Environment[M]. London: The Architectural Press / The University of Chicago Press, 1969: 162-163.

[15] 王骏阳. 现代建筑史学语境下的长泾蚕种场及对当代建筑学的启示 [J]. 建筑学报，2015(8)：82-89.

22

若即若离
从龙美术馆的空间组织逻辑谈起

金秋野　张霓珂

　　大舍建筑设计事务所 2014 年的作品"龙美术馆"一改之前轻盈抽象的设计语言，优先考虑结构问题，采用"伞拱"这一特殊结构单元的重复组合，塑造了极有特点的空间形态，给人留下深刻印象。以单元聚合而成空间，龙美术馆并非唯一，从路易斯·康（Louis Kahn）的金贝尔美术馆（Kimbell Art Museum，1972）到伊东丰雄（Toyo Ito）的多摩美术大学图书馆（Tama Art University Library，2007）都让我们觉得似曾相识，却又并不一样。龙美术馆与这些前例之间关系如何，它怎样延续了事务所早先的空间组织逻辑，其后又隐含了怎样的思考，正是本文关心所在。一般说来，建筑师或事务所的前后作品间会呈现某种连续性，虽偶尔会被实验意图打断，但即使主动避免自我重复，也会因习惯而在不自觉处反复尝试某种空间逻辑。客观地说，这不仅利于建筑师自我观念的完善、强有力形式语言的形成，也使理解建筑师稳定的设计思路成为可能。

　　龙美术馆的结构形态为一系列悬臂"伞拱"的自由组合（图 1），它们的基本位置是由基地原有工业建筑的 8.4m 标准柱网决定的。建筑师特别重视这一结构转换带来的"墙体的自由性"，所以"由墙体自身延展出的'伞'形悬挑覆盖结构成为不二之选"（图 2）。[1] 基本空间—结构单元即是"伞拱"，构思上，它们彼此独立，后因规范要求在伞体间设置小的联系梁。小梁可在大地震中被破坏，故伞拱依然可看作独立结构单元。相邻"伞拱"在相遇处留出缝隙，允许天光进入，也突出了单元体彼此独立的结构要领。受柱网影响，"伞拱"出挑均为8m，高度宽度上均允许变化，组合关系共6种（图3）。若把"伞拱"看作一些相对独立的小建筑（pavilion）的话，龙美术馆整体上实际是一组小建筑的集群，深深出挑的顶板像巨大的树冠包裹着空间（图4）。

伊东丰雄的多摩美术大学图书馆也是由拱形结构形成了类似树林般的室内空间（图5）。"拱形的跨度从1.6m到16m不等，但是厚度全是200mm。这些交汇的拱形把空间自然柔和地分为各个不同而又保持连续的区域。"[2] 伊东在这个设计中延续他的"浮动网格"（Emergent/Emerging grid）探索，针对现代建筑的基本规则——标准化正交框架体系，提出一种更加"自然化"的修正结构，用偶然、曲线和模糊关系取代矩阵网格，创造出多样的空间。但伊东的结构从传统框架结构中发展而来，与龙美术馆的单元聚合式空间组织逻辑不同（图6）。

伊东要解答的问题或许跟晚年阿尔托（Alvar Aalto）有些类似：如何改造经典矩阵网格，生成类似大自然那种表面上简单重复、实际上微妙多样的环境。在另外一个作品——台湾大学社会科学院图书馆（2013）中，伊东也采用了树形柱。88根直径16.5cm的白色钢筋混凝土细柱分布在边长约为50m的方形平面中，支撑厚30cm的RC顶板（图7）。柱的直径相等，在顶部扩散为形状尺度各不相同的泰森多边形。基本形态有4种，彼此有略微差异，依不同方向排列。伊东将柱子配置在向周围扩张相连的3个双重螺旋上，模仿细胞分裂般的效果（图8）。这个建筑本质上还是梁板一体化的水平连续结构，并无独立的结构单元。所以看上去其室内空间与约翰逊制蜡公司（S.C. Johnson Wax Administration Building, 1939）大工作间有些类似，其实空间组织逻辑上差异很大，仍属框架结构范畴。

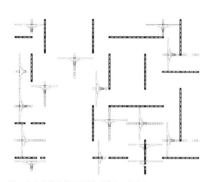

图1 龙美术馆结构平面图（图片：大舍）

图2 龙美术馆结构轴测示意图（顶视图）

图4 龙美术馆内部照片（图片：大舍）

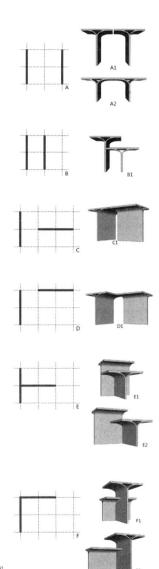

图3 龙美术馆伞拱组合关系类型示意图

图5 多摩美术大学图书馆室内照片（图片：建筑创作）　　图6 多摩美术大学图书馆结构轴测示意图

　　上述两例，建筑貌似由基本结构—空间单元聚合而成，实为框架结构的衍生物。

　　建筑结构本来就是人用以覆盖空间、塑造环境的工具。框架结构如同一张三维巨网，结构部件共同承担荷载，它的理想状态就是标准化正交框架，即勒·柯布西耶（Le Corbusier）的多米诺体系（Maison Dom）及密斯·凡·德·罗（Mies van der Rohe）的通用空间（Universal Space），其中任何一根梁、柱都不独立存在，也就是说，严格的框架结构是不能作单元化理解的，它的受力意义存在于完整一体的连续延展状态中（图9）。独立单元结构则不然，它的基本建筑要素理论上应是彼此分离的结构—空间单元，以某种组织关系聚合为一体，本质上则有建筑群属性，单元间的关系可如框架结构般严谨，也可自由松散，视建筑师的总体构思而定。框架再大也是单一形态；独立单元哪怕只有两个，也存在群体关系问题。可见二者在空间组织逻辑上并不对等，单元聚合式可以以框架结构为基本单元，也可以以"伞拱"、桁架或薄壳结构为基本单元。

　　在实际应用中往往有界限模糊的情况，如赖特（Frank Lloyd

图7 台湾大学社会科学院图书馆内部照片
（图片：建筑创作）

图8 台湾大学社会科学院图书馆结构示意图

图9 理想的正交网格框架结构

Wright）的约翰逊制蜡公司总部大工作间中独特的"树柱"结构（den-driform），蘑菇状的细柱由底部向上截面逐渐膨大，在顶棚处形成圆盘式柱头以支撑建筑（图10）。每根柱子都是独立结构，大厅中央细柱顶部柱头之间的空隙部分以纤细的肋梁连接，形成具有强烈神圣意味的柱林空间。基本单元完全相同，等距排列，彼此相连，虽有独立结构之实，却回避了单元组织问题，遑论自由组合（图11）。

路易斯·康的金贝尔美术馆的基本结构—空间单元是筒形拱（图12）。与勒·柯布西耶在20世纪中叶尝试的加泰罗尼亚拱（Catalan Vault）不同，康的拱更像是一种模糊的混合结构，它的基本单元由两片半拱组合而成，侧推力靠长边的端梁传递到4根角柱上，剖面为摆线，中部切开成采光槽，内部配筋，使其受力有如水平楼板。[3]结构有欺骗性，拱心的开槽让它显得像"伞拱"，考虑到并无端头悬挑的半拱，说明基本结构单元依然是筒形拱。跟赖特一样，康也回避了单元体的自由组合问题，为建筑赋予了严谨布局（图 13）。

上海世博会挪威馆及 TAO 迹·事务所设计的"林建筑"均采用一种模拟树状的独立空间—结构单元，每个单元以柱为中心，向上伸展出 4 根悬臂梁，如同树木的枝杈。单元通过高度与方向的变化组合成起伏多变的屋顶。结构单元在网格体系控制下于端点相互铰接，并以钢筋牵拉呈直线受力，共同支撑了连续的屋面系统，为一种介于独立结构体和框架之间的模糊形态，也未曾涉及单元间的组织关系问题（图 14）。

上述几例，建筑的结构—空间单元的确是独立了，却又彼此倚靠，相互拉接，成为一体。

如何有效设定规则，统一而不失多样，优美地占据空间？这大概是建筑学的基本问题之一。使用单元聚合规则生成连续空间方面，荷兰结构主义（Structuralism）建筑师曾有过系统探讨。阿尔多·凡·艾克（Aldo van Eyck）对北非和中东的城市聚落（高密度街区和卡斯巴集市 Kasbah）非常着迷，认为这些自发生成的空间具有"迷宫般的清晰"，比严格的理性网格更有活力。针对现代主义的通用空间，凡·艾克开始将其分解为单元（对应城市聚落中小尺度的建筑单体），通过主动增加个体复杂性来获得群体多样性。但从他 1960 年的作品阿姆斯特丹孤儿院（Amsterdam Orphanage，1960）来看（图 15），结构主义的手段相对拘谨，3.6m 见方的框架结构小单元外部尺寸严格一致，组织关系也严守网格秩序，结构上本来彼此独立，却偏要去模仿连续框架，未曾虑及单元间可能存在的种种复杂组织关系。但凡·艾克的空间—结构建造体系（space-structure construction）与之前的均质空间的不同在于它指

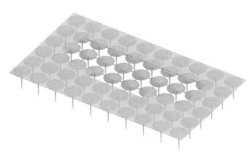

图10 约翰逊制蜡公司大工作间室内照片　　图11 约翰逊制蜡公司大工作间结构示意图

图12 金贝尔美术馆剖面草图

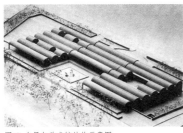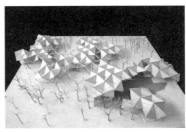

图13 金贝尔美术馆结构示意图　　图14 林建筑结构示意图（图片：TAO）

明了单元聚合的潜力，与现代主义钟爱的框架结构相比，它在整体上更接近于传统城市和自然聚落，已不同于单体建筑的构思。后来赫曼·赫兹伯格（Herman Hertzberger）进一步发展了结构主义，他在中央贝赫保险公司总部大楼（Central Beheer Office Building，1972）设计中用对角开放的矩形结构单元作为办公空间的细胞，形成一个矩形群岛，岛之间用桥联系起来。每个单元内可通过家具摆放灵活使用，相邻单元还可组成不同规模的办公空间（图 16）。平面和空间组织具有高度灵活性和适应性，体现了他所说的相似结构的可识别性，以及单元体在集合空间塑造中的决定性意义。

建筑越大，均质的框架网格在组织形态上越显单调，直接的结果就是人居环境的机械化。而传统城市，哪怕是小小的一块街角，在空间组织上也有多个层级，建筑难道不应该向城市学习，以形成更加丰富、更加细腻而接近于自然态的连续空间吗？同一时期，勒·柯布西耶其实也曾意识到这个问题，在 1965 年设计的威尼斯医院（Venice Hospital）方案中，柯布将建筑定义为一个重复单元构成的微型城市，以护理单元（Unitedebatisse）为基础，建筑中出现了一系列花园、广场和四面延伸的街道，他模仿威尼斯的城市肌理，将病房隐藏在水城的空间形态之后（图17）。威尼斯医院预示着单元形态无限延展的可能，结构上并非由单元聚合而成，但看上去很像独立单元式，尤其是那些剖面上显示为折线的"伞拱"（图 18）。

历史学家认为柯布是受了 Team X 的影响，才做出威尼斯医院方案的。[4] 不管谁影响了谁，是凡·艾克率先提出"一栋建筑就可以是一个小城市"。他把不同功能装在相同的单元盒子里，按使用者年龄形成组团，把组团视为家庭，用不同尺寸的穹顶覆盖，每个单元有独立的室外活动场地，又把内廊说成是街道。虽然结构主义的实验未尝使建筑摆脱

图15 阿姆斯特丹孤儿院平面图（左）及照片（右）

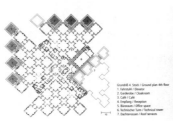

图16 中央贝赫保险公司总部大楼平面图(左)及照片（右）

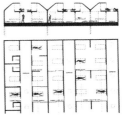

图17 威尼斯医院的空间组织逻辑　　　　　图18 威尼斯医院剖面图

图19 森山邸实景照片（左）及布局（右）

连续空间网络的印象，但它提出的问题是重要的：建筑何以占据空间？在传统城市中，与人体尺度相关的建筑单体成为空间基本单元，这个视角将群体空间问题导向单元组织问题。

上述几例中，设计师们发现了建筑可以成为城市，却依旧不肯放弃理性网格。后来西泽立卫（Nishizawa Ryūe）设计森山邸（Moriyama House，2005），为满足户主居住的同时可以独立出租的要求，以功能房间为独立单元，将建筑拆解为 10 个大小各异的方形体块，散布于街区地块中，不同单元中分别居住着房主、单身男女、夫妇及艺术家。建筑与街道公共空间并无明显边界，精心设定距离，单元间的庭院如同周围城市中的公共空地。最终建筑群体以一种十分精妙的尺度融入了附近街区，住户如同住在街道中一般。从城市肌理上看，很难说这究竟是一座建筑还是一个微型社区，在住宅这么细微的尺度上，建筑居然解体了，在功能上离散了，聚落化了。但是，它还能算是一座建筑吗（图19）？

与龙美术馆较为相关的案例是瑞士建筑师卒姆托（Peter Zumthor）设计的瓦尔斯温泉浴场（The Therme Vals，1996）（图20），水池中散布着若干具有不同功能的长方盒子体量，分别容纳热汤、冷汤、淋浴、更衣、休息等功能，其上各向单侧挑板，结构—空间单元即为每个带深远出挑的矩形盒子，除高度外大小方向各不相同，形成一种密斯式的自由流动空间组织，其上交接处留缝隙，自然光流泻而下。除了基本单元有所差别，这座建筑与龙美术馆的空间组织逻辑是类似的，盖因其单元本身也是房屋，故更像一个小小聚落，与龙美术馆一样，具有"独立单元，同类重复，自由布局，若即若离"的组织特点（图21）。同时，作为基本组织单位的结构—空间单元是隐而不显的，建筑的总体面貌是一个完整的大盒子，而不是一簇聚在一起的小盒子。

柳亦春和陈屹峰也曾在文章中提到："一个建筑，也可以是一个小城市。"[5] 说到底，"建筑问题类似于城市问题""建筑空间可以像城市空间"这样的说法只是打比方，建筑问题和城市问题终归还是有区别的。与建筑相比，自发生成的城市空间灵活自由而有内在的条理，我们可以探讨它的生成机制并移植到建筑设计中，但并不是说建筑真的可以做到像城市一样自由。

对于单元聚合式的建筑与城市之间的关系，柳亦春有着清醒的认识。[6] 同一种空间组织逻辑，在龙美术馆是结构层面的、内在的，青浦青少年活动中心（2012）则直观呈现，所以柳亦春将后者归为"前期"方案，特点是"抽象的，强调概念的"。

以类同型异的独立单元来构思建筑并直观呈现之，在大舍早先的作品中并不鲜见。这些单元似分实聚，既不像一般意义上的单体建筑，也不能看作真正的城市聚落，有一种独特的"中间"状态。对于青浦青少年活动中心（图22），[7] 柳亦春说是旧城的小尺度体块聚合的空间氛围刺激了这个方案的构思，城市的空间特质以"记忆呈现"的方式为方案带来丰富的趣味（图23）。[8]

其实早在2004年完成的夏雨幼儿园中，大舍就已经尝试了依据功能区分空间，使基本形体独立单元化的空间组织逻辑，在内部创造了一条曲折的街巷空间，而设计构思的出发点也正是从水乡街巷环境和园林中得到启发的（图24）。一篇评论文章认为，在概念构思阶段，设计师更多是在考虑宏观问题如"内向性"和"游园式"，而小尺度院落空间的引入是方案深化过程中自然而然的结果："这也许是基于大舍对传统所持的态度：有所关联，但保持距离。"[9] 这是否意味着，采用小体块、单元聚合的空间组织逻辑，是与传统既相濡以沫、又审慎地保持距离？但在夏雨幼儿园中，"游离的小体量"是一种互为反转的图底关系上下并置的结果、一种相对抽象的形式操作，在直观体验上，与真实街区的丰富混

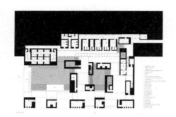

图20 瓦尔斯温泉浴场平面图

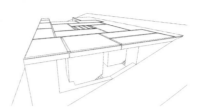

图21 瓦尔斯温泉浴场结构示意图

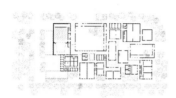

图22 青浦青少年中心平面图（图片：大舍）

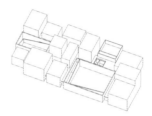

图23 青浦青少年中心体量分析示意图

杂尚有距离。在青浦私营企业协会办公楼（2005）的前期方案中，功能也具象为一系列大小不等的体块，以街区的形态聚合在一起。朱家角海事小楼（2005）采用 6 个大小不一的双折屋顶盒子体量两两角部相连，形成曲折的公共区域，模糊了室内外。南京吉山江苏软件园 6 号地块（2008）也是一组相似体块的聚合，像夏雨幼儿园一样上下叠置，略微扭转一个角度（图25）。西溪湿地 E 地块酒店（2007，方案）则是不规则多边形之间的组合团簇与虚实变化（图26）。在 2009 年的上海宁国禅寺方案中，像青浦青少年活动中心一样，大舍采用了一系列大小不一的矩形体量，唯在每个独立单元内又容纳了室内和室外空间，出现了多层嵌套的虚实转换，是一个极有意思的现代佛寺设计，可惜并未实施（图27）。

　　卒姆托在瓦尔斯温泉设计中，通过拼图般的手段将独立单元组合起

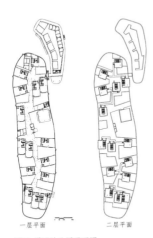

一层平面　　　　　　二层平面

图24　夏雨幼儿园平面图
（图片：大舍）

图25　南京吉山江苏软件园6号地块平面
（图片：大舍）

图26　西溪湿地E地块酒店平面（图片：大舍）

图27　上海宁国禅寺平面（图片：大舍）

来，使方案在宏观上获得统一面貌，想要了解它的空间组织逻辑，需要花心思去破解。与之相比，大舍前期多数采用独立单元模式的设计，都将这规则直接呈现于使用者面前，抽象又清晰。不知是否是意识到了这个问题，在嘉定新城幼儿园（2010）和螺旋艺廊（2011）方案中，大舍使用了更加含蓄的手法。嘉定新城幼儿园与鄂尔多斯 P9 办公楼（2010）探讨单元在垂直方向上的组合叠放，单元的即视感弱化了。至于螺旋艺廊，很难把它想象成是单元聚合的变体，但它所探讨的问题，如内与外、上与下、路径与界面、实体和空间等，都代表一种远为丰富的组织逻辑，与太极图一样，预示一种带有强烈张力、彼此相容相斥的辩证关系，逻辑依旧显而易见，体验却要复杂许多。

回顾大舍早期的理论阐述，对"离"的重视，不仅与对水乡空间的体验有关，也与宗白华的美学思想密不可分："建筑之美，是可以基于关系的表达的，如'附丽'，是告诉我们建筑与它的周边环境不可分离；如"离合"，它可以让我们关注建筑群体的形式特征。建筑之美，可以不是一个简单的立面形象，也是可以基于关系的表达的。"[10] 对于大舍，"离"始于一种美学认知，渗透到建筑作品中，从视觉逻辑、空间体验再到行为模式，都体现了对群体关系的关注。而群体的组织并非强求一种逻辑的严谨推理，而是偏重模糊带来的多种可能。个体的个性并不凸显，而是借由个体之间类同型异的微差，以及个体之间相互的依存关系，带来了一种含蓄的丰富性。正如大舍的建筑师陈屹峰在访谈中提到的那样："我们不断地这里叠加一层、那里减去一层，去追求一个最佳的状态。对我们来说，这个状态应该是建筑因为累积了各种富有节制的变化而呈现出的勃勃生机，以及这种生机所带来的细腻和微妙的诗意，就像传统的江南园林那样。我们不赞成大喜大悲式的宣泄。"[11]

可是，传统南方街巷空间和园林宅院，在内与外、上与下、路径与界面、实体和空间等关系方面，是否可以用一些抽象体块和彼此间远远近近的关系加以表达呢？在这样的提炼、转译和再现过程中，是否有一些难以抽象化或清晰表述的关系流失了？与高度人工化的现代城市相比，传统街市带给人一种丰富细致的空间经验，它并不掩饰什么，却容许多层次的解读，含蓄又自然。置身于这些聚落空间中，不可思议的效果打动着一代代的空间阅读者，从卡米洛·西特（Camillo Sitte）到凡·艾克到原广司（Hiroshi Hara）再到今天的中国建筑师，人们不能不对自然形成的人造环境生出兴趣，希望破译它的生成法则，将其融入现代建筑与城市设计实践中。

一个有趣的例子是勒·柯布西耶的朗香教堂（The Chapel of Notre Dame du Haut at Ronchamp，1955），它以雕塑般的形体隐藏了空间组织规则和建造逻辑，所强调的唯有关系：墙体与墙体的交接、屋顶与墙身的碰撞、开口的大小和相互位置、圣坛的方位与高度。这个建筑给人的直观感受是分崩离析，每个部分都以三维雕塑的形态独立存在，或大或小，彼此脱开（图28）。为了强化这种分离感，屋顶与墙身脱开的地方特意留出缝隙，让光线从中流入晦暗的室内。其他如每一面墙壁交接处、大小形体转换处全部都留缝隙，好让这分崩离析的感觉时刻袭炸你的视觉。但是，奇怪的是，这个建筑给人的总体印象是非常紧凑、富于张力，它的形体在雄强与委婉之间自由来去，难以言喻。我曾看过朗香教堂的骨架模型，基本上可以看作梁柱结构的复杂变体，好像雕塑家用铁丝制作的龙骨（图29）。柯布的晚期作品经常无视空间意象与建造逻辑的统一，将表意视作唯一目的。在朗香教堂中，与结构主义建筑师相反，柯布用秘而不宣的理性框架，表达了建筑各部件的独立。

朗香教堂或拉图雷特修道院（Convent of La Tourette，1959）并未采用独立单元、同类重复的设计手段，也许是因为在柯布内心中，连续占据空间的最动人方式并非乡土聚落，而是人类精英的创造——雅典卫城（Acropolis）和罗马城市。在纯粹主义（Purism）住宅和光辉城市（Ville Radieuse）时期，柯布曾采用了抽象明晰的空间修辞，无论是400m 宽的街区周围的矩形路网还是折线形的建筑布局都一目了然，街巷空间因而缺少晚期城市方案，如昌迪加尔政府广场（Chandigarh Capi-

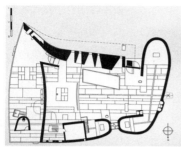

图28 朗香教堂平面

图29 朗香教堂的骨架模型

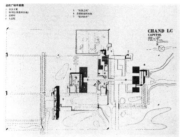

图30 昌迪加尔政府广场

图31 东京国立西洋美术馆总平面布局

tol，1954）或东京国立西洋美术馆（National Museum of Western Art，1957）中的强烈的张力（图30）。在后两个城市设计方案中，彼此分离的地形、建筑物、构筑物、雕塑，甚至植被都成为统一领域中的塑性物体，在形态和尺度上跨度极大，不仅占据了空间，也召唤来强烈的形式张力，使开敞的城市环境像朗香教堂的室内一样紧凑有力（图31）。

可是在威尼斯医院方案中，柯布重新回到多米诺体系的理性框架和单元式空间组织逻辑。强有力的建筑单体（如马赛公寓）被小尺度聚合而成的大尺度、无差别的空间延伸和单元间的微妙差异取代了。柯林·罗（Colin

图32 威尼斯的城市肌理

图33 传统南方城市肌理

图34 传统南方街巷的光影效果，室内与室外、
建筑与街巷彼此融合，难以区分
（摄影：金秋野）

Rowe）在《拼贴城市》（*Collage City*）中认为昌迪加尔那样的城市是"实体城市"（city of object），[12] 不难猜想，它的源头是希腊和罗马的城市；但在威尼斯医院中，柯布回复到人类聚落的一般形态，也许是威尼斯这样的"织体城市"（city of fabrics）给柯布以启发，独立建筑单元相似相续，聚合在一起形成统一肌理，再切割出路网和广场，建筑不是纪念物而只是连缀空间的界面，召唤出特殊的空间张力（图32）。

　　传统江南街巷空间和园林图底，显然也是"肌理城市"的一种东方形态，本质上与威尼斯近似而有别于罗马废墟（图33）。我常想，如果柯布的职业寿命得以延续，会不会有朝一日将威尼斯医院的空间单元也一一拆解开来，像朗香教堂的形体部件般分崩离析，找到多米诺体系和单元聚合式的结合点，获得辩证的空间张力。空间并非因围合而完足，而是在即将分崩或聚拢的一刹那最富感染力，这正是卡米洛·西特从意大利广场中悟出的造型规律。

在中国南方一些依然保留着传统尺度和街巷格局的城镇里，尽管很多房子已经是砖混结构了，街巷依然密集，两侧深色的墙体和多层次的院落空间使街面变得透明，头顶深远的挑檐几乎合拢，让街巷和广场呈现室内般的暖昧效果（图34）。组成界面的建筑单体虽大体雷同、简单重复，却依地形自由布局，像一座森林中的无数片叶子，显得千姿百态、丰富无比。现代物理学引导我们思考空间的本质，包括人类自身，都是一簇不可观测的波动态粒子，因吸引而聚合，因排斥而保持距离，彼此纠缠，若即若离。实体非实非空、空间非空非实，在这般暖昧的造型法则面前，人们用以填充空间的理性架构太有限了。

在一篇探讨结构与空间关系的文章《结构为何》中，柳亦春指出建筑师的空间表现意图先于结构技术思维。[13] 龙美术馆似起意于此却并不尽然，通过上述分析，我们知道它以城市肌理思考建筑设计，与大舍一直以来的坚持有关。面对如何占据空间的问题，建筑必须做出两个方面的解答：一是如何优美地垂直承托，二是如何优美地水平延展，此二者彼此关联如树木与森林，答案在历史中，更在自然里。柯布毕生钟爱多米诺体系而较少尝试新奇结构，或因矩阵框架更加基本，也更具普遍意义。朗香教堂向我们展示了最基本的结构形式和最强烈的表现意图的统一。但城市空间不可能是由连续的框架结构组成，部分与部分之间依然是各个独立，又以某种关系聚合在一起。思考关系问题，可使我们进一步窥得自然的形式奥秘。

（本文原载于《建筑师》2016 年第 6 期）

注释

1. 柳亦春，陈屹峰．介入场所的结构——龙美术馆西岸馆的设计思考．建筑学报，2014（6）：34．在这篇文章中，作者详细地梳理了事务所作品同"离"的美学思想的关联。

2. 多摩美术大学图书馆（八王子校区）[J]．建筑创作，2014（1）：362-377．

3. 王志强．金贝尔美术馆的拱顶建造简析．建筑与文化，2009（10）：85．

4. "据柯布西耶设计医院的主要助手，首席建筑师朱利安回忆，当时十次小组的成员阿尔多·凡·艾克的学生Blom设计的通过无限制的重复和不确定的比例等形式来精确地显示出房屋与城市间的类似性的方案'诺亚方舟'，对医院的发展产生了重要的作用，而医院又明显与康迪利斯、诺西克和伍兹为柏林自由大学所做方案有关。医院顶层平面的理念又令人联想起柯布西耶在北非对伊斯兰大学的研究——学生的居住单元聚集在小庭院周围形成了环绕在中央庭院周围的系统。而现在也很难讲清楚到底是谁影响了谁。"沈开康．最后的开端——威尼斯医院解析．建筑，2008（5）：67．

5. 柳亦春，陈屹峰．小城市——青浦青少年活动中心．室内设计与装修，2013（3）：106．

6. "我们并不希望建筑的体块用一种多元的方式来做，毕竟它最终将呈现的是一栋建筑，当然这也不是说假如用一种多样化的方式来做就不会形成一个整体性的建筑。我们只不过是借助于城市的组织模式，设计了一个有着小城市特性的建筑，目的并非为了体现体块的多元性或者再现城市的丰富性。"来自柳亦春豆瓣文章《青浦青少年活动中心对谈录》https://www.douban.com/note/230156160/

7. "在这座建筑中，设计方法是平面格局优先，内部空间设计是后置的，其形态的设计受到很大的制约。在如此的设计操作下，常常会出现的状况是，在这种布局条件下，建筑内部可以创造出建筑群间形成的类似街道的感觉。"王方戟．抽象秩序与现实制约的纠缠——论青浦青少年活动中心的设计方法．建筑学报，2012（9）：28．"由于这座建筑中的廊是没有气候封闭的半开敞空间，廊下便有很多深处比较幽暗的开敞空间，与江南传统民宅内

院边的一些廊下或开敞式厅堂空间很像。"同上，P29．

8. "既然把这个建筑想象成一个小城市，那么在这个小城市中就有各种路径，一层的从院子到院子，或者通过楼梯或坡道上二层巷道，再深入地上三层的屋顶平台，等等。这些外部空间的路径都可以迥转通连。在这些路径中行进的时候，能够感受到这边串联了一个院子，那边是一个可以眺望远方的平台，这边又是一个具有较高围合的空间或者露天剧场，院子的种了紫藤、有的种了桔子树……"祝晓峰，柳亦春，陈屹峰．关于"抽象性"——青浦青少年活动中心对谈（续）//建筑七人对谈集．同济大学出版社，2015：47．又：柳亦春，陈屹峰．情境的呈现：大舍的郊区实践．时代建筑，2012（1）：44．文中谈到大舍的实践对江南水乡的借鉴："常常，我们因为身处这一直还被称作'江南'的地方，还有偶尔畅想一下诗情画意的满足感，那些自然风景、风土留存——水乡、园林、民居等在我们心中的位置很容易先入为主地把我们引向某种留态的思绪。在城市化这个看似人类发展的必然过程中，这种思绪该以怎样一种方式呈现，这成为大舍的郊区实践一个非常核心的内容。"

9. 祝晓峰．取与舍：对夏雨幼儿园建筑构思的评论．世界建筑，2007（2）：35-37．

10. 情境的呈现大舍的郊区实践[J]，PP.44-47．在这篇文章中，作者详细地梳理了事务所作品同"离"的美学思想的关联。

11. 王桢栋，苗青，李晓旭．时代与地域的对话——大舍建筑事务所设计思想解读[J]．建筑师，2014（）：114-124．

12. 实体城市，即以不围合空间的实体建筑组成的现代城市，而其中的建筑则称为纪念性存在的建筑，在实体城市中城市被看作是开敞的空间，建筑作为三维的体块插入其中，就同一件雕塑品坐落于广场之中，建筑物成为了积极的纪念性要素，产生一种"复杂建筑和简单城市"的效果．沈开康．最后的开端——威尼斯医院解析．建筑师，2008（5）：69．

13. 柳亦春．结构为何？建筑师（174）：44-51．

23

作为承重、隔热、分区和饰面元素的当代砖筑
2016年维纳博艮砖筑奖获奖作品解读

范路

1. 引言

　　砖是一种古老的建筑材料。早在公元前 14 000 年，尼罗河流域的埃及人就能用未烧结黏土砖建造房屋。到了公元前约 3000 年的时候，两河流域的建筑工人则成功开发出了烧结砖和釉面砖，并能制造彩色面砖。砖也是一种当代的建筑材料，今天世界上的大多数人依然生活在砖筑的建成环境中。尽管钢、玻璃和混凝土在当代建筑中大量使用，砖筑在当代建筑中依然占据着重要地位。而现代制造技术和工艺的发展，也让砖的性能、样式更加丰富，砖筑建筑不断推陈出新。

　　维纳博艮砖筑奖（Wienerberger Brick Award）是由世界上最大的陶土制品集团维纳博艮赞助的全球性大奖。该奖于 2004 年创立，每两年评选一次，授予多个项目，用以表彰那些具有创造和革新精神的砖砌建筑及其建筑师。该奖项最初创立的目标是让大众更好地理解砖是一种永恒且耐用的建筑材料，了解在当今建筑中砖的创新性和多用途性。其评选标准包括：砖作为建筑材料被适当地使用在创新建筑的外观，以及建筑的功能性和对环境的友好性。目前，它已成为世界顶级的砖砌建筑设计专业大奖。

　　从古至今，砖筑在建筑中的作用基本可以分为 4 类——承重、隔热、

分区与饰面。因此本文便从这4个方面出发，分析2016年维纳博艮砖筑奖的6个获奖作品，并呈现它们的创意建构设计和建造。这6个项目分别为：路斯特瑙2226（2226 Lustenau）、巴塞罗那住宅1014（House 1014 in Barelona）、岘港白蚁巢住宅（Termitary House in Da Nang）、科特赖克医疗中心会堂（Auditorium AZ Groeninge in Kortrijk）、圣保罗马里利亚办公楼（Marilia Project in São Paulo）和苏黎世集合住宅（Cluster House in Zurich）。

表1 2016年维也纳博艮砖筑获奖作品信息（根据*Brick'16*一书中的信息绘制）

项目名称	建筑设计	地点	用途	砖材类型
2226	鲍姆施拉格·埃贝尔（奥地利）/baumschlager eberle (Austria)	奥地利，路斯特瑙	办公楼	黏土砖
1014住宅/House 1014	H建筑师事务所（西班牙）/HARQUITECTES (Spain)	西班牙，巴塞罗那	家庭住宅兼客房	黏土砖，饰面砖，黏土铺地砖
白蚁穴住宅/Termitary House	热带空间（越南）/Tropical Space (Vietnam)	越南，岘港	独户住宅	实心砖
AZ格罗宁根公司礼堂/Auditorium AZ Groeninge	Dehullu 建筑师事务所（比利时）/Dehullu Architecten (Belgium)	比利时，科特赖克	会议中心，礼堂	饰面砖
马里利亚办公楼/Marilia Project	超级柠檬工作室（巴西）/Super Limão Studio (Brazil)	巴西，圣保罗	办公空间	当地砖材再利用
集合住宅/Cluster House	Duplex 建筑师事务所（瑞士）/Duplex Architekten (Switzerland)	瑞士，苏黎世	集合公寓，共享的起居空间	填充有珍珠岩的黏土块

2. 承重

砖的主要力学特性是抗压，因此在房屋建造中，人们常常用砖砌筑墙体以承重。在6个获奖作品中，除了格罗宁根公司礼堂仅用砖做饰面，其余项目均以砖筑为承重元素。对1014住宅、白蚁巢住宅和马里利亚办公楼三个项目来说，实心烧结砖砌筑的墙体成为承重结构构件。而 2226 办公楼和苏黎世集合住宅，则分别使用空心砖和整合了珍珠岩的砖块来砌承重墙。

　　由于砖是小型的人造砌块，砖墙自重较重且抗拉抗剪能力较弱，因此砖筑并不适合充当水平结构构件。尽管砖砌拱顶能够提供水平跨度，但它在跨越水平距离时需要相应的空间高度且会产生侧推力，也不是高效率的水平构件。所以在古代砖墙房屋中，常常用木材搭建楼板和屋顶；而在现代砖建筑中，常常以钢筋混凝土或钢铁来制造水平构件，或用钢筋加固砖筑形成过梁。这时，砖筑墙体与水平构件的结合有两种表现形式。其一，两者交接关系清晰呈现，甚至形成对比。例如在马里利亚办公楼项目，设计师为了尊重文脉，保留了老建筑的外砖墙。但为了获得开敞自由的内部空间并加高两层，他们掏空了原建筑的内部墙体，并加入了一套钢框架（图1）。这两套体系相互独立，在内部和外部形成鲜明对比，成为该建筑最主要的特征（图 2）。其二，砖筑体与其他构件的交接关系被隐藏起来，形成统一纯粹的外在表达。例如在 1014 住宅项目中，建筑师用小尺寸砖砌筑长条块来充当过梁，并在立面上形成条带状肌理变化（图 3）。殊不知其中发挥重要作用的是看不见的钢筋，而窗洞内表面漏出的螺母和钢筋头不经意间泄露了结构的秘密（图 4）。2226 办公楼项目同样属于这一类。它以空心砖砌筑的内外墙为竖向承重构件，以钢筋混凝土楼板为水平构件。无论外部造型还是内部空间，它都具有纯粹的整体感。其形式上最大的变化是上下两部分之间有一个非常轻微的扭转，产生了一种含蓄内敛的动势。这种动势贯穿整个形体盘旋上升，激活了庄重的外形（图 5）。但细看其墙身剖面不难发现，中间楼层钢筋混凝土楼板的些许出挑配合上下墙体的些许错动，才带来了外形的变化（图 6）。从建构上来说，砖墙似乎要被水平楼板所打断；而从外形上看来，气韵生动的微妙变化则强化了形式的整体性。

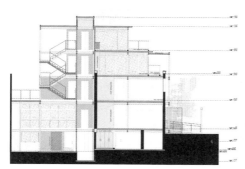

图 1 马里利亚办公楼,保留砖墙和钢框架的交织
（图片：Wienerberger AG）

图 2 马里利亚办公楼,两套体系对比鲜明
（图片：Wienerberger AG）

图 3 1014 住宅,小尺寸砖砌筑的过梁
（图片：Wienerberger AG）

图 4 1014 住宅,暴露的螺母和钢筋头
（图片：Wienerberger AG）

3. 隔热

　　砖之所以被广泛使用,还因为它具有优良的保温隔热性能。在传统的砖墙住宅中,墙体往往很厚实。这既是为了坚固结实,也是出于增大墙体热工性能的考虑,让室内环境冬暖夏凉。而在当代建筑中,砖筑在保温隔热方面也有了更多的表现形式,具体体现在砖块材料和构造方式两方面。

图 5 2226 办公楼，庄重又蕴含动感的外形
（图片：Wienerberger AG）

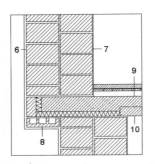

图 6 2226 办公楼，剖面上出挑的楼板和错动的墙体
（图片：Wienerberger AG）

图 7 2226 办公楼，空心砖砌筑的外墙
（图片：Wienerberger AG）

首先是砖块隔热性能的提高。在 2226 办公楼中，外墙用两种高穿孔率的空心砖（其中一种主要承重）砌筑，墙体达到 76cm 厚，具有优异的隔热性能（图 7）。得益于此，该建筑能够不采用任何空调和采暖设备，全年保持室内温度在人体舒适的 22℃ ~26℃ 范围内（这也是该项目名字的由来）。其次，隔热性能的提升还可以通过构造做法来实现。例如在 1014 住宅项目中，外墙由内外双层砖砌筑，两层砖中间填充高蓄热的材料（图 8）。如果说 2226 办公楼是用"填充空气"的多孔砖进行构造，那么此处更像是用砖和隔热材料"构造"大尺度的保温"墙块"。当然，上述两种方式也会在砖筑中综合运用，苏黎世集合住宅便属于此类（图 9）。该建筑承重外墙用整合了珍珠岩的砖块进行砌筑。多孔的珍珠岩提升了砖块的热工性能。而在构造层面，建筑的各个尺寸都以砖块尺寸为基本模数，这就减

少了材料浪费,并避免了因砍砖而导致的隔热性能降低。为了进一步提高墙体的热工性能,砖墙没用常规砂浆粘结,而使用了特殊的粘结剂和薄基层砌筑方式。这对施工精度提出很高的要求,但也带来了很好的效果——不必使用额外的保温材料或让墙体过厚。

4. 分区

　　砖最常用来砌筑墙体,而砖墙因具有坚实厚重的体量,能够毫不犹豫地区分空间,实现空间的明确转换。在1014住宅项目中,建设用地极为狭长。而设计者结合建筑形体布局,用一组砖墙将基地分区层化为一系列比例、尺度合适的空间单元(图10)。正是这种明确的空间序列营造,才为下一步室内外空间交融的设计创造了基础。砖墙不仅能限定空间和活动,也能影响内部的空气流动。在2226办公楼项目中,建筑内部的墙体沿风车形布局。这既构成了合理的承重墙体系,又让空间流通为一个整体。而配合恰当的开窗,墙体还能引导室内气流,形成穿堂风(图11)。

　　如前所述,如果不用拱形结构或其他水平构件,砖筑很难形成水平向大跨。因此砖墙上的门窗洞口常常不大,且多为竖长条状。加之砖墙厚度会使洞口具有较大的进深和较重的阴影,这就使带门窗的普通砖墙具有一种独特的气质——呈现神秘性,提供安全感并不时带来窥视的乐趣。在苏黎世集合住宅项目中,可以看到这种特质。该住区由13栋6层的住宅楼组成。在每栋住宅楼中,墙体包裹四边形的迷你型公寓,共享起居空间则布置在公寓体块之间,并在立面以落地玻璃沟通外部(图12)。而在住区的总体设计上,住宅楼内部的组织方式再次出现(图13)。住宅楼成为四边形单元,室外庭院穿插其间。由此,在住区不同层次和尺度的公共空间中,从室外到室内,人们获得了连续的感受——墙体包裹居住单元提供私密与安全，并为公共活动提供吸引人的背景界面（图14）。

砖墙开洞的一种极端形式是整体镂空的花式砖墙。尽管有一定通透性，这种墙体仍然具有明确的实在感，它对空间的分割仍强于连通。例如在白蚁巢住宅中，所有房间围绕中央厅堂紧凑布置。为了应对当地湿热气候，建筑师将住宅前后两端的外墙和厅堂二层部分的内墙设计成镂空形式，让风能穿过花墙吹透整个住宅（图15）。但镂空花墙依然能保证每个房间的私密性。而在建筑氛围上，它更强化了界面的神秘感，撩拨了人们对于空间的欲望，成功转译出了白蚁巢类型的气质（图16）。

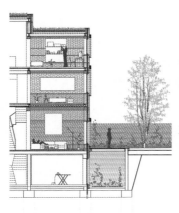

图8 1014住宅，外墙双层砖中间填加隔热材料
（图片：Wienerberger AG）

图9 苏黎世集合住宅，保温砖砌筑的外墙（图片：Wienerberger AG）

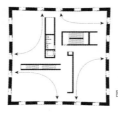

图11 2226办公楼，平面布局与穿堂风（图片：Wienerberger AG）

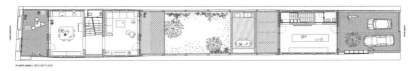

图10 1014住宅，砖墙将狭长用地划分为若干段（图片：Wienerberger AG）

5. 饰面

清水砖筑是一种表情强烈的建筑元素。首先，砖表面具有丰富的泥土颗粒感；其次，清水砖筑表现了材料的搭接关系、建造的过程感和砌筑工艺背后的社会文化特征；再者，砖筑具有从局部到整体相统一的力量感。

图12 苏黎世集合住宅，住宅楼平面　　图13 苏黎世集合住宅，住区平面（图片：Wienerberger AG）
　　（图片：Wienerberger AG）

图14 苏黎世集合住宅，室内共享活动空间（图片：Wienerberger AG）

因此，当代建筑师常常以砖筑为饰面，以其强烈的物质性和存在感表达栖居意图，抵抗现代主义的抽象形式与空间。此外，砖具有很好的耐久性，可以重复使用，而岁月侵蚀只会增加其表面的魅力。所以许多建筑师也在设计中保留老的砖筑，或将旧砖块收集起来用在新的建造中。

位于巴塞罗那的 1014 住宅，便是体现砖筑饰面丰富内涵的好案例。在该项目中，设计师先是保留了基地东端被毁老房子的一堵石墙，用以延续城市街道立面并作为新住宅的步行入口。新建的住宅以砖筑为饰面，用变化强烈的分层砌筑制造水平向饰面肌理，以体现居住所需要的安定感。此外，不同空间的饰面，应对不同空间性格，也有相应变化。在两端前庭院和住宅主体部分，砖的砌筑比较细密，变化也较多，庭院地面也用砖块铺装。这些砖饰结合形体的金属包边和金属遮阳构件，强调了更为人工化的特质（图 17）。而在中心庭院和凉亭部分，砖饰面相对朴素，庭院地面也换成了木材和砂石材质，表达了倾向自然的风格（图 18）。最后，住宅主体外墙的饰面表现了墙体结构的逻辑。这些墙体下部用实心砖建造，上部则用大尺寸的空心砖砌筑。在过梁位置则用最小尺寸砖块砌筑，形成条带形。这些不同的砌筑方式组织起来，结合水平向遮阳构件，让面向庭院的建筑立面成为砖与金属编织的挂毯（图 19）。

砖也是一种塑性材料，所以砖饰面也能如浮雕一般表现非物质的图像。从巴比伦伊师塔门砖墙上的动物雕像到哥特教堂的砖雕玫瑰窗，建筑史中随处都能见到砖饰面的图像表达。而在当代建筑中，这种表达更多是以几何抽象的形式出现。例如在白蚁巢住宅中，纵向外墙上突出砖块的点阵与横墙面上的镂空花格形成对比（图 20）。而凸出与凹进的结合，不免让人产生幻觉，认为坚实砖筑的长方形体，仿佛能随着气流的穿透而呼吸变形。如果说白蚁巢住宅的砖饰在同时表达建造和图像，那么科特赖克会堂的砖饰几乎完全表现为图像。该会堂以丝带形式塑造与现存建筑气质不同的造型，形成内外连

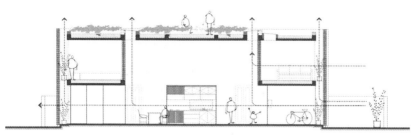

图15 白蚁巢住宅，镂空砖墙让风吹透整个住宅（图片：Wienerberger AG）

图16 白蚁巢住宅，中央厅堂
的空间氛围
（图片：Wienerberger AG）

图17 1014住宅，前庭院的砖饰面
（图片：Wienerberger AG）

图19 1014住宅，砖与金属编织的
挂毯（图片：Wienerberger AG）

图18 1014住宅，中心庭院和凉亭的砖饰面
（图片：Wienerberger AG）

图20 白蚁巢住宅，纵向外墙上
突出砖块的点阵
（图片：Wienerberger AG）

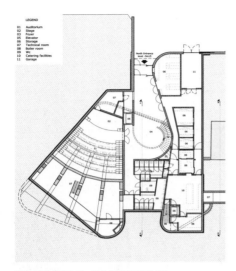

图21 科特赖克会堂，丝带状蜿蜒回转的墙体
（图片：Wienerberger AG）

续的空间（图21）。会堂丝带般的墙体蜿蜒回转，而其灰色的面砖竖向砌筑，以窄小的侧面流畅地拼出连续曲面。而内部墙面沿用外部面砖，强调了内外空间的流通与融合（图22）。在报告厅升起的地方，建筑形体悬挑出地面。而砖饰的竖向组织方式，有违常规的水平层化砌筑原则，清晰表达了其并不承重，而只是形成图像，表达形式和空间的逻辑（图23）。这也配合了悬挑结构，让"丝带"飘舞得更为轻盈。最后，照明灯具、门窗整合进外墙的做法，让砖饰面的"丝带"成为立体的点彩画（图24）。

极端立体的浮雕感从二维走向三维，砖饰面也有这种可能，例如马里利亚办公楼。从结构角度来看，该项目中新置入的钢框架穿过外墙，并独立于外墙支撑内部结构。但从形式角度观察，钢框架仿佛是从旧砖墙中生

图22 科特赖克会堂，竖向砌筑的砖块流畅地拼出连续曲面
（图片：Wienerberger AG）

图23 科特赖克会堂，非承重方式砌
筑的砖块配合出挑的形体
（图片：Wienerberger AG）

BACK ELEVATION (NORTH)

图24 科特赖克会堂，砖饰、灯具和门窗构成的点彩画
（图片：Wienerberger AG）

图25 马里利亚办公楼，钢框架
仿佛从旧砖墙中生长出来
（图片：Wienerberger AG）

图26 马里利亚办公楼，饰面、结构、空间和活动的融合
（图片：Wienerberger AG）

长出来，内外同时束缚住保留的建筑（图25、图26）。不同材质的两个体系相互交织，像哥特教堂中高墙和飞扶壁一样融合起来。砖筑的饰面开始延伸，不断吸纳附近的钢构件和空间，直到最终把空间中的生活也包容进来。此时已难以分辨，哪里是饰面，哪里又不是。

6. 结语

对传统砖筑来说，前面分析的4种效用是高度统一的。一面砖墙既是承重墙，也是分隔墙，既保温隔热，也充当饰面。随着建筑技术和工艺的发展，现代建筑系统越来越复杂。但对砖筑来说，它在建筑中承担的作用却可以分离了，可以只充当饰面或保温材料或其他。然而"效用分离"的趋势并没有削弱砖在建筑中的地位。相反，它为砖筑进入建筑系统提供了更多机会，也为砖建筑创新提供了更多可能。

最后，也许有必要再比较一下2016年维纳博艮砖筑奖的两个大奖作品。在1014住宅中，多种砖块组织在一起，砌筑成了肌理丰富且保温的砖墙。这些砖墙表达了结构逻辑，又强化了空间序列和氛围，更织补了城市肌理。而对2226办公楼来说，抹灰的空心砖承重外墙，配合合理的平面组织及智能空气监控系统，能够使建筑不用空调设备而获得舒适的室内环境。而承重砖墙和钢筋混凝土楼板的巧妙结合，让建筑形式和空间既有城堡般的传统气质，又有整体流动的现代特征。从表现砖的角度来看，这两个作品似乎是两个性格极端：前者能说会道，后者木讷寡言。然而仔细观察，在表面差异的背后，却能看到一个共同点。或许，这便暗示了当代砖建筑创新的某种可能：让砖筑巧妙地融入建筑系统，并充满诗意地整合、激发这个复杂系统。

（本文原载于《世界建筑》2016年第9期）

参考文献

[1] Beatrix Schiesser, Gunnar Brand (ed.). Brick'16: Award-winning International Brick Architecture [M]. Munich: Callwey Verlag, 2016.

[2] http://clay-wienerberger.com/brick-award

[3] https://en.wikipedia.org/wiki/Brick

[4] 肯尼斯·弗兰姆普敦. 建构文化研究——论 19 世纪和 20 世纪建筑中的建造诗学 [M]. 王骏阳, 译. 北京：中国建筑工业出版社，2007.

[5] 普法伊费尔，等. 砌体结构手册 [M]. 张慧敏, 等译. 大连：大连理工大学出版社，2004.

[6] 王立久，李振荣. 建筑材料学 [M]. 北京：中国水利水电出版社，1997.

图书在版编目（CIP）数据

新集体与日常 / 金秋野, 王博主编. -- 上海：同济大学
出版社, 2018.12
（中国建筑与城市评论读本；01）
ISBN 978-7-5608-8195-9

Ⅰ.①新… Ⅱ.①金…②王… Ⅲ.①建筑学－文集
Ⅳ.①TU-53

中国版本图书馆CIP数据核字(2018)第253039号

中国建筑与城市评论读本01
新集体与日常
金秋野 王博 主编

出 版 人：华春荣
策 划：秦蕾 / 群岛工作室
责任编辑：秦蕾 李争
责任校对：张德胜
封面设计：彭振威
内文设计：杨昆
版 次：2018 年12 月第1 版
印 次：2018 年12 月第1 次印刷
印 刷：天津图文方嘉印刷有限公司
开 本：889mm×1194mm 1/32
印 张：11
字 数：296 000
书 号：ISBN 978-7-5608-8195-9
定 价：78.00 元
出版发行：同济大学出版社
地 址：上海市杨浦区四平路1239 号
邮政编码：200092
网 址：http://www.tongjipress.com.cn
经 销：全国各地新华书店
本书若有印刷质量问题，请向本社发行部调换。
版权所有 侵权必究

光明城联系方式：info@luminocity.cn

（本书未注明图片、图纸均由作者及建筑师提供）